Web 2.0与信息系统复杂性变革

张树人　方美琪　著

U0146933

科学出版社
北京

内 容 简 介

随着信息技术的快速发展，信息系统也逐渐由低级到高级、由简单到复杂、由封闭孤立到开放协同地发展，信息系统的复杂性在近年来兴起的Web 2.0中表现得尤为突出。本书详尽分析了大量Web 2.0系统中的动态演化机制，提出了复杂适应信息系统范式；并结合一般性的系统思维和其他的系统理论与系统研究方法，提出了相应的概念模型、研究框架、设计的一般原则和具体方法、策略，并对复杂信息系统产生的一些新问题进行了专项研究。

本书可为电子商务、信息管理等相关专业的学者、研究生提供具有价值的研究借鉴，亦适合IT经理人、互联网产业研究与分析人员、技术媒体编辑以及对复杂性研究感兴趣的人士阅读和参考。

图书在版编目（CIP）数据

Web 2.0与信息系统复杂性变革/张树人，方美琪著.—北京：科学出版社，2008

ISBN 978-7-03-022697-6

Ⅰ.W…　Ⅱ.①张…②方…　Ⅲ.主页制作-程序设计　Ⅳ.TP393.092

中国版本图书馆CIP数据核字（2008）第119107号

责任编辑：李　欢　陈　亮　苏雪莲/责任校对：张　琪

责任印制：张克忠/封面设计：耕者设计工作室

科学出版社 出版

北京东黄城根北街16号

邮政编码：100717

http://www.sciencep.com

双青印刷厂 印刷

科学出版社发行　各地新华书店经销

*

2008年12月第　一　版　　开本：B5（720×1000）

2008年12月第一次印刷　　印张：12 3/4

印数：1—2 500　　字数：232 000

定价：32.00元

（如有印装质量问题，我社负责调换）

作者简介

张树人 人机交互与工业心理学专业硕士、信息系统专业博士、浙江大学计算机学院博士后，主要研究方向为系统科学、电子商务和知识管理，现任职于杭州电子科技大学管理学院。曾编著出版过《复杂系统建模与仿真》，在《中国人民大学学报》、《系统工程与实践》、CNAIS 等中外期刊和国际会议上发表过多篇学术论文。

方美琪 知名电子商务专家，中国信息经济学会秘书长，中国人民大学教授、博士生导师，经济科学实验室副主任，在电子商务教学科研方面获得多项国家级、省部级和国际奖项。长期以来，一直对复杂系统科学前沿、互联网新技术和信息革命带来的新经济具有浓厚的研究兴趣。

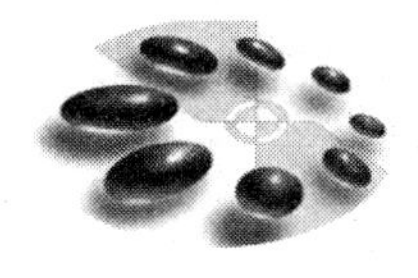

序

自 20 世纪 80 年代以来，系统复杂性作为一种世界规模的学科思潮，已经渗入到各门具体的学科中，成为科学技术领域内最热门的课题，体现了人类科学史、认识史上的重大转折。

圣菲研究所约翰·霍兰博士提出的复杂适应系统（CAS）理论，是一种认识、理解、管理、控制复杂系统的全新的思维方法体系，在过去十几年里，在各门具体的学科应用中获得了许多成效。对于信息管理与信息系统学科来说，把信息系统与互联网看做一个复杂适应系统、多主体组成的复杂协作关系网络，从而研究信息系统的基础架构与系统演化之间的关系——在国际上已经有了许多专门的研究。在美国，每年一度的“信息系统的哲学基础研究”学术会议，就是以此为专题的；在欧洲，欧盟合作技术框架专门组织了一批学者撰写复杂性研究对信息技术挑战的报告，指出在未来十年，复杂性科学的兴起将会支撑起具有巨大价值的新一代技术，欧洲应该在语义互联网领域内抓住这一机会等。一些从事复杂网络研究的学者也开始对信息系统，尤其是互联网中的开放性信息系统中的复杂性及其演化算法表示出极大的兴趣。例如，瑞士华人物理学家张翼成教授近年来一直对社会性网络服务中的信息复杂性问题投入极大的热情，并主持组织了中印欧复杂性研究暑期学校，推动这个交叉研究领域的合作。在国内，过去相关的研究大量是基于宏观信息化规划相关的组织管理研究，对于信息系统架构本身的复杂性研究一直以来还非常欠缺。正是这种欠缺，造成学术界在面临 Web 2.0 等互联网变革时，显得有些被动，这种被动甚至引发了业界对于学术界的失望与不满。

这本著作是方美琪教授和她的博士生张树人同志根据后者于 2005 年 11 月在信息系统协会中国分会成立暨第一次学术年会上提交的两篇论文——《社会性软件与复杂适应性信息系统范式》及《从发生与演化的角度研究社会性软件》——基础上扩展而成的，但绝不是一般性的扩展，而是具有更多的创新研究。无论是内容的广度与深度，还是与信息系统前沿实践相结合方面都大大推进了这两篇论文的研究，而这两篇论文在该次学术会议讨论中就获得了与会同仁的极大兴趣。

张树人同志在中国人民大学攻读博士学位期间，曾以“从社会性软件、Web 2.0 到复杂适应信息系统研究”为题进行了深入研究，其论文是国内第一篇自觉把复杂适应理论、复杂网络分析与社会网络分析应用到社会性软件与 Web 2.0 等新兴信息系统研究中去的专门论文，可以看做是对这一领域内理论研究严重落后于实践状况的适时回应。与以往研究信息系统复杂性时，人们常常人为地把信息系统中人的因素造成的管理复杂性、信息系统本身构造的复杂性，以及信息系统之间同创互生的生态复杂性分开进行研究不同，张树人同志提出的复杂适应信息系统范式的概念，把信息系统三个层次的复杂性纳入统一的研究范式中，并提出用社会网络分析方法、复杂网络分析方法、多主体建模方法研究信息系统三个复杂性的一般研究框架。这一理论与研究框架尽管可能会有些不成熟，但对于当前人们对 Web 2.0、社会性软件以及基于互联网信息系统演化发展变化的认识，却非常及时。其中对大量实例应用系统的非线性涌现现象的分析、涌现机制的模拟，以及社会复杂性造成信息系统算法评价的困难及解决办法等，都很值得本领域同行认真思考与严肃关注。

这一研究与传统的信息系统研究路向相比，具有很强的综合性、理论性和实践上的前沿性等特征，我与张树人同志的导师方美琪教授长期以来一直支持年轻的学者要大胆尝试跨学科的研究，并在这方面倾注了大量的心血。在该书付梓之际，我们也备感欣慰。

该书对不同学科与领域背景的读者可能会有不同的阅读角度，书中的部分内容在网络上公布后，短时间内就得到许多来自不同学科背景的读者自发的引用、转载和讨论，甚至引发一些争议，这也说明了大家对张树人同志这一研究关注的力度。该书对每位读者究竟有多大的帮助，我想关键取决于大家是否用心去读它。我的体会是，你用的时间越多，对信息系统在实践领域的发展前沿与发展趋势越了解，可能从该书中获得有益的思想启迪也就越多。我认为该书填补了信息系统架构设计中复杂性分析的空白，对实际信息系统项目的创新设计与评价也有很好的应用价值。当然，读者与作者一样，也有责任把它转化为实际的生产力，最终推动中国信息化的发展，特别是在这新一轮的互联网变革中，提升我国信息产业在前沿领域创新的竞争力。

陈　禹

2008 年 5 月于中国人民大学

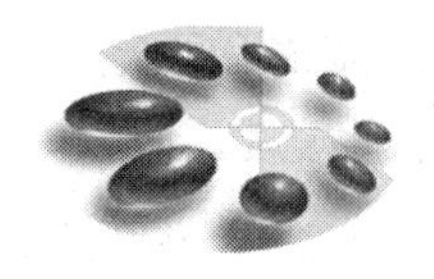

前 言

复杂性研究被称为20世纪的科学思维革命，正在导致科学范式从二元论、简化还原论、线性思维到整体论、系统论和复杂性思维的转向[1~3]。同样，在信息系统研究领域，对日趋复杂的信息系统应用复杂思维方式思考、引入复杂性研究方法进行系统研究和设计，也必然导致一场观念的变革。近年来，互联网界关注的热点：Web 2.0（或互联网2.0）正是这一观念变革在信息系统开发设计中的具体体现。

与科学领域中的复杂性范式主要由少数科学巨子发起与主导推动的情形不同，发生在信息技术和信息系统领域内的复杂性范式是自底向上发生的，由技术狂热群体推动发展起来的，具有明显的自发无序特征。正因为这场观念革命并非由学界或思想界发起，而是在实践中偶然发展起来的，在这个领域内理论研究远落后于实践，几乎没有正统的、前瞻性的相关学术研究，而很少的一些相关学术研究也都是对一些复杂技术形态以及涌现出的各类复杂现象的对象式分析。

尽管Web 2.0变革已经涌现出大量新的互联网应用模式，且已极大地改变了互联网的秩序与形态，甚至改变了人们在网络上的行为方式，但对于这一涌现变革发生的原因、未来发展的方向乃至对这一变革本身如何界定，都依然存在着很多争议。

这主要是由于这一变革是自底向上发生的，是由技术狂热群体推动发展起来的，具有明显的自发无序特征。大多数论述相关观念变革的文字资料，都来自于学院派之外的所谓草根阶层，以个人Blog或Wiki等非正式文本的方式呈现，整体表现为既缺乏逻辑条理性，又缺乏深度（相对于正式的学术论文而言）。在这一领域内，理论研究严重滞后于实践。

本书是尝试改变这个领域内理论研究落后于实践这一现状的一个努力。与其他一些著作将Web 2.0视为一种单纯的技术变革或一种纯粹的观念变革不同，本书的主要特点是用复杂性科学的系统思维方式，把信息技术和信息系统的研究纳入到复杂性研究的系统架构中去，进而对Web 2.0的动态复杂性产生的机制进行分析，并总结出这场变革的性质——开放式Web信息系统发展日趋复杂引发的必然变革。

从学科分类上看，本书属于信息技术与系统科学的交叉论著，除在信息系统架构设计与分析中借鉴复杂思维和复杂性科学研究方法，以提高信息系统设计与工程人员的系统思维素养外，本书为解决复杂信息系统中的一些实际问题发展了部分复杂系统的研究方法和理论，并明晰提炼出多主体建模方法的逻辑和原理的分析，因此对系统科学专业研究人士理解多主体建模方法也有启迪意义。所以，本书建议的读者对象包括信息系统架构设计人员、信息系统哲学基础的研究人员、系统科学与工程类科研人员，以及对系统科学和复杂性研究感兴趣的工程类专业人士等。对读者的背景知识要求来看，一方面要求读者能对最前沿的互联网技术及应用有一些基本的了解，另一方面由于涉及大量系统科学和复杂性科学的理论，也需要读者具有基本的系统思维素养。

专业分工的细化会带来“见树不见林”的问题，一些专业研究的问题很可能在另外一些专业领域中有可借鉴的解决方案，不同专业间的互不了解（需要一定深度的专业背景才能理解）已越来越发展成为综合创新的障碍。是“专业余”（Pro-Am①）而不是“专门家”，更适合于跨专业的综合创新。本书内容跨越了不同学科分支的“专业余”，希望本书提出的理论体系能够在不同学科的专家之间搭建一个桥梁，让不同学科的专家们有一个共同的对话基础。

最后需要说明的是，虽然本书在写作过程中一直保持着对 Web 2.0 与互联网应用技术发展的前沿热点进行追踪，并不断地用复杂性科学系统思维方法对这些新技术形态、新应用发展趋势进行分析，同时跟踪关注国际 IT 思想界和相关学术界对这方面的研究现状，然而这一领域太新、发展太快、涉及各门学科的知识太多、涉及太多观念的转变，又如同一片芜杂丛生的热带丛林，除了一些真实的观念革新外，还充满了大量的杂音和商业上的炒作和噱头，而罕有严肃认真的深度学术思考供参考。作者虽然希望能做些理论开创性工作，并为此付出了许多的心血与努力，但毕竟各方面学识有限、力有不逮，最后完成的工作也只是初步的、不完备的尝试。希望本书能抛砖引玉，引起业界专家的重视，在本领域引发出更深刻的、更有价值的理论研究。

本书能够顺利出版，受到了杭州电子科技大学专著出版资金的资助，更得到了科学出版社的大力支持，在此一并表示诚挚的感谢！本书设置了网上交流园地（http：//weblivinglab.com/cais），并提供书中部分模型源程序下载，我们热忱期待与各位读者的交流，以期共同进步！

作　者

2008年10月于杭州

① 在 Web 2.0 混合文化中，“专业余”的作用十分瞩目。有人甚至提出 20 世纪是专家的世纪，21 世纪是“专业余”的世纪。Leadbeater 和 Miller 等对“专业余”的理念、力量、组织形式、未来发展趋势、对社会的影响等进行了全面分析。

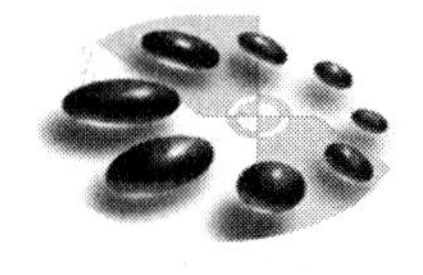

目　　录

第1章

绪　　论

自幼我们就被教导把问题加以分解，把世界拆成片片段段来理解。这显然能够使复杂的问题容易处理，但是无形中，我们却付出了巨大的代价——全然失掉对“整体”的连属感，也不了解自身行动所带来的一连串后果。

——彼得·圣吉（《第五项修炼》之“破镜重圆”[4]）

信息技术是一个快速更新和迅猛发展的领域，新技术和新思想层出不穷，系统模式和系统架构日新月异，项目管理、软件工程和系统开发设计方法等不断地推陈出新。随着互联网的兴起、知识生产全球化分工合作的进一步细化和深化，不同学科的知识综合与技术扩散也更加方便快捷，信息技术的发展呈现出“自催化”加速发展的态势。信息系统的复杂度与信息技术的发展密切相关，随着技术的进步和累积，信息系统不断地由低级到高级、由简单到复杂、由封闭孤立到开放协同地发展。

面对越来越复杂多样化的信息技术和信息系统，人们逐渐发现习惯性的片段思维和传统的基于“高效源于控制”的简单思维方式越来越难以处理和适应这种日益增长的复杂性[4]。具体表现有：限于技术细节，只见树木不见森林，而忽视信息系统设计的整体目标，甚至患上“高技术气量狭窄”综合征（The “Hi-Tech Hidebound” Syndrome）（Malhotra　1999）[5]，对问题的非技术解决策略持敌对或偏见态度；限于局部思考，不能充分考虑信息系统外部环境的动态变化，很少考虑或很难科学地考虑同其他系统间互操作与协同工作，造成项目设计成功后在应用推广与实施中失败；对信息技术和信息系统的发展趋势缺乏认识，选择了错误的技术方案或落后的设计模式与理念；简单思维难以理解社会性软件和 Web 2.0① 领域内涌现的各种复杂②现象及系统内的非线性系统动力学机制，习惯于孤立地看事物的思维方式，不能清楚地认识 Blog 等简单系统中一些同样非常简单的技术中蕴涵着改变万维网拓扑结构和互联网秩序的巨大潜力，等等。

---

① 社会性软件和 Web 2.0 这两类新生事物非常复杂，不同的人有不同的理解，因而难以简单概括解释。在第2章我们会在分析的基础上再作具体的解释说明。

② 涌现是一种自行组织起来的结构、模式、形态，或者它们所呈现的特性、行为、功能，不是系统要素所固有的，而是相互作用的产物（效应）。涌现是复杂系统的特征和复杂性研究的中心词。后文还会结合具体信息系统中的涌现进行解释说明。

这些问题不仅造成了大量信息化项目的失败（或因为无法满足不断变动发展的用户需求和不断变化发展的应用环境造成的成效不高，或信息孤岛问题而妨碍了信息资源的有效利用，或陷入无休止的“设计—用户培训—需求和技术应用环境变化的反馈—重新设计或升级”循环的泥沼），还遮蔽了人们的眼睛，让人们对新技术的发展动向和信息系统的发展趋势缺乏前瞻性；在大量涌现的新观念、新技术、新架构、新概念面前难以作出审慎明智的判断抉择，表现出亦步亦趋地盲目跟风或不知所措，在真正的机遇到来之时却表现得完全漠然或无动于衷。

全面考察信息技术的发展规律和信息系统的一般演化规律，并自觉地借鉴其他系统演化发展的规律，应用一般系统论的研究方法来归纳和总结现有信息技术的发展规律及趋势，重新审视现有信息系统的一般理念、开发设计和管理的一般方法和原则，成为一些信息系统理论研究者追求的目标，也成为信息系统领域最有挑战性的研究议题①。欧盟技术合作框架项目（frame project，FP）的 60 多位研究者在“回应复杂性科学给信息技术带来的机遇和挑战”的工作报告中指出：目前的方法已经无法应对信息技术未来的发展，只有应用基于复杂性思维方式的新方法才能给出一个解决方案，在未来十年，复杂性科学的兴起将会支撑起具有巨大价值的新一代技术，欧洲不能承受失去这次机会的可能②。这份报告对信息技术未来发展的可能路径（future pathways for IT）进行了系统分析[6]。

本书以近两年突然爆发兴起的社会性软件和 Web 2.0 为应用研究背景，以系统思维和系统理论为指导，把系统研究（特别是复杂性系统研究）的一些研究方法应用到信息系统的架构设计中去。在系统剖析社会性软件和 Web 2.0 发生、发展的内在成因基础上，重点研究如何从各种社会性软件和 Web 2.0 中抽取出系统间共同的行为规范、共同的动态演化机制和系统形态的演进模式，具有普遍适用性的设计原则，可推广的设计方法、设计理念以及适用技术等，并上升到理论高度，结合系统思维、系统理论和方法加以整合，参照复杂科学范式，提出一个新的信息系统范式；旨在为日趋复杂的信息系统提供规范化的开发方法、指导性的设计原则和启发性的技术创新依据，并为研究信息系统生态③提供基础理论框架和一般研究方法。

---

① 这类研究的专门分类称谓是信息系统中的哲学基础研究（philosophical foundations of information systems，PFIS）。2005 年，美国第 11 届信息系统会议对 9 年来的此类研究进行了总结和回顾。见：Proceedings of the Eleventh Americas Conference on Information Systems，Omaha，NE，USA August 11～14th 2005，http：//aisel. isworld. org/subject. asp？Publication _ ID=36.

② 原文在该报告的开篇：The emerging science of complex systems will underpin new generations of technology in the next decade of enormous value. Europe cannot afford to miss out on this opportunity（参见文献 [6]）.

③ 信息系统生态指信息系统之间越来越错综复杂的交互协作和依赖关系让信息系统群体呈现出类生态系统的种群形态。

在信息系统的定义中，不同角色的用户也是系统的构成要素。“信息系统”这一称谓本身就有社会-技术综合性系统工程的含义，但片段思维和局部思考[4]让人们在设计信息系统或实施信息系统工程时常常不自觉地忽略了系统中人和社会的因素，表现出只重视技术和算法而轻视对用户群体智力和经验输入的综合，只重视系统功能设计而忽略用户之间协同协作的需要，只重视系统本身功能的设计而轻视系统之间的交互协作等倾向。社会性软件和 Web 2.0 的出现正在开始改变这种状况。社会性软件和 Web 2.0 在设计中包含了主体参与式架构（participative architecture①）、社会关系网络和复杂网络的分析与设计、复杂的非线性协作机制、多层次的反馈循环机制以及开放的系统间交互机制等，把人的行为设计、社会关系、组织设计和人群协作机制、资源网络的动力学演化机制纳入到系统之内。然而，也正是这种人-机综合设计的整体系统观，让信息系统无论是内部结构的演化机制，还是外部由系统间多样化协作带来的协同进化机制，都变得复杂起来，给人们的科学理解和认识带来很多困难，从而制约了这方面的研究，也造成这个领域无序盲目的发展现状。本书正是对这一问题的回应，试图在信息系统的架构研究与设计中，全面引入系统思维、系统理论和系统方法，以加强对日趋复杂的信息系统的研究及开发设计的支持。正如当代著名思想家、法国国家科学研究中心名誉导师埃德加·莫兰（Edgar Morin）所言：“对复杂事物的研究和设计必须要用复杂性思维方式”[2,3]，对 Web 2.0 这一综合用户社会关系网络、知识关联网络、系统交互网络，并存在多层次间反馈关系复杂对象的研究和设计，也必须要用复杂性思维方式进行思考与设计。例如，应用群体社会心理分析进行以用户社会交互体验为中心的设计，以社群关系网络的分析计算（社会计算）来实现注重用户参与之后群体智能的涌现设计，以复杂网络分析算法实现系统内知识网络与内容网络关联及拓扑结构的优化，用系统动力学分析和设计系统各个要素和环节间存在的综合反馈（如人-机智能的反馈）等。

1.1 信息系统的系统研究概述

1.1.1 信息技术与信息系统的发展趋势

信息技术相关的知识更新是最快的，没有哪项技术能够有信息技术那样的发

① 可参照 Tim O'relly 的 *An Archetecture of Participation*，http：//www.oreillynet.com/pub/wlg/3017。参与式架构原指系统架构设计面向公众开放，允许公众参与系统的改进或设计，描述开源软件的开发模式。本书重新限制了这一术语，强调系统功能中人件的重要性，在系统运行中允许公众参与，可同时丰富系统的内容并改进系统功能的系统架构。Tim O'relly 是美国 O'relly 出版社的总裁、美国 IT 业界公认的传奇式人物、“开放源码”概念的缔造者，一直倡导开放标准，并活跃在开放源码运动的最前沿，也是 Web 2.0 概念的提出者。

展速度，信息系统及其开发设计方法都处在快速演变的进程当中。

从信息系统形态的演化发展来看，信息系统从最早的单用户、单机系统（或一台主机带多台终端），发展到主要应用于局域网或封闭网络环境的客户机/服务器（C/S）模式的系统，再到主要应用于开放式互联网络环境的浏览器/服务器（B/S）模式的系统，以及在B/S基础上扩充的三层架构和多层架构，最近又开始出现所谓的胖客户端模式及去中心化的P2P对等网络模式，信息系统正朝着越来越个性化、智能化、分布式去中心化的方向发展。

在信息系统演变的同时，信息系统的开发设计方法也经历了从面向过程、面向对象、组件设计、面向主体到面向服务（SOA①）的发展。以前在结构化设计中，模块是一个不能独立工作的函数。随着模块向可重用的对象、可方便集成的组件、可分布式组合的独立子系统的方向发展，系统组分（即系统的组成部分，下同）的独立性越来越高。系统架构由完全的自顶向下设计，到越来越多地选用自底向上的方法构建；从只注重系统本身的功能完备性和独有专属的信息格式，到越来越注重与其他系统间的协作能力和信息处理格式的标准化。这里有两个看上去背向发展的趋势：一方面，系统越来越注重平台无关性，减少自己对底层系统的依赖，增加了系统自身的独立性（如可跨平台运行的基于Java开发的软件、基于Web OS②的Javascripts开发的信息系统等）；另一方面，则采用方便交互标准交换格式和标准协议，为第三方系统软件形成互动提供方便，从而增强与其他信息系统之间的协作能力，且在增加了与别的信息系统之间的相互依赖的同时，部分降低了自身的完整性和独立性（如寄生在Outlook上的Plaxo软件③，就是在Outlook开放的功能扩展接口之上构建的）。其实这两个趋势并不矛盾，前者增加系统的独立自主性，后者增加系统的自主交互性。系统只有具有平台无关的独立性，才可能和更大范围内别的信息系统协作交互；系统只有尽可能地开放交互协作接口，才可能获得来自各种平台的支持，从而能广泛应用于各种平台而不受具体平台的制约。

信息系统及设计方法的发展可总结为以下几个趋势。

(1) 从系统开发到系统集成（from system development to system integration）[7,8]。程序设计和系统架构由最初的面向过程、面向对象（object oriented

---

① 面向服务的体系结构（service-oriented architecture，SOA）是一个组件模型，它将应用程序的不同功能单元（称为服务）通过这些服务之间定义良好的接口和契约联系起来。接口采用中立的方式进行定义，应该独立于实现服务的硬件平台、操作系统和编程语言。这使得构建在各种这样的系统中的服务可以以一种统一和通用的方式进行交互。

② 参见http：//en.wikipedia.org/wiki/webos.

③ http：//www.plaxo.com/，中文介绍可参考http：//www.chedong.com/blog/archives/000643.html.

program，OOP）和组件设计到面向主体（agent oriented program，AOP），再到面向服务的体系结构（service-oriented architecture，SOA），系统的基本构件越来越大：从函数到对象库，到控件、中间件或分布式控件（active X）、插件（plug-in）等，再到智能Agent，最后是Web-Services和完全独立的子系统，系统的设计与开发越来越依赖于集成。

（2）从以程序为中心到以信息内容（数据）为中心（from program centered systems to information contents centered systems）或以用户为中心（human-centered systems）[8]。一些人甚至提出要用迅件（infoware）来取代软件（software）这一概念①。

（3）从孤立封闭的集中控制式系统到协同开放的分布式系统。以前C/S体系是端到端封闭的体系结构，必须使用特定的客户端；B/S体系虽然打破了对客户端的限制，但服务端的集中控制体系仍然没有开放，功能或规模的扩展依然受限制；P2P体系结构则把系统从集中控制的服务体系中解放出来，打破了服务器专有、专属的限制，成为开放式分布的体系，所有的组成结点都可以是对等的，任何结点都可以自由地加入和退出；传统的P2P体系依赖于特定的协议和服务类别，系统虽然是开放的，但集成的结点依然限制为同质（homogeneous）的；多智能主体系统MAS（multi agent system）通过智能主体间交互协议语言的标准化、面向服务的架构SOA通过Web-Services间互操作（inter-operatability）标准的制定打破了这个限制②，使开放的异质结点（heterogeneous）的集成体系成为可能。

（4）系统的外在表现方面，从设计者固定的界面到用户可调节的界面，再到适应性用户界面等。

表1-1以系统的组分、组分的耦合度及组分的可重用性和独立性为指标，对各系统设计方法进行比较。

表1-1　系统设计方法对应组分的特征对照

系统设计方法	组分	耦合度	重用性和独立性
面向过程	函数 function	很高	很低
面向对象	对象 object	较高	低；依赖于特定的程序开发语言
组件设计	控件 component	中	较低；依赖宿主语言，集成需要二次开发
面向主体	主体 Agent	较低	中；交互性依赖 Agent 的交互协议

① 参见 http：//www. infoware. com/.

② 参见 http：//ws-i. org.

续表

系统设计方法	组分	耦合度	重用性和独立性
面向服务 SOA	Web-Services	低	较高；接口标准化，但非开放，Web-Services 的实现和升级控制在原开发者手中，由系统架构师或系统集成的技术工程是负责集成
社会性软件/Web 2.0 时代的系统设计	"人件"（humanware）和独立功能子系统（Web 2.0 部件）	很低	高；接口标准化且开放，与底层实现无关，系统具有生态多样性，功能细分为用户视角中的一个独立任务，最终用户的操作行为决定其相互之间的操作与组合方式

信息系统的组分在规模上越来越大、功能上越来越独立、组分间的耦合度越来越低。这符合系统由低级向高级发展的一般规律：越低层次的系统，其组分越简单，各组分之间相互依存性越高，组分间的关联越紧密固化、难以分解，且一旦分解还难以恢复，如无机化合物、单细胞生物体、机械系统等；越高层次的系统，其组分越复杂，组分间的独立性越高，组分间的关联协作模式越灵活自主，容易分解并且能够在分解后重新组合、恢复系统，如有机化合物、多细胞生物体、生物群体、人类社会经济系统等[9]。信息系统的复杂性也在这个发展过程中不断升级，在智能 Agent 和 Web-Services 之前的早期信息系统可以看做是一些函数的机械焊接，或一些模块构件的固定装配，或同质个体的重复叠加，信息系统更多地具有机械系统的特征，可称为信息系统的初级阶段；智能 Agent 和 Web-Services 大规模应用时期，信息系统则可以看做是一些具有完整功能，并有一定独立性的系统之间的松散联盟，信息系统具有相当的复杂度和灵活度，初步具有一些类生命系统的特征。

在社会性软件和 Web 2.0 中，由于采用了主体参与式架构，更加具有自主性的"人件"① 引入系统设计，让这些新信息系统发展成为社会-技术混合系统，从而具有了社会系统的复杂性。

随着信息系统组分独立性和自主性的增强，组分间更灵活方便的搭配组合让系统具有越来越高的适应性，信息系统也越来越接近于生命系统、社会经济系统等复杂系统。因而，在其研究设计中也越来越多地需要应用和借鉴那些曾在生物学、生态学和社会科学等领域的复杂系统研究中获得广泛应用的系统方法和系统理论。

事实上，这方面的研究尝试也越来越多，下一节我们将对系统科学应用于信息系统研究的现状进行基于文献的回顾与分析。

---

① 这一术语的意义可参考 http：//www. humanware. com.

1.1.2 系统科学在信息系统研究中的应用

科学研究一般分为两个层次：一是观察实验或调查统计，掌握研究对象的内在组成结构，用简化模型方法研究对象的动态演化机制和运动发展规律；二是在掌握这些知识的基础上，自觉地对研究对象进行有效的控制规划或干预调节。前者属于对象式研究、非参与式研究，即把研究对象作为外在客观的考察对象，而不试图对研究对象进行控制改造和设计；后者属于参与式研究，即试图参与到研究对象的控制设计中去。系统科学在信息系统研究中的应用也可分为“对象式研究”和“参与式研究”两类。

1. 对象式研究

对象式研究是把信息系统作为系统科学的普通研究对象，研究信息系统演化变迁的一般规律，信息系统之间复杂的协作关系形成的类生态现象，从整体上研究互联网的复杂结构[10,11]，或一些具体的多用户复杂系统内的信息组织及用户组织的结构演化[12]，一些具体的网络拓扑结构对信息检索和知识扩散的影响研究等[13]。

约翰·霍兰的复杂适应系统（complex adaptive system，CAS）理论[14]是研究复杂系统从低层到高层涌现行为的主要理论，其最基本的思想可以概述为：“系统中的成员称为具有适应性的主体（adaptive agent），简称主体。所谓具有适应性，就是指它能够与环境以及其他主体进行交流，在这种交流的过程中‘学习’或‘积累经验’，并且根据学到的经验改变自身的结构和行为方式。整个系统的演变或进化，包括新层次的产生、分化和多样性的出现，新的、聚合而成的、更大的主体的出现，等等，都是在这个基础上出现的。”

早在1997年，就有人把万维网类比为一个复杂适应系统（CAS）[15]，认为网页类似于适应性的主体，页面编辑者可以不断地修改其中的超级链接，超级链接在功能上类似于主体间的交互，修改相当于对外在环境的适应性处理，这种适应性处理不仅改变了自身的内容构成，也改变了整个万维网的拓扑结构。这种类比启发了很多后续的研究，许多人开始对巨大的万维网的拓扑结构产生兴趣，这方面最有影响力的研究结果是万维网与许多别的复杂网络一样都可以归类为无标度网络（scale-free network）[10,11]。无标度网络的度分布具有一条幂律尾部：$p(k) \sim k^{-r}$。以后又有很多研究者分别对万维网进行了不同广度和粒度的实证研究（有向万维网的出度分布，三次独立研究的 r_{out} 分别测定为2.45、2.38、2.72，对于三次独立研究的入度分布，r_{in} 都是2.1）[16]。

2. 参与式研究

由于信息系统日趋复杂，把信息系统看做一个机械控制系统进行设计越来越难以适应不断变化的、多样化的用户需求，也难以适应复杂多变的外部运行环境。系统科学在信息系统中的参与式研究是指在对象式研究的基础上，有意识地运用系统科学的一些理论和方法，改进信息系统的架构与设计，尝试在增加系统组件独立性和可重用性的同时，增加它们的自适应性，即对外在环境（包括用户行为和系统运行环境）的自适应性和自由搭配组合的协作性，从而让信息系统具有灵活适应的能力与动态演化的机制。

参与式研究也可分为两类：一类是秉承系统复杂性研究的相关理论，借鉴CAS理论，通过增加组分之间的交互能力，以及在交互过程中的学习适应能力来增强系统组分的设计，从而增加系统的自搭配、自组织的能力；另一类则从系统仿生学的角度提出让信息系统模仿生物间的简单协作，来增加系统及其组分的适应能力。下面分别对这两类研究进行介绍。

当系统组分具有一定的独立性和标准开放的交互性之后，组分之间的组合也就可以由设计者预先设定转变为用户的自由选配，甚至自动调整组合关系以适应用户的行为；这样，在用户交互使用的行为“刺激”下，具有一定数量规模的简单组件间的交互关联可以形成非常复杂的结构。这很容易让人联想到CAS理论。

约翰·霍兰（1994）在提出复杂适应系统（CAS）理论时，就提到过通过信息系统的设计把社会组织建设成一个CAS的设想[17]。后来，虽然CAS理论在许多学科中都有成功的应用，在信息系统设计领域内的研究却不多。Munnecke曾提出过复杂适应信息系统（complex adaptive information system，CAIS）的概念[18]，但没有对适应性主体（adaptive agent）进行明确的定义；Kovács和上野晴树（2004）丰富了这个概念的内涵，第一次给出一个与CAS同构的信息系统的抽象架构，对如何规划一个信息系统让它具有CAS的特征进行了研究，对信息系统中的涌现机制与涌现出的特征之间的关系进行了考察[19~22]。

Kovács和上野晴树提出CAIS的问题背景是在线海量信息的模糊检索和个性化检索中存在一些问题，如个性化搜索与隐性知识挖掘困难间的矛盾问题（如找MAS，经济学仿真研究者希望查找基于多主体系统的建模研究资料，人工智能实验室关注的是并行智能Agent，在另外一些学科里面也许是另外一些意义的缩写）。为了解决检索问题，他们认为需要从以下几个问题进行分析：什么样的知识需要以什么样的形式检索？什么人需要检索什么样的信息？什么样的人才能检索到信息（高级检索的功能、组合逻辑的表达式并不是所有用户都能够应用的）？什么样的人以前可能知道什么？怎样让非专家也能贡献其信息分类的知识（因为最终用户的检索依赖于最符合他们认知模型的分类方法）？对这些问题进行分析后，他们提出在信息检索中有以下三个难题是传统架构设计所无法解决的。

（1）知识获得难题（knowledge acquisition problem，KAP）。系统内的信息都按照一定的关联规则或分类原则构成一个信息关联网络，这种信息之间的关联属于系统的隐性知识；由于用户认知的个性化差异，系统很难让用户也能完全按照设计者的意图理解系统内的信息关联网络，这造成了知识获得难题：无论如何设计，只要系统的知识是预先设计的，就不可能同时满足具有不同知识背景的用户。

(2) 不可知性问题（unknowability problem，UP)。在建立信息系统时，无法预先知道什么样的分类法或术语在未来是最合适的（最适合用户，因为术语或分类与适合的用户群有关，也与时间有关)，也不能知道它们是否会被应用，甚至也无法知道它们将来在某个个性化查询中的意义，这里有太多的可能背景，几乎不可能知道或预测在所有这些背景中应该如何处理。正如不断产生新的学科和新的分类划分的情景下，图书馆中给图书分类的人员不可能预先知道所有书的正确分类一样。

(3) 明确表达的问题（explication problem，EP)。无法在一个逻辑形式框架内应用形式语义表达一个模糊的知识（模糊逻辑也无济于事)，因为没有办法描述“和某某有点像”、“最好的”、“大一点”之类的含糊表达。

针对这些问题，他们提出一个把信息系统映射为CAS的框架，并称之为复杂适应信息系统。其基本思想是把信息系统中的信息知识块作为活动主体，信息知识块之间可以主动建立关联（正相关或负相关)，用户作为CAIS的外在环境，不断地使用系统和系统交互，相当于开放的CAIS系统的外在信息输入，信息知识块根据用户行为调整彼此之间的关联。比如，对应用户一次输入的多个关键词，每个关键词对应检索系统中的信息块，并相应地调整彼此之间的关联，每个信息知识块都力图增加被检索的概率，在信息知识块构建的关联网络中竞争优势地位。这样系统内信息之间的关联地图（即系统的知识)、信息的分类和联想都在用户使用过程中建立起来，根据大量用户交互行为和从用户的集体认知中学习而来，从而克服了设计者与用户之间的认知差异带来的问题。由于系统动态可调整，对于那些无法预测的新知识的分类和编码也无须在设计时预先加以确定，也都会在应用中由用户奉献自己的分类知识和语义联想关联规则。Kovács和上野晴树对他们提出的CAIS框架的适用范围进行了限定，认为只有海量的信息和大规模用户群交互使用的信息系统适合于该框架，用户的交互是CAIS保持动态平衡和演化的必须[19]。

爱尔兰都柏林大学计算机科学系的适应信息群组（adaptive information cluster，网址：http：//www.adaptiveinformation.ie）也对如何增强信息系统的适应性进行了研究。虽然没有明确提出具有一般意义的复杂适应信息系统的概念，但在研究具体的信息检索系统中借鉴了适应性系统的思路，如通过对用户行为的数据流进行分析挖掘，增加信息系统的反馈，改善信息的组织，从而增强信息系统内容对于检索的适应性。该研究小组中的Church、Keane和Smyth等对个性化搜索引擎中初次点击对于信息分类判断的重要性进行了研究[23]，在分析用户检索行为的基础上，他们认为用户在输入一个关键词后，在系统返回的诸多结果中，用户首次挑选点击的行为数据非常关键，尽管这样类似的行为在一个搜索引擎中每天有几百万次。依据这个假设，他们在一些个性化搜索引擎中作了一些实证研究，发现现有的搜索引擎返回的命中记录第一条被用户点击的概率并不高。最后，他们给出一个让系统从用户行为中判断学习提高搜索引擎对用户的适应性的框架设计。

日本早稻田大学有一个非常庞大的“分布适应性信息系统框架和机制——21世纪的信息系统与软件工程”项目计划[8]。在该项目综合介绍中，他们提出要对信息技术和信息系统的发展进行全面的系统分析和总结，希望在把握信息技术未来发展趋势的基础上，提出一个可适应未来不断涌现的新技术的软件开发工程。计划中的项目跨度很大，子项目包括操作系统、开发平台、应用信息系统、软件工程和项目管理等，试图全方位打造推动分布式适应信息系统发展所需要的基本环境。此外，他们还提出“所有的信息系统都是一个人-机系统”的观点，这意味着设计人员不仅设计系统的机器部分，还需要设计系统的人件部分。甚至对这个项目本身的管理，也采用适应性管理的方式，而没有给这个项目设定一个明确的时间限制和终极目标限制，他们认为这些也应该是可适应性调整和变动的。

国内方面，著名学者钱学森很早就提出复杂巨系统的概念和人-机集成理论来解决社会复杂性问题，并提出综合人-机智能的多人协作决策系统，即“综合集成式研讨厅”计划，坚持把智能的社会化协作、社会组织系统和计算信息系统结合起来研究。在中国科学院等一些科研单位的协作下，该项目也取得了一些可喜的进展[24～27]。

除借鉴复杂适应系统理论增加系统适应性的研究外，仿生学研究主要集中在对社会昆虫（social insects）的模拟方面。社会昆虫学中有一个新造的名词：stigmergy[28]，作者把该词译为“缔结默契”。Stigmergy是一个过程，凭借这个过程，个体通过改变环境的方式与环境交互，个体对环境的改变促使了其他个体作出各种不同的改变，变化驱动变化，并引发宏观上新现象的产生，如精巧复杂的蜂巢和蚁穴等（这种由于大量的微观交互导致的宏观系统形态的跃迁现象在复杂性研究中称为“涌现”[14]）。昆虫“stigmergy”的协作是指通过间接改变环境达成协作（如蚂蚁在途经的路径上释放信息激素等），而不是直接信号传递达成的协作（如蚂蚁触头相碰达成的信息交换）。对信息系统来说，将用户比做蚂蚁等社会昆虫，如何设计信息系统，既能记录用户行为对信息系统的改变，又能方便地让用户之间形成间接的协作，是这一类研究的主要研究内容。

Stigmergy的思想在许多信息系统中都有应用，如多机器人协作项目[29]、人工智能领域的群体智能研究[30]等。将stigmergy应用于信息系统架构的研究在理论上集大成者当属Peter Small。

Peter Small 撰述了几篇复杂系统理论在信息技术领域内应用的文章，并专门建立了一个站点宣扬他的学术思想。在他的“缔结默契”信息系统（stigmergic information system）中[31]，提出应以生物生态学的观念来设计信息系统（他称之为信息系统的“生物学战略”）。简略地说，“缔结默契”信息系统相当于构造了一个蚁群算法，但这个算法不是完全由系统完成，而是一个人-机协同算法：信息的使用者相当于蚂蚁，信息系统相当于环境，信息系统对用户的界面会自动适应人的行为，人的活动相当于在信息系统这个环境中留下信息素，从而给别人的查询和决策提供方便。这种人-机协同算法中由于引入了人的行为设计和社会交互设计，用户的操作行为参与了计算，从而让人成为系统计算的一个算子。Small 认为生物学战略不仅可以更有效地设计出具有灵活适应性的信息系统，还可以用来让人们相互之间更有效率地协同合作。一般来说，合作会使人联想起人际沟通、组织、程序、情感、动机、领导、团队精神等词，但生物学战略是以一种非常基本的方式处理协作：个体独立作出行动，无须指示，相互间并没有直接的沟通，而协作在“缔结默契”中自动发生，与自然界中大量生物间的协作方式一样。Small 反复强调：生物学战略被用来创建一个人们之间因兴趣而相互协作的系统；通过参与，人们成为自组织智能网络上的一个结点，在这样一个网络中，人的智能得以联合起来，在互动增强中自然组织成为一个最有效率的、高度聚焦的系统，在这期间每个个体的主动性都能得到充分发挥。由于是一个人力协作系统，是人——而非计算法则——在提供智能，信息及其组织后会自动涌现——作为该系统投入运行后的自然结果，信息系统的基本构件可以在选择使用中优化组合，信息系统的优化不仅在于信息内容的优化组合，还包括人员合作关系的优化，这些优化组合不是在系统内设计好进化的目标和规则（如传统的基因算法、遗传算法、蚁群算法的应用情景），而是在开放的应用环境中、在对用户交互行为的适应和学习中进化。Peter Small 针对系统设计与架构的各个环节和具体的开发设计角色，提出信息系统生物学战略的具体措施，并给出一个优化搜索引擎的理论系统原型①。

此外，人工神经网络（ANN）、遗传算法（GA）、蚁群算法、粒子群优化算法（PSO）、人工生命（Alife）等是信息系统仿生学研究的热点领域，广泛应用于控制系统、优化计算、信息的聚类分析等应用工程实践中。然而，从架构上来看，这些应用信息系统都不是开放的参与式设计，系统和用户之间还只局限于使用和被使用的关系，使用者的行为没有纳入系统的设计，更别说人-机智能的系

---

① 作者在具体研究中发现，社会性软件中的社会性标签非常符合 Peter Small 提出的原型系统。然而，对于第一个社会性标签系统的设计者是否从 Peter Small 的著述中得到启迪，却难以考证。在第 2 章对社会性标签进行介绍分析时，会结合系统功能补充解释该理论。

统综合了，也没有强调系统间的协作交互。数据也只作为其处理的对象，而不是其系统的核心，系统的功能并不能在应用中适应和进化，在同一业务同一批量的数据处理中可能会越用越可信（如神经网络算法中学习训练的历史数据越多，预测越准确），但这不属于系统功能的改善，不能迁移到别的业务和数据应用集合中去。系统是封闭的和确定性的，其中的进化规则是人为设计的，系统的优化依赖于被动输入的数据，只对指定的系统输入数据进行优化计算，而不是针对用户行为进行系统功能结构的优化调整，也不会在不同用户间形成间接协作的同时，区分和记忆不同的用户行为模式。系统优化只作为一种算法纳入系统内设计，而没有作为一种方法来指导信息系统的设计。比如，把信息系统或万维网设计成一个人工神经网络，把人看做蚂蚁，按照蚁群算法来集合用户的群体智慧等。因此，这类研究属于具体的算法策略研究，虽然其算法中适应性演化的思想对把信息系统作为一个整体复杂系统来研究有可借鉴的地方，但明显属于不同研究目的（研究层面）的研究。

虽然信息系统的发展越来越复杂，并向生物系统和社会系统靠近，但系统科学在信息系统研究中的应用还处于初步探索的早期阶段。除“对象式研究”中万维网静态结构的分析引起研究界和业界较为广泛的兴趣外，“参与式研究”中提出的一些综合理论，除理论提出者自己的一些原型系统外，并没有获得太多的回应或反响；一些有意义的项目或者刚开始立项，或者进展不大，并没有可公开查阅的进一步研究成果。

从研究背景来看，对信息系统适应性的研究多集中于信息系统的检索领域，如搜索引擎用户体验的优化、开放的海量信息系统的检索、信息的个性化推荐和个性化检索、信息的协同过滤和社会化协同检索等。这些研究虽然在具体策略上有所不同，但基本解决思路是一致的，如个性化信息检索的解决思路都是记录用户的历史操作行为，从记录用户行为的系统日志中分析挖掘用户的兴趣模式和知识背景，以此外推出用户的个性化需求；信息的社会化检索和协同过滤则让用户记录信息检索经验的同时，开放自己的经验与他人分享，系统通过发现用户间兴趣模式的共通和重叠，增强用户间的协同与协作（发现需求相近的用户，让他们能借鉴彼此的检索经验，分享对方检验确定后的历史检索结果）。信息的个性化检索和协同过滤作为一个具体的研究问题，有许多可参考的研究资料和文献，但是能提炼出“系统在使用过程中，记录和分析用户的行为，通过向用户行为学习的方式，改变系统内的信息组织，重新组织用户间的协作关系，从而让系统变得越用越好用”——这种系统适应性思想并推广到一般信息系统应用领域的研究却很少。例如，上野晴树等提出的复杂适应信息系统就被局限于有一定规模用户参与的具有海量数据的信息检索系统。此外，其原文（4 篇系列文章[19~22]）的理论阐述十分晦涩（在上一节的介绍中是作者结合自己的理解在不改变其基本思想的基础上进行的简化表述），这也制约了他们在一般信息检索系统中的应用推广。

日本早稻田大学的分布适应性信息系统（DAIS）项目目标很宏大，希望从最底层的操作系统，到应用层的设计再到项目管理全面贯彻适应性信息系统的理念[8]。然而，在作者看来，他们在过分强调新系统体系间适应性的同时，却又忽视了新系统对现有的操作系统等实际运行环境的适应性。用复杂性系统思维方式来看，信息技术和信息系统的发展都存在有“路径依赖”的问题。现有的操作系统虽然存在许多问题，但全面推倒重来的可能性却很少，就如同“QWERT”键盘的设计一样，虽然合理，但全新的设计却很难在推广上获得成功[3]。因此，也许更加审慎的态度是选择逐渐适应的策略，立足在现有系统条件下，渐进改造现有的操作系统和应用信息系统的策略更有可行性。当然，从长远看、从一个国家的战略来看，该项目的这种努力是值得钦佩的。他们提出的一些研究设想和理念，如所有系统都是人-机系统；系统设计不仅要设计软硬件，还要综合设计人件；一个好的软件工程方法要能适应未来新发展的技术等，都值得我们借鉴和思考。

Small在“缔结默契”信息系统中全面勾勒出一个类生物进化的信息系统开发设计方法及系统原型[31]，其中许多思想都可给人以启迪，但论述十分抽象，过于强调观念的革新，而忽视了技术上的阐述；在论证中也存在形式化不足的问题，对一些可能产生的新的研究议题没能深入挖掘。因此，理解这个系统的人不多，系统也未得到重视。

钱学森的综合集成式研讨厅构想[26]，体现了中国系统科学界在信息系统研究中的智慧。由于主要针对综合专家智慧进行集体决策的系统进行研究，在普通应用系统的开发设计的影响还很有限。但其中的开放式复杂巨系统、以人（专家）的智慧为中心的人-机综合等概念，群体智慧通过系统达成协商、把人所擅长的任务交给人、计算机擅长的任务交给计算机等思路，在最近兴起的社会性软件中有很好的对应体现①。因此，对当前信息系统前沿研究来说，依然具有方向性的指导意义。

国际知名大企业的研究中心在研究和设计信息系统时也都在开始应用一些系统研究方法。例如，微软研究院的复杂网络计算小组，结合网络虚拟社群、即时通信交流软件，研究社会关系网络的演化动力学[32]；IBM研究中心的协同用户体验设计小组，研究多用户系统中的非线性协作问题，研究社会关系网络分析在知识管理中的应用等[33]；Yahoo的激励网络（incentive network）项目[34]，研究社会网络中用户的激励因素与复杂网络拓扑中的信息检索间的关系等。然而，

---

① 社会性软件中所谓参与式架构就是人参与系统的计算，用户的群体行为、群体智慧带动了系统内信息的组织秩序的改善和系统功能与“智慧”的增长，在第2章中将对这方面内容再作详尽的分析阐述。

这些机构的研究多是针对一个具体的项目，关注某一个具体的方面，孤立地应用某一种系统理论和方法解决一个具体的问题，并没有对从整体上将信息系统作为一个复杂系统设计时该如何综合应用多种复杂系统的研究理论和方法进行研究。

综上所述，虽然在信息系统研究设计中引入系统研究方法有不同的侧重点和研究目标，但有许多共同的出发点。比如，立足于把用户纳入系统设计之中，或强调系统对用户的个性化适应，或强调用户在系统内的协作自发产生新的信息秩序和组织秩序等；再如，将社会网络分析研究的结论引入信息系统的设计中，有意识地引导系统内社会关系网络的发展等。此外，从评述和分析可以看出，虽然在信息系统研究中综合引入系统研究方法是一个日益增长的趋势，但目前的研究或者过于局限于某一类具体的应用研究领域，或者距离实践还有差距，或还只有简单抽象的理论，没有可操作性的工程设计原则。目前很少既有理论基础，又有具体的系统开发方法，并能结合实现技术进行讨论的、适合于广泛应用领域的信息系统设计的体系框架。从整体上看，各层次研究之间的衔接和整合不够：对信息系统整体生态的研究和具体信息系统的研究之间缺少衔接，对象式研究成果和参与式研究之间缺乏衔接；如将万维网作为一个整体对象的研究还只局限于分析和刻画万维网的静态结构，万维网的动态演化机制还少有人研究，更不要说对万维网的动力演化机制进行设计和改进的研究了；理论研究与实践研究之间缺乏衔接，缺乏全面贯彻系统思维，把具体系统的设计和信息系统的演化趋势的分析、信息系统生态的整体演化的分析结合起来研究，等等。

1.2 从 Web 2.0 热到复杂系统研究

1.2.1 Web 2.0：从狂热到困惑

人们的心智正在被一场观念革命所照亮，近年来在互联网上产生了一大批被称为 Web 2.0 的新创意：Blog、Wiki、Twitter、Flickr、PingOMatic、Bloglines、del.icio.us、Furl、Spurl、FeedTagger、CiteULike、Technorati、43Things，等等。同时，与之相关的新概念也层出不尽：社会计算、社会性网络服务、社会性软件、长尾理论、Web App、Web OS、Mashup、ReMix、SaaS（软件即服务）等。同时产生了获得广泛应用的新的技术与标准：Ajax、Ping、Trackback、Social Tags、RSS、FOAF、XNF、Folksonomy，等等。用户的追捧、风险投资的青睐、目不暇接的系列收购，让 Web 2.0 成为人们关注的焦点。然而，由于 Web 2.0 的爆发兴起具有一定的偶然性，相关理论研究反而滞后于实践，人们一时还难以认清 Web 2.0 的实质，没能认识到 Web 2.0 突然大量涌现背后的必然性。虽然很多人都隐约感知到其中蕴涵着巨大的变革，但却无法把握其之所以然；虽然有意投身其中，却感觉无所适从。甚至对于诸如“Web 2.0

的本质是什么？是新技术体系还是只是一种新的理念?"，"是否存在 Web 2.0?"，"Web 2.0 创新设计与成功应用有无一般性的规律" 等基本的问题，都还缺乏统一的解释或权威的定义。这些问题的模糊不清加上这个领域人为的商业炒作与噱头干扰了人们对 Web 2.0 的认识和理解，妨碍了对 Web 2.0 进行严肃认真地学术研究，也因此制约了 Web 2.0 的科学发展。大量追风发展起来的 Web 2.0 系统，虽然冠以同样的旗号，在设计原则、系统表现以及实用的技术方面也都存在某种程度上的共性，但并没有最小的普遍存在的共同交集，因此很难抓住其核心的本质，至今都没能形成权威的解释和较为统一的共识。

在 Web 2.0 热潮尚未终结的同时，大量在这轮热潮一开始就奋不顾身地投身于 Web 2.0 的追风者已经开始尝到冒进跟风的苦果，因为并非所有的 Web 2.0 创新都能获得令人瞩目的成就，那些未能正确看待 Web 2.0 实际上是整个产业变革的投机者，过高地估计了单个项目创新短期收益的投资者，错误的估计与不计成本的投入导致了某些具体 Web 2.0 项目发展的不可持续性。于是从一个极端到另一个极端，Web 2.0 业界已经开始弥漫一种对未来发展前景悲观失望的情绪——Web 2.0 正在从狂热走向困惑。

然而，如果把分析视角上升到信息化整体变革的高度，就不难分析出 Web 2.0 变革在信息技术变革中的地位。

从信息化变革的目标来看，信息化的目的原本就是加强人与人之间的信息交流，促进知识的整合与扩散，优化社会分工与协作，实现人类智慧的整合与整体文明的推进。一个理想的信息化前景应该是这样的：所有可公开获得的信息都按照意义联系在一起，而不仅仅是零散的信息碎片，新增长的信息也自动追加链接到最合适的地方去；所有的人都按照专业、兴趣、特长等高效率地组织起来；所有与专业知识相关的信息与该领域的专家都联系起来了，以方便知识的扩散、学习创新与协作创造——人们不仅可以查找到有完整意义背景的资料，还可以找到资料背后的人（对于电子商务而言，人们很容易找到最适合需要的资源和最适合交易的对象）。信息化的理想前景可以用一句话概括，即"最适合的人在最合适的组织中、最方便地拥有最适合的知识资源，做最擅长做的事情"。

与信息革命的理想前景相比，当前互联网上有关人们的社会分工与合作的状况，以及信息知识和资源组织的状况，都可以用杂乱无章来形容。虽然互联网的发展有让"信息就在指尖上"之誉，但指尖却不一定能够经济有效地检索到需要的信息；虽然不同地方的人们自由地对某一领域的问题产生兴趣，但很少能自然形成志同道合的亲密合作。人们仅仅因为工作上的关系，按照不同的专业分工，在各种社会机构的组织下协作，而无论是在不同的机构组织之间，还是同一机构组织的内部，这种协作的效率都是管理面临的最大问题。能选择从事符合自己志趣的工作的人很少，潜在的最适合的合作伙伴彼此也很难相知相遇，有共同研究兴趣的人往往不能达成协作，甚至在研究结果公布之前彼此互不知晓，不能互通有无，低水平重复研究的现象屡见不鲜，由此造成了巨大的人力、智力和财力的浪费。

上述状况产生的原因可以归结为四类分离问题：①信息之间的相互分离，到处都是零散的知识碎片，相关联的信息间缺少必要的链接；②信息系统之间的相互分离，信息系统之间的互操作性（interoperability）低，由此造成信息孤岛问题；③人与信息的分离，大部分信息与其创造者都是分离的，并不能方便地联系到信息背后的人，大部分信息都没有记录用户行为数据，信息与用户之间也是分离的；④人与人的分离，由于前三类分离，造成人与人之间不能有效地互通，信息受众不能通过信息与信息创造者发生联系，信息受众之间彼此不能分享获得信息的经验，信息创造者之间也不能通过信息之间的相关而发生联系，即便在某个系统的社区中存在一些互动联系，但却因为信息系统之间的相互分离而局限于社区之内。四类分离的存在，妨碍了信息资源和人在不同的信息系统之间实现优化配置，妨碍了信息革命理想前景的达成。

而Web 2.0变革给上述情形带来了转机。几乎所有成功的Web 2.0应用都吸引了大量的陌生人进行无中央控制的自发协作，协作的结果既改善了信息世界的秩序，也改善了人与人之间的社会关系。例如，来自世界各地的人们通过Wiki进行了广泛而有成效的群体创作，建立起被认为目前最有前景的人类知识圈（noosphere）描述项目：自由维基百科（Wikipedia）；世界范围的博客圈（blog sphere）中博客们无私地分享知识与信息，在信息世界上留下各种有意义的路标；美味书签（del. icio. us）吸引着不同语言、不同国家的人在这个公共平台上进行信息的群体分拣协作，所有个人加工过的信息和其他人的工作结果一道，帮助原本分离的相关信息建立起联系。同时，相同志趣的人在这个工作过程中也能够彼此发现对方，从对方分拣的信息中获益，建立起协作的默契。跨系统性的合作与交互在各类Web 2.0应用中也十分普遍，不同系统间的密切协作和配合使用打破了系统之间的隔离。

为什么Web 2.0能够带来这些新的变化？一些研究者开始指出可以用复杂系统研究的方法研究这场变革，把互联网与信息化社会看做一个整体系统，研究信息化进程中信息系统与信息社会的协同进化。

然而，虽然有少量文献指出了用复杂系统研究的方法研究Web 2.0的可能[6,35,36]，但这些文献多是简单地类比说明，或者仅仅是对现有的信息系统的对象性分析研究，或者局限于某一个或某一类信息系统研究，很少有人从系统架构与设计的角度进行研究，也很少有从互联网或整个信息系统的全局视角，用发展的观点系统地研究这一快速增长背后的原因和机制。

这些文献的研究在以下几个方面存在欠缺：

(1) 缺乏整体研究，尤其是宏观整体与微观设计之间关系的研究。微观主体的交互机制是整体宏观系统演化的基础，微观交互机制和宏观系统之间的关系是系统复杂性研究的中心议题。以万维网研究为例，万维网宏观的演化机制与微观Web信息系统的动态交互行为机制之间的关系如何？可否在微观上设计Web信息系统间的标准交互规则引导万维网的宏观结构朝向预期的拓扑演化发展？目前对万维网的整体动态研究多是抽象的简化模型研究，缺乏针对万维网全局优化的真实Web信息系统中的交互机制的研究。

(2) 依然限于局部思考，而缺乏必要的开放研究视野，在现有的适应性信息系统研究中很少考虑对其他信息系统开放的适应性。限定于具体某一类问题的研究多，在不同应用领域的系统间作横向比较或经验迁移的研究很少，提出的研究理论或经验只能在特定应用领域内适用，大部分研究都有特定的项目背景，这也是研究无法超越片段思考的原因。

(3) 跨学科的系统综合研究发展不足。随着信息系统在线用户规模的扩大，用户间的社会性交互与系统功能设计之间的关系越来越复杂，需要综合社会科学的研究方法，如社会性软件中广泛应用到的社会网络计算问题等。虽然一些文献简单提及要在软件工程中综合应用社会科学研究方法，但这些文献都没能对如何在软件工程中综合应用社会科学研究方法给出具体的框架。信息系统的适应性研究涉及信息系统对外在应用环境的适应问题，包括与大量其他信息系统之间的交互协同问题，对多信息系统间的协同进化问题，需要借鉴生态学的研究方法，目前也还少有这方面的跨学科研究来支撑复杂环境下的适应性信息系统的设计。

1.2.2 Web 2.0与复杂适应系统理论

复杂性已成为许多学科共同的挑战，因而受到整个科学界的高度重视。复杂性研究具有明显的多学科交叉融合的特征，在社会科学、自然科学和工程技术领域内都有相关的应用研究。随着信息技术的快速发展，信息系统也逐渐由低级到高级、由简单到复杂、由封闭孤立到开放协同地发展。具体表现为：系统组分的独立性越来越强，组分之间的耦合度越来越低，组分之间组合交互的灵活度越来越高，信息系统也因此越来越具有复杂性系统的特征。信息系统的复杂性在近年来兴起的Web 2.0中表现得尤其突出。有别于传统的Web信息系统，Web 2.0具有以下几类典型特征：①主体参与式架构和开放式架构；②系统内存在大量非线性机制和自组织现象，能够在使用中不断改变和适应性调整自身的功能及组织结构；③系统之间的交互关系错综复杂，有明显的类生态特征；④社会关系网络引入信息系统，在一些Web 2.0中，通过用户的自发协作，自底向上地构建出了各种社会关系网络。这些新特征让Web 2.0具有超越过去普通信息系统的复杂性，而具有了类社会系统和类生态系统的复杂性。这给它们的研究开发及工程设计带来了许多新问题和新挑战：如难以理解和把握系统的动态机制的设计，系统的适应性的设计难以控制，系统的行为不可预期，系统的发展前景难以评价，信息系统的演化及相关技术的发展规律难以认识，无法进行可重复测试（系统性能与功能的稳定性和不变性是用户可用性测试及算法比较测试的预设前提，系统的动态复杂性和适应性演化特征让这一预设前提不再成立），等等。

根据前面的分析，Web 2.0 是信息系统日趋复杂性发展过程的高级阶段，且具有多层次的复杂性。而 CAS 理论适合研究不同层次系统之间的关系，在物理复杂系统、社会经济复杂系统、生态复杂系统等研究中已经获得了广泛的成效[14]，因此可能同时用来对信息系统内的组分间的复杂关联和动态交互机制进行分析和规划设计，对信息系统内的用户组成的社会系统的复杂性进行分析研究，并把信息系统的分析及架构设计和全局视野的信息系统生态研究结合起来。

基于这种可能性，本书尝试以 CAS 理论为基础，结合一般性的系统思维及其他的复杂系统理论和研究方法，以社会性软件和 Web 2.0 为分析研究的对象，在借鉴前人研究的各种适应性信息系统、“缔结默契”信息系统等的基础上，归纳总结出一个与信息系统复杂性发展趋势相匹配的复杂适应信息系统范式（与复杂科学范式相对应）；在此基础上对信息系统日趋复杂的过程中产生的一些具体问题，如结构动态演化及适应性问题、社会系统和技术系统混合后带来的多元复杂网络的计算问题、适应性系统的动态原型的设计和算法的评价问题、系统间的协作生态网络问题等进行了专项的分析论述。提出新信息系统范式的目的是把信息系统复杂性研究纳入系统复杂性研究范畴之内，有效地研究和设计越来越具有复杂系统特征的信息系统，使在信息系统向复杂性系统的变革中变被动为主动，为社会性软件和 Web 2.0 提供理论研究支持，同时总结和提升其中的架构设计经验，并把它们推广到更多的应用信息系统中。

1.2.3　本书的基本理论和方法

复杂性科学是系统科学中的一个前沿方向，被称为 21 世纪的科学，是系统科学的延续和发展，其主要目的就是要揭示复杂系统中一些难以用现有科学方法解释的动力学行为。与传统的还原论方法不同，复杂系统理论强调用整体论与还原论相结合的方法去分析系统。复杂适应信息系统主要需要应用的研究理论是系统科学复杂性研究（也称复杂性科学①）的相关理论，主要需要应用的研究分析方法是从定性到定量的综合集成方法。

---

① （20 世纪）80 年代开始，科学界对以非线性数学为基础，以现实问题从物理学、化学、生物学，到经济、生活系统进行研究的新兴交叉领域有个总的称呼叫做复杂性科学，或自组织科学，以区别 20 世纪四五十年代发展起来的以线性数学为基础的系统科学[66]。

与一般系统的研究相比，复杂系统研究有以下新特点：

（1）复杂系统研究以系统的整体行为作为主要研究目标和描述对象，如涌现由于“整体大于部分之和”而无法分析和还原解释的现象；以探讨一般的演化动力学规律为目的，如幂律分布（power law）、小世界网络和尺度无关网络等复杂系统的拓扑结构的生成和演化[16]，非线性、反馈、自组织和超循环等复杂系统内各组分之间的动态作用机制，等等。

（2）强调数学理论与计算机科学的结合。一般系统研究中多用数学方法建立系统模型，而复杂系统一般多用计算机建立模型，系统的模型通常用主体（agent）及其相互作用来描述。元胞自动机、多主体建模、复杂网络建模分析、人工生命、人工神经网络、遗传算法等都是复杂系统研究的虚拟实验手段。

“当人们寻求用定量方法处理复杂行为系统时，容易注重于数学模型的逻辑处理，而忽视数学模型微妙的含义和解释。要知道这样的数学模型，看来‘理论性’很强，其实不免牵强附会，从而脱离真实。与其如此，反不如从建模的一开始就老老实实承认理论不足，而求援于经验判断，让定性的方法与定量的方法结合起来，最后定量。”[37] 20世纪80年代末，钱学森提出，处理复杂问题的方法论是“从定性到定量综合集成方法”。这套方法在整体上研究和解决问题，采用人机结合、以人为主的思维方法和研究方式，对不同层次、不同领域的信息和知识进行综合集成，达到对整体的定量认识。实践证明，这套方法在应用中是有效的[38]。

1.3　本章小结

随着信息技术的快速发展，信息系统也逐渐由低级到高级、由简单到复杂、由封闭孤立到开放协同地发展，具体表现为：系统组分的独立性越来越强，组分之间的耦合度越来越低，组分间组合交互的灵活度越来越高，信息系统越来越表现出类似生物系统或社会经济系统等复杂系统的特征。应用普遍适用于生物系统和社会经济系统研究的系统科学理论，特别是系统复杂性研究相关的理论和方法，来研究和设计信息系统也就成为一种日益增长的现实需要。但目前这方面的研究有理论落后于实践的地方，信息系统本身发展的速度超越了理论上的建树，形成一种盲动发展的热潮，在当前的社会性软件和Web 2.0领域内这个问题表现得尤其突出。

本章首先介绍了本书撰写的技术时代背景、写作的起因以及为了理解本书所必需的一些知识背景、基础理论与分析方法等，以方便读者能够在深入阅读全书之前，快速了解全书的主要内容。

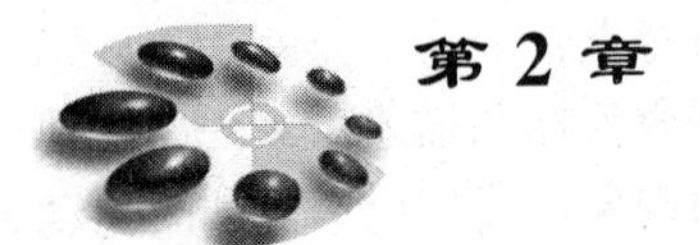

第2章

交互与涌现
——Web 2.0相关技术的深度解析

动态系统（dynamic system）是非常微妙的，只有当我们扩大时空范围深入思考时，才有可能辨识它整体运作的微妙特性。

——彼得·圣吉（《第五项修炼》之“微妙法则”[4]）

本章主要包括两方面的内容：一方面是对Web 2.0系统常用的交互技术进行介绍和分析。一些看上去很简单的技术在Web 2.0系统中产生许多非线性、自组织和涌现等复杂现象，如果不能从整体上思考，不从动态发展的角度分析，就很难理解这些简单的技术在系统中所带来的复杂作用。正如单只白蚁并不理解自己在群体协作建筑复杂精巧的蚁巢过程中的行为一样，甚至设计者也不清楚（没想到）这些简单的设计在整体上会对万维网造成什么样的影响。开始设计者的初衷只是方便自己的工作（Blog① 及第一个社会标签系统del. icio. us② 就是这么诞生的），但事情随后的发展超越了他们的想象，大量个体的简单交互涌现出各种复杂的不可预期的结构，并不断地衍生出新的信息系统形态。另一方面是从思考与总结Web 2.0的发生过程与规律出发，讨论其在信息系统形态演化过程中所处的地位和对于信息系统研究的意义，并在对其共性和本质进行总结和分析的基础上，给出可能并非全面，但适合于本书讨论语境的定义。本章对这些系统的介绍和分析旨在为下一章提出复杂适应信息系统范式提供经验研究基础（即下一章提出的理论基于本章对这些应用领域的经验归纳和抽象之上）。

---

① Blog堪称引爆社会性软件和Web 2.0热潮的引擎，最初的创造是Pyra公司的创始人Evan Williams等为方便项目小组成员之间的交流而设计的。后来Pyra被Google公司巨资收购，该收购是Blog发展史上一个重要的里程碑，因为它改变了Blog的草根性，引发了业界大鳄和风险基金对Blog的关注，从而大大推动了Blog的普及和发展。

② http：//del. icio. us，美味书签，社会性网址收藏系统。应用该系统收藏网址，用户可以公开自己的收藏，并因此达成社会化的协作。del. icio. us是由30岁的纽约人约书亚·沙克特（Joshua Schachter）创建。他这样做主要是想保存他的书签。“但是，忽然之间，你不仅可以看到自己收集了些什么，还可以看到别人收集了些什么。做这个网站的主要动机是解决自己遇到的问题，没想到给很多人解决了问题”，沙克特说。第一个社会性标签系统就这样诞生了，后文还会具体介绍它的社会化协作机制。

2.1　Web 2.0中的适应性和涌现

Blog、Wiki、社会性标签和社会性关系网络服务是广为人知的四类社会性软件，在开放共享、同创共用的观念推动下和大量自由开源软件项目的支持下，这四类社会性软件获得了广泛的应用，并在发展中不断完善。据不完全统计（截至2005年12月），这四类软件中每一类都有数十种乃至上百种不同的系统实现，每种系统实现又都可能有成千上万的应用安装实例。例如Wordpress，目前安装实例不完全统计就达400万个①。从技术角度上看，大多数社会性软件的技术在Blog中都有所体现；从设计思想的角度看，Wiki和社会性标签、社会性关系网络服务又分别贡献了其独特的设计思想，而这些技术和思想在其他社会性软件中又以新的组合形态或形式呈现。因此，这四类系统可以看做是所有社会性软件创新模式的源头。下面，我们分别对这四类社会性软件进行介绍分析。因为其他三类系统中的一些设计思想与技术在Blog系统中有比较集中的体现，介绍中重点分析Blog系统。

2.1.1　Blog：万维网中的适应性主体

从表面上看，Blog就是一个简单的内容管理系统（content management system，CMS），外观上除多了一个日历和一些零散的个性化小插件外，与传统的CMS没什么区别。然而，在Blog中集成设计的有几项面向其他信息系统交互的看起来很简单却很特殊的技术，随着Blog在互联网上应用越来越广泛，这些技术对万维网的影响越来越大。这些技术包括RSS、Ping、Track Back、Free Tags、Permalink以及BlogAPI。下面分别对它们进行介绍，同时用系统方法对它们进行分析。

1. RSS

RSS是一种特殊的XML文件格式，可以看做下列三种英语短语的缩写：really simple syndication（真正简单地整合）、RDF（resource description framework）site summary（资源描述框架的站点摘要）、rich site summary（丰富站点摘要）。RSS包括一些标准的文件头和信息项格式定义，信息项包含标题、作者、日期和摘要等信息元，一般用来对动态网站最近更新的内容进行格式化封装。某一网站（或其中某一栏目）一旦支持RSS格式的内容输出，另外一些支持RSS解析的系统或软件就可以按照RSS的解析规范对该网站的内容进行订阅（subscribe）或内容联合（syndicate）。订阅一般面向用户个人，可以订阅到专用

---

①　参见http：//wordpress.org，一种基于PHP和MySql的Blog系统实现。

桌面端软件、邮箱等，也可以订阅到其他以 WEB 服务提供的订阅系统。通过 RSS 订阅，用户可以不必再访问各个网站就能及时了解它们的更新信息。内容联合是面向公众用户开放的内容集成，在别的页面上按固定时间间隔同步显示 RSS 中的内容。通过 RSS 内容联合，可以把来自不同系统的内容整合到一个系统中，实现不同系统功能的松散联合。例如，在 Blog 中集成显示在 Flickr① 上收藏的图片、在 del. icio. us 中收藏的网页、在豆瓣网②上的书评信息、Wiki③ 上某词条定义的最近更新信息等。

RSS 并非 Blog 的新技术，但是作为 Blog 的基本特征，RSS 随着 Blog 的兴起得到了大量用户的认可，并因此在其他网站系统中得以大量普及和应用。

对于信息系统来说，RSS 的意义在于实现了信息内容的机器可读性，让跨系统的内容同步和整合成为可能，从而方便了信息的重新分类聚合。

在 RSS 分类聚合过程中，不断汇入参与者的智力判断（分拣、挑选、重组的过程中体现了参与者的智力），从而形成一个由集体接力进行的、持续的信息分拣和提炼过程：每个用户既是被动的信息获取者，又是主动的信息提炼者（当其把自己的阅读分拣、提炼，再组织发布时④），如果其挑选提炼的结果对他人有价值，则可以直接为他人所借用。用户在收集汇总多个其他用户订阅的基础上，按照自己的评价标准进行取舍，得到一个新的内容聚合；这个新内容聚合又可以为更多人所借鉴，甚至反馈到他最初所借鉴的用户。通过 RSS 订阅、分拣、重组和输出，大量用户间达成了间接协作（具有相似阅读兴趣和知识水平的用户在这个过程中更容易通过相互订阅达成协作），这一过程让 RSS 中的内容不断地被打破重组，构成多样化的、不断优化和改进的内容组织形式。RSS 内容打破重组的演变过程与自然界物种演变中的基因重组很类似，如图 2-1 所示。

图 2-1 中的箭头方向表示左边的 RSS 经过（基于信息项的）分拣重组后，输出为右边新的 RSS，这一分拣重组过程可以是人机混合的方式：用户通过在订阅时加自动关键词过滤的方式得到一个原始信息项集合，在这个机器过滤的基础上再进行人工挑选，组合后得到新的 RSS。现在有许多系统支持这种对 RSS

---

① http：//flickr. com，社会性图片分享系统，用户可以公开自己的图片收藏与朋友分享，支持 RSS 格式的输出，因此可以在其他 WEB 信息系统中集成显示其中的内容。

② http：//douban. com，社会性“读书/音乐/电影”评价网，其中的评论、阅读列表等信息都支持 RSS 输出。Douban 是中国最好的 Web 2.0 应用之一，由于其对 Web 2.0 设计思想具有独特的贡献，下文介绍 Web 2.0 时会专门进行介绍。

③ Wiki 是与 Blog 齐名的有大量应用的一类社会性软件，在介绍 Blog 之后会对其进行介绍。

④ 有专门的基于 WEB 的 RSS 订阅和分拣系统。例如，Bloglines（http://bloglines. com），提供了阅读过程中针对信息单元选择性收藏并能够再输出加工组织后的内容。类似的还有（http://feedburner. com、http://feedtagger. com、http://feedsky. com、http://feedmarker. com、http://aggrssive. com 等）。

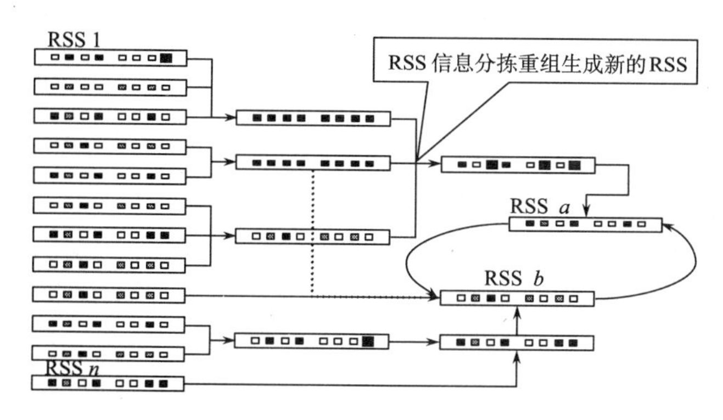

图 2-1　人机综合集成的 RSS 信息分类重组示意图

分散重组的过程，如开源项目 Aggrssive 系统①向用户提供了从多个 RSS 信息源中按特定关键词过滤后并重组输出的功能；Bloglines② 向用户提供了 RSS 订阅、选择性收藏、再综合输出的功能。图 2-1 中 RSS *a* 和 RSS *b* 互为输入输出构成一个循环，当两个用户相互订阅对方的综合输出时出现这种情况。在更多的用户参与这种分类聚合关系后，会产生更复杂的关系图，图 2-2 表示 RSS 分拣重组的用户协作关系，其中用户 1 的分拣结果 RSS 1 被用户 3 用来生成 RSS 3 的同时，RSS 3 也被用户 1 所订阅，作为生成 RSS 1 的源信息。

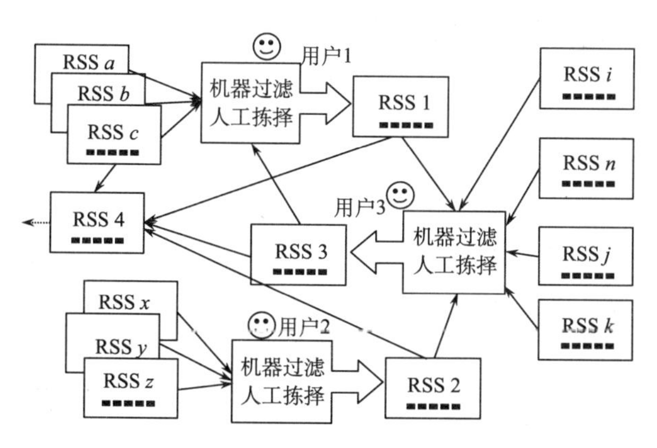

图 2-2　RSS 分拣中的用户协作和人-机综合集成

RSS 现在有多种版本的规范（RSS1.0、RSS2.0、ATOM）[39]，鉴于 RSS 的巨大应用前景及其中存在的一些不足，微软于 2005 年 11 月发布了扩展 RSS 标

① 参见 http：//aggrssive.org.
② 参见 http：//bloglines.com.

准的简单共享扩展（simple share extension，SSE）规范，旨在把只能单向订阅不能自动反馈评论的单工模式转变为可自动反馈的双工模式（duplex or bi-directional mode）[40]。

2. Ping

Ping让用户在Blog上发布新内容时能够向另外一个信息系统发出更新通告。这个功能最初用来实时监控分布在网络各处的多个Blog系统上的内容更新，以方便项目小组成员能即时获得别的成员的最新信息。后来，随着Blog系统的大规模应用，一些充当信息采集中心的系统开始出现，这些信息采集中心接收大量Blog发来的Ping信息，发展成为信息汇聚中心，可用做信息门户或搜索门户（如Pingomatic①、Pingoat②，刚被Yahoo收购的Blo.gs③等），而Blog系统也乐于以这种方式及时把自己的更新信息通告给互联网世界，让其他系统和搜索引擎能够在第一时间建立起从外部指向新追加信息的链接。

Ping的原理是基于XML-RPC上的远程函数调用，信息系统接受Ping需要内置一个XML-RPC服务器，并支持Ping调用函数（符合通行的调用规范）。Blog发送Ping消息这一过程是包含新增网页的URL、简单分类描述信息、Blog名称、要发送通知的第三方系统的XML-RPC服务器地址等参数的一次远程调用。

除基于XML-RPC的Ping实现外，还有一种简单的Ping实现。当用户从另外某个域的网页链接到本站系统的网页时，网站服务器系统一般会把这个来源网址记录在变量HTTP_REFERER中，因此只要在本站系统的每一页中设计一个来源网址记录并分析显示的功能，就相当于为每一页实现了一个接受Ping的服务器。

Ping的意义在于增强了动态网页的自主性，让动态网页在生成时便能够自主地向外在的某个系统发出通知，从而主动地、即时地在其他系统中建立起指向自己的链接。过去，网页可以主动地建立到其他信息系统的链接，但对于指向自己的链接却缺乏控制权，只有人工申请或被动等待搜索机器人的搜索才可能获得指向自己的链接。

3. TrackBack

TrackBack改变了用户评论的方式，让评论者可在自己的Blog上对别人的Blog发表评论，同时又能保持分布在不同系统间的话题的连续性，所以通俗翻译为跨系统评论（更正式的技术性称谓是“点对点通信和网站间互相通告的框

---

① 参见http：//pingomatic.com.

② 参见http：//pingoat.com，据该网站的统计，目前全球接受Ping的信息中心约50个。

③ 参见http：//blo.gs.

架"[41])。评论者在自己的Blog中提交一篇针对别的Blog上的文章评论时，系统会提示输入评论对象页对应的TrackBack入口地址的URL，通过远程功能调用得到对方系统的响应后，两个Blog系统中的评论页和被评论页会自动建立起双向的超级链接；在有些系统中，当某外部评论中又有进一步讨论时，还会自动追加通知到最初被评论的对象页，方便主题的所有相关人员都能在自己的Blog上看到这个主题的所有延伸讨论。双向超级链接让讨论产生的信息在传播的过程中留下路径痕迹，不仅方便查找信息或知识的产生线索，还有利于扩大信息的传播面（可以从级联引用该信息的任何一个结点检索到该信息）。

不同的Blog系统具体实现TrackBack的技术不同，但对最终用户来说，使用形式上没有区别。在Wordpress和Nucleus等系统中，TrackBack是基于XML-RPC实现的，支持跨系统引用评论（外部评论）的Blog系统内置XML-RPC服务器，在服务器上实现了可远程调用的TrackBack。当从外部某系统对该Blog上的某篇文章进行评论时，需要把评论的URL、评论的简单文摘、评论端所在的网站或Blog名称，以及所评论文章对应的TrackBack端口URL作为参数，传递给该Blog的XML-RPC服务器，该服务器就会在对应文章下显示出被外部引用评论的情况。

4. Free tags

Free tags（自由标签）用来对发布的信息自由标注多个标签。系统把有相同标签的信息归类在该标签下，从而建立了以这些标签为索引的信息分类。在传统分类（category）方式中，信息只能从属于某一固定分类；自由标签让信息和分类之间的关系更加灵活（多对多），且不必在添加信息前预先设计分类，而是把信息的分类工作放在信息产生之后。这个看上去很简单的设计，改善了系统内信息的组织结构和关系网络。过去系统内信息的组织是树状层次结构，自由标签的设计让信息的组织呈现出复杂的网状结构，更符合信息内容一般都具有丰富的多样化语义内涵的实际。此外，这个信息关联网与系统基于内容、文本分词方法聚类计算出的内容关联网不同，信息的标签是信息创作者对信息的高度概括（相当于关键字），带有创作者的主观认知特点，而基于文本分词中的词频分析的信息之间的关联则是纯粹客观的算法，抹杀了信息的主观性。由于信息提供者比普通人更清楚自己所表述信息的中心词和重点，自由标签所用的词语虽然可能在全文中词频不高，但比那些词频高的非标签词更能反映出整个信息的特点。此外，基于词频分析的内容关联聚集的假设是词频高的特征词更能代表信息的重点特征，从而决定信息内容在信息关联网中的位置；但特征词很难确定，特征词的词频对文本意义的概括性无法保证。而基于自由标签的内容关联聚集的假设是文本作者最了解自己文本的意义内涵，其总结的关键词（添加的自由标签）应该是最有概括性的。至于作者自己的主观性定义可能不符合规范的问题，则会通过社会选择进行过滤，如果不符合大多数读者的认知习惯，作者的主观性定义也不会得到认可，从而在读者检索选择过程中被淘汰。

自由标签的设计还有助于自动挖掘出用户的潜在兴趣偏好，一个用户使用最多的标签可以彰显用户的兴趣。这种兴趣偏好是从用户不自觉地加注标签的历史累积行为中涌现出来。研究显示，很少有用户愿意或有耐心去显式地定义自己的兴趣[42]，即便是简单选项的选择，用户的态度通常也是很随意的，极少有人会在自己的兴趣发展变化中主动修改兴趣的描述；而把用户的兴趣和行动联系起来。比如，通过让用户选择订阅相关的信息、相关的分类等更容易获知用户的兴趣，这种非描述性的、从用户的行为判断中获知的兴趣（隐性兴趣建模）更具有动态时效性，因此更适合用来对系统中所有用户的兴趣进行重叠交叉分析，从而应用到基于当前用户需求的个性化推荐功能设计中去。

通过结合 Ping 机制，自由标签还可以实现跨系统间的信息分类聚合，这需要第三方专用服务系统的支持，如图 2-3 所示。图中 Technorati① 是标签聚类系统，其他各系统（Blog、del. icio. us、flickr. com 等）在对各种类型的资料添加某个共同的标签时向 Technorati 发送 Ping 消息，并在标签上添加链接到 Technorati 中的对应标签页（这两个步骤在一些系统中是自动完成的），实现了不同系统中同一标签的信息的双向关联（虽然这些系统彼此没有直接交互，但通过 Technorati 建立了间接关联关系）。

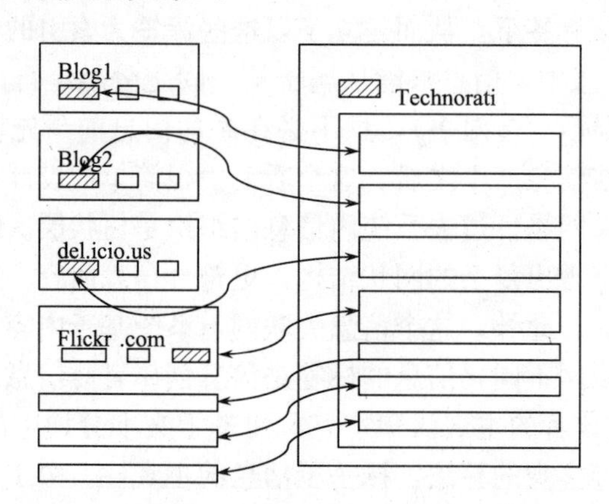

图 2-3　基于自由标签的跨系统同类信息自动关联

自由标签对于改进系统设计的作用可总结为以下几点：

（1）改善了系统内信息的组织结构，由树状分类的层次结构转向基于自由标签关联的网状结构。信息一般都具有丰富的语义，所以网状结构更适合表述信息

---

① 参见 http：//technorati. com.

之间的关系。

（2）提供了隐性挖掘用户兴趣模型的条件。从用户不自觉的累积行为中涌现出用户的兴趣偏好，而不是开始一次性地对自己的兴趣作宣告和限制（固定分类设计）。

（3）优化了信息导航和分类的设计。良好的信息分类设计有助于对用户进行有效的信息导航，从而方便了信息的检索。在传统内容管理系统中，系统管理员常常不知道如何更好地设计分类栏目，如果对既有的分类不满意，想进一步细化分类或调整分类时，需要对所有相关信息进行修改；而基于自由标签的信息导航，不仅可以从多种分类中（代表不同的信息认知）检索到同一信息，还可方便基于单项信息的分类修改（即可以修改某单项信息的分类而无须调整所有的相关信息）。

（4）突破了基于文本分词和词频分析的内容聚集的假设，信息间是否关联取决于各个信息的提供者对自己内容的概括，而不是完全由机器和算法决定。

（5）与Ping功能搭配使用，可以实现跨系统的信息分类聚合，克服了传统信息系统之间相关信息间缺乏关联的问题。

5. Permalinks

Permalinks专门面向搜索机器人设计，把可公开的有价值的动态页面地址映射为静态形式的网址，以方便搜索机器人收录。Permalinks的意义在于体现了“面向搜索引擎的设计”，增加了基于Web的信息系统的适应性，让系统在互联网中争夺用户注意力时更能适应竞争。这一思路后来得到更多的引申应用，比如，对从搜索引擎链接而来的页面，把用户输入的检索关键字高亮显示；对搜索引擎前来的页面的关键字进行统计分析，据此对页面内容或布局进行适应性调整，以提高在该关键字上的命中率等。

6. Blog API

Blog API把Blog系统内一些功能函数通过XML-RPC封装，以方便跨系统的网络远程调用。最初设计的目的是支持桌面Blog编辑系统，方便Blogger本地编写后自动发布到Blog系统中去。在开放诸如发布帖子、获得分类列表等函数后，Blog与其他类别的系统之间可以进行更广泛的协同交互，如通过电子邮件系统发布帖子，与支持Jabber协议的其他信息系统交互等。将来桌面办公软件或其他编辑系统也能够通过支持Blog API与大量Blog系统进行跨系统的网络协同。

7. Blog的整体系统分析

从技术本身看，Blog所应用的这些技术都没有任何了不起的创新之处。RSS是RDF（资源描述框架）的简化，RDF早在1999年就被提出，并在一些内容管理系统中得到广泛的应用（如 PhpNuke① 等）；XML-RPC 技术也是一项很老的技术，复杂度及表现能力不如 SOAP；至于 Free Tags 和 Permalinks 甚至说不上是技术，只是一种设计上的方法策略或技巧。如果用孤立的、静止的观点看待一个 Blog 系统，也会觉得与传统社区或 BBS 上的个人文集没有什么区别。但从全局（整个万维网）的观点和发展的观点来看，则会发现这些技术不仅改变了信息页面在万维网中的竞争关系和博弈形式，影响了万维网的拓扑结构的演化，还丰富了万维网上系统间的协作关系，并直接导致了大量新信息系统形态的衍生。下面分别从这两方面进行分析。

1）Blog 改变了信息页面在万维网中的博弈竞争关系

信息页面在万维网中的博弈竞争是指万维网中的信息页面都尽可能多地获得指向自己的链接，从而在搜索引擎中与同类页面比较排名时胜出。在第 1 章绪论中提到人们对万维网整体结构的统计研究时，发现万维网中结点的度数分布服从幂律分布，形成这种分布的原因在于结点之间的择优链接[11]。为了进一步解释万维网拓扑结构的生成机制，人们提出几种不同的择优链接模型。例如，Kleinberg 等与 Kumar 提出一个拷贝机理模型：假设所有的新页面都是对老页面中已有主题的拷贝（模仿或重复），因此所有新页面总会优先链接到现有的、具有相同主题的部分优秀网页上[16,43]。Krapivsky 和 Redner 提出重定向增长网络模型：老结点以相同的概率被挑选为链接的目标，新结点以概率 r 链接到老结点 i 的同时，以 $1-r$ 的概率链接到 i 结点的父结点（即 i 结点最早附着的结点）[16]。Vazquez 提出网络行走机理：开始网站发布人只了解其内容主题领域内的少数一些页面，根据这些页面的相关链接知道更多的页面，这个过程不断递归下去，就可以和更多的页面取得联系。Vazquez 还实现了这样一个新结点进来后不断在网络中行走、增添链接方式的网络模型构造算法[16]。这些模型都可以构建出与实证分析得到的幂律分布相近的网络。但这些模型中都没有考虑到结点的适应度，因此总是最老的结点度数最大，因为它们有最长的生存期来积累度数。而实际中，一些网页如果有好的内容和营销策略，在非常短的时间内可以获得大量边。Bianconi 和 Barabasi 提出一个适应度模型，认为每个结点都有竞争获得更多边的本质属性，因此实际网络具有竞争的态势。在他们的模型中，对每个结点分配一个不随时间变化的适应能力参数，这个参数（对应内容本身的吸引力）和该结点已有的入度（代表已有的影响力）一起决定被链入的概率[16]。Dorogovtsev Mendes 和 Samnkhi 提出一个边的继承性的适应度模型，让新结点能够继承部分

① PhpNuke：一种应用十分广泛的内容管理系统，拥有许多完全不同的发展分支（myPhpNuke、postNuke、xoop 等），不同分支都有大量的用户群体。参见：http：//phpnuke. org，http：//mypn. com，http：//postnuke. com，http：//xoops. com.

所链接的老结点的部分边，这样网络度分布也不再是时间线性分布，继承策略好的结点也可能获得更多的边[16]。

在 Bianconi 和 Barabasi 的适应度模型中[16]，信息结点的适应度只考虑本身内容与其在万维网发展中的关系，这只适合描述信息结点间链接的权利主要掌握在网站管理员和网站编辑人手中的情形，但 Blog 的设计机制让系统之间建立超级链接的行为方式发生了变化，不仅可以在编辑信息页面中用 HTML 语法显性地编辑链接，还在用户行为中让跨系统的链接自动化建立。例如 Ping 机制，可以让新页面发布时自动通知到各个 Ping 信息汇聚中心中去，从而立刻获得来自这些 Ping 信息汇聚中心的链接；TrackBack 让用户能够在系统外发表评论时自动建立指向评论目标页的链接。与那些只能被动链接的传统页面相比，这些能够根据其他页面链接到自己的状况动态调整页面中的超级链接的结点，称为互动适应性结点（或互动适应性页面）；除互动适应性外，面向搜索引擎设计的页面因为更容易被搜索和检索到，所以也更容易获得更多的链接，从而获得更多的用户注意力，页面的这种能力可称为竞争适应性，和同等级内容页面竞争注意力时有更大的竞争优势。这种适应性增加了结点在万维网中获得边的能力，即增加了获得链入的概率。根据 Bianconi 和 Barabas 的研究，不同适应性的结点在网络演化中度的增长变化率和适应能力的关系可以用式（2-1）计算得出：

$$\frac{\partial k_i}{\partial t} = m\frac{\eta_i k_i}{\sum_j \eta_j k_j} \tag{2-1}$$

其中，m 为网络平均入度；k_i，η_i 分别为结点 i 的入度和适应能力[16]。

为了定量地讨论 Blog 的设计机制对于信息结点度数分布的影响，我们把万维网中的结点分为两类：一类是只具有内容适应性（η_i）和一般链接度的结点（平均入度为 m），下文称为传统结点；另一类是具有互动适应性和竞争适应性（除 η_i 外还有 $\Delta\eta_i$）的高链接度结点（平均入度为 $m+\Delta m$，$\Delta m>0$），下文简称为适应性结点。假设传统结点在网络中全部结点中占的比例是 p，适应性结点在全部结点中所占的比例是（$1-p$），N 是网络尺寸，则适应性结点的度数变化率可用式（2-2）表示：

$$\frac{\partial k_i}{\partial t} = \frac{pm(\eta_i+\Delta\eta_i)k_i+(1-p)(m+\Delta m)(\eta_i+\Delta\eta_i)k_i}{\sum_j^{Np}\eta_j k_j+\sum_l^{N(1-p)}(\eta_j+\Delta\eta_j)k_j} \tag{2-2}$$

传统结点的度数增长变化率用式（2-3）计算：

$$\frac{\partial k_i}{\partial t} = \frac{pm\eta_i k_i+(1-p)(m+\Delta m)\eta_i k_i}{\sum_j^{Np}\eta_j k_j+\sum_l^{N(1-p)}(\eta_j+\Delta\eta_j)k_j} \tag{2-3}$$

如果两个结点（一个是传统结点，一个是适应性结点）在 t 时刻的度数相同，且内容适应度也相当的情形下，适应性结点和传统结点的度数增长率比值可以从式（2-2）、式（2-3）中直接得出，记为相对优势 γ_η，计算式为

$$\gamma_\eta = \frac{\eta_i + \Delta\eta_i}{\eta_i} \tag{2-4}$$

考虑到 Ping 和 TrackBack 基本上只发生在 Blog 系统间，普通网页不支持这些功能，因此不能自动从用户行为中增加超级链接。所以在实际网络中，Blog 和 Blog 之间的信息链接要不仅多于普通网站间的链接，也应多于 Blog 和普通网站间的链接，在不严格的意义上可以把两类信息结点划分为两个完全独自发展的孤立子网，分别计算其中的度数增长率，计算式为

$$\frac{\partial k_i}{\partial t} = \frac{(m + \Delta m)(\eta_i + \Delta\eta_i)k_i}{\sum_j^N (\eta_j + \Delta\eta_j)k_j} \tag{2-5}$$

传统结点的度数增长变化率依然按式（2-1）计算，假设所有新结点类都同比增加了适应度，即假设对任意结点 i，都有 $\eta_i + \Delta\eta_i = c\eta_i$；则可以计算出适应性结点由开放超级链接的编辑权限而增加的结点入度变化增长率相对于传统结点的入度变化增长率的相对优势，计算式为

$$\gamma_m = \frac{m + \Delta m}{m} \tag{2-6}$$

由于 $\Delta\eta_i > 0$，$\Delta m > 0$，γ_η 和 γ_m 都是一个大于 1 的量。这与现实经验一致，与普通网站相比，Blog 圈内联系的密度高于普通网页，Blog 上的信息具有更快的扩散速度。由于结点入度的增长增加了 Blog 圈的平均入度（m），增长了 γ_m，γ_m 增长又促进了平均入度的增长，从而形成一个正反馈的循环过程。

此外，如果把信息结点看做神经元，把用户行为看做外在刺激，Blog 信息结点间超级链接的动态建立以类神经网络的方式运作：当用户通过超链先后访问两个页面时（前一个页面具有指向后一页面的单向链接），如果后一个页面是具有 Ping 适应性的页面，则可以自动在后一个页面上追加指向前一个页面的链接；这个过程与神经元同时激发增强彼此联系的机制类似，后者被称为神经网络的 Hebb 律（Hebbian rule，以提出者——澳大利亚神经心理学家 Donald Hebb 命名），正是这种结点间联系权重的动态调整让神经网络有了学习记忆和联想的能力。因此，简单的 Ping 机制还让万维网的演化具有了类神经网络的特征——能从用户行为中学习。例如，用户先后访问两个信息结点的行为是基于用户对这两个结点间是否存在内在关联的理性判断，也就是先后访问行为隐含了用户对两个信息结点关系判断的知识；通过 Ping 机制自动建立来链接，相当于万维网适应性地增强了两信息结点的关系，让万维网拥有了学习和记忆这种用户知识的能力（这种适应性改变方便了其他用户的再次访问）。一些 Blog 研究者还从对同一事

件共同关注的 Blogger（撰写 Blog 的人）之间更有机会增强彼此联系的角度，对 Blog 网络（指 Blog Sphere 中的超级链接构成的网络）和神经网络进行了类比[44]。

2）Blog 丰富了互联网上系统间协作关系形态

Blog 丰富了互联网上系统间协作关系是指基于各项开放的交互机制上的协作关系，如基于 RSS 标准上的内容同步、内容优化与重组，基于 Ping、Track Back 的跨系统通信，基于 Blog API 的跨系统协作等。这些新的系统间协作方式大大丰富了万维网的组织结构，让万维网的拓扑结构不再局限于基于页面超级链接形成的关系网，而具有了基于网站的更抽象的协作关系网络。以前虽然有另外一些技术也能实现系统间的各种协作，但取得如此大规模的重复应用、获得如此大的影响力，从而能在万维网范围内形成新的协作互联关系的并不多。由于 Blog 的大量应用，围绕着 Blog 发展出许多针对性的集中服务系统，即数目巨大的 Blog 系统群服务的系统，如 FeedBurner①（RSS 发布和订阅代理）、FeedSky②（RSS 混合中心）、R | Mail③（RSS 邮件订阅转接系统）、Memeorandom④（以评论关联的 Blog 聚合搜索）、Blo. gs⑤（Ping 汇总中心）、PingOmatic⑥（Ping 汇总并转发中心）、BlogLines⑦（RSS 订阅中心）等。随着 Blog 越来越热，大量非 Blog 系统也纷纷借鉴并采用这些相关技术以增强系统的交互性，这更丰富了围绕这些技术衍生出的信息系统形态的种类。

直接围绕 Blog 相关技术衍生出来的新的信息系统，一般以 Blog 工具的形式表现出来。表 2-1 是一个不完全 Blog 工具分类列表。

表 2-1　Blog 工具分类列表

一般的 Blog 工具
Backupmyblog：自动备份博客数据，只对 mysql 数据库有效
Feedburner：RSS 烧制工具
Feedblitz：邮件订阅工具
MyBloglog：博客统计工具，可以显示最近访客
Performancing：博客编辑器，Firefox 插件
Dijjer、Redswoosh、Pando：把 Blog 上提供的资源转化为 P2P 的方式下载，以减少流量带宽，对于富媒体文件比较多的博客尤其有用

① 参见 http：//feedburner. com.

② 参见 http：//feedsky. com.

③ 参见 http：//R-Mail. org.

④ 参见 http：//memeorandom. com.

⑤ 参见 http：//blo. gs.

⑥ 参见 http：//pingomatic. com.

⑦ 参见 http：//bloglines. com.

续表

一般的 Blog 工具
Dead-Links：坏链检查工具
Pingomatic，Pingoat：接受 Blog 更新时发送的 Ping 通告，并帮助转发到各大主流博客搜索引擎
RSS Re-mixers：RSS 合烧工具，可以把多个 RSS 源合烧为一个 RSS
Feedostyle：RSS 集成，把其他 RSS 聚合到自己的 Blog 中去
Webshotspro：即时生成 Blog 的预览图
SiteTimer：帮助博客检查首页完全显示的时间
Web based image resizing and editing tools：在线图像编辑工具
Flock：可以和 firefox 媲美的浏览器。支持直接从 Flock 发布日志到 Blog 的功能
Copyblogger：像写广告文案一样写作博客的技巧
丰富 Blog 功能的小插件（widget）
Springwidgets：时钟、计数器、小游戏等许多小插件
Majikwidget：付费定制属于自己的小插件
Alexa、Alexaholic：显示你的博客在 Alexa 上面的排名情况
PollDaddy：嵌入式投票系统，可更改投票模板
Chipin：可以用来向大家征集捐助（donation）
ChatCreator：留言本插件，可以自定义外观
Tagcloud：为不支持标签云（tag cloud）的 Blog 系统自动生成标签云
Videoegg：添加视频的插件
MapKit：撰写博客时添加地图
Plugoo：留言框生成工具，支持博客主用 MSN 等及时通信软件跟读者交流
Snap：链接预览工具
Eurekster：社会化搜索引擎
Blog 搜索引擎优化与推广的工具
一般的流量统计工具：Statcounter、Getclicky、Google Analytics
高级流量统计工具：CrazyEgg、Measuremap
博客进阶和博客搜索引擎优化工具：101 Web marketing ideas and tips（Seopedia. com）
WordPress and SEO：针对 Wordpress 进行搜索引擎优化的经典教程
Seomoz：页面搜索引擎优化的评估工具，通过博客链接数、del. icio. us 链接数、Technorati 的反向链接数等来评估
Blog Search Engines：罗列了许多博客搜索引擎、网站搜索引擎、RSS 聚合站点等
Adgridwork：文本链接广告系统
Google Webmasters Central：Google 网站管理工具
Yahoo SiteExplorer：Yahoo 提供的检查博客外链的工具
Blogburst：通过把博客加入到 Blog network 里面，以提高博客流量、知名度等
Dmoz：全球最大，最权威的网站分类目录
Competitio. us：比较分析博客以及与形成竞争的目标博客
Technorati：全球最大的 RSS 搜索引擎
Blog Directory ：博客分类目录，对提高博客排名有很大的帮助

续表

Blogger 资助模式及资源
Other advertising networks besides google adsense：除 google adsense 以外的付费资助模式大全
Problogger：教 blogger 如何利用博客赚钱的博客
ReviewMe、PayPerPost、SponsoredReviews：通过参与测评服务、产品来获得收入
Text Link Ads：通过出售链接位赚钱
Blogads、FederatedMedia（A+）：广告中介商，通过出卖广告位赚钱，对博客的要求比较高
Bloggerkit：展示在 Amazon 上面跟博客内容相关的产品，按出售价格提成
Advolcano：CPT 广告（广告位时间成本，如包天、包时等）
booBox. com：出售跟博客内容相关的产品
Quantcast：开放的投票系统，通过博客读者对广告商服务的投票来获利

2.1.2　Wiki："共同规范"的涌现①

"Wiki"一词源于夏威夷语"weekee"，意思是"快点快点"。大约是因为"快点快点"的催促暗含了这个系统迫切需要的参与精神，Ward Cunningham②用 Wiki 命名了以"知识库文档"为中心、以"共同创作"为手段，靠"众人不停地更新修改"这样一种借助互联网创建、积累、完善和分享知识的全新模式。后来 Ward Cunningham 为 Wiki 总结了开放、增长、有组织、通俗、全民、公开、统一、精确、宽容、透明和汇聚等设计原则，凡是基本符合这些设计原则的内容编辑系统都可称之为 Wiki[45]。需要强调说明的是，上述原则应用到一个内容编辑系统中去才可称为 Wiki。如果不能在一个编辑系统中对内容进行开放式编辑修改，内容就不会增长；如果不公开透明和不能汇聚全民的参与，就无所谓宽容和统一。

Wiki 的原理在于开放编辑和自由协作，用户可以修改系统中所有开放的信息文本，Wiki 系统则记录下所有用户修订的版本历史。比如，在自由的百科全书（Wikipedia③，最著名和最成功的 Wiki 应用范例）中，各个词条最终形成的

---

① 涌现是复杂系统研究中的一个中心词，表示系统整体上反映出的不同于子系统的新特征。比如，气体的温度是大量气体分子运动的涌现，但气体分子并没有温度特征。涌现在这里指群体借助于 Wiki 形成的规范文本，这个规范文本不是任何个人所能形成的，如同社会行为规范的形成一样，来源于个体行为又不属于任何个体。在后文介绍的分众分类（folksonomy）的涌现时，指的是分众分类不是任何个人所能定义的分类，不属于任何个人，但又离不开个人的奉献。这种社会集体涌现现象的特征是它们被称为社会性软件的原因之一。

② Ward Cunningham 是 Wiki 的发明者，后来被微软聘用。Wiki 后来发展成为一种系统架构方法，被称为 Wiki Way（Jennifer Gonzalez-Reinhart. Wiki and the Wiki Way：Beyond a Knowledge Management. Solution. C. T. Bauer College of Business，University of Houston. jgonzalez-reinhart@uh. edu）。

③ 参见 http：//zh. Wikipedia. org.

中性客观定义就是在这样的机制中产生的。原本没有什么客观的知识，有的只是主观林立的意见分歧，在开放编辑的条件下，不同用户的反复修订相当于进行一场广泛参与的协商讨论，协商讨论越充分，得到的结果越容易获得更多人的接受，越接近符合共同规范意义上的“客观的知识”。在这里破坏者是不能得逞的，因为那些与大多数人的观点相左的内容很快就会被修正（可以很方便地通过历史记录恢复到破坏前的状态）；如果希望自己的观点和文字能够在今后的许多次修改中幸存，在最终版本里尽可能多的留存，就必须尽可能地让自己的观点保持公允和客观，让尽可能多的人能够接受。通过这种开放修改权限的方式，那些比较容易为他人所接受的观点能够保持较久的时间，从而获得更大的影响力和更广泛的传播范围；那些恶意的、低质量的修改则难以久留，最终沉淀下来的是得到大多数参与者广泛讨论和协商后的、观念之间博弈与平衡的结果。在同一个主题页面中反复编辑修改的过程，就如大家共同在一张白纸上描绘，那些能获得最多人共识的部分在重复描绘中因为线条笔墨的加重而“涌现”出来，成为共同规范的描述。在Wikipedia中，词条稳定解释的形成是众人集合智慧的“涌现”，这与传统百科全书中由少数专家定义的方式完全不同。

Wiki设计思想可以提炼为：相信用户、相信群体的智慧，只有借助于群体智慧创造的作品才能更好地满足群体的需求、才能获得群体的满意和认可。这种设计思想应用到文本编辑之外，发展出开放式地图编辑或加注系统、开放式音乐编辑和视频编辑系统等。以开放式地图编辑系统为例，把地图的编辑或加注的权限开放给普通用户，如Google Map在实现电子地图的开放编辑功能后，并提供给第三方应用开发的接口，很快在Google Map的基础上就诞生出大量应用在专业商店、旅行社、景点、房地产等领域的开放式编辑的地图。与Blog强调个人的自主性相比，Wiki更强调用户群体的集体协作，特别适合协同创作，如共同构建知识库，形成共同规范或标准化的文档说明等。

Wiki把原本发生在系统之外的协商讨论引入到系统之内，把对话集中在一个编辑文本之中（而不是类似BBS讨论的多个编辑文本），因而不再需要额外整理就可以直接得到一个可继续编改的结果。从系统动力学的角度来看，这是一个不断缩短反馈循环路径的结果。尽可能地缩短反馈循环可以增加系统适应能力，这种尽可能地缩短反馈循环链条的长度的思想在增强系统适应性设计的各个环节都同样有效，因此在下一章中把它抽取为复杂适应信息系统的一个设计指导原则。

2.1.3 社会性标签系统：分众分类的涌现

社会性标签（Social Tags）是自由标签（Free Tags）的进一步延伸，它们只在使用范围上有很小的差异。如果自由标签不只是限制为单个用户使用，而是让多用户使用，并在使用中通过共同使用的标签把他们所标注的对象关联起来，自由标签就具有了社会意义，成为社会性标签。

个人使用的自由标签如果没有参与到与别的用户的协同中去，只对个人的信息自由分类，则只能把个人处理的信息按照标签组织为意义关联的信息网络；而一旦社会化，成为社会性标签，就能够从群体用户分类中涌现出对应每个加注目标的、使用最多的分类，这种通过协同用户单个行为“涌现”出的使用最多的分类法，是在大众用户持续使用“tag”的过程中被集体创造出来的，所以信息专家 Thomas Vander Wal 将其命名为分众分类（由“folks”和“taxonomy”合成）法[46]，即集合众人之力产生的分类法。

传统系统设计中信息的编码和分类工作一般都是参照专家的定义，然后再教育用户接受；这种方法无法对那些尚未形成明确分类的信息进行分类，而且专家的分类并不一定能获得大众用户的认可，或者即便能获得认可，也需要一个知识扩散和接受的周期；因此传统系统设计的分类和用户的接受之间总是存在一个鸿沟，这种鸿沟妨碍了用户对信息的检索。而分众分类方法集中体现了“人人平等”和“群体智慧是无穷的”思想，让每个用户都能贡献其对信息编码分类的知识，系统用统计汇总的方式把那些最能被众人接受的分类法凸显出来，作为系统的推荐分类法，从而在系统的后继使用发展中获得更大的传播优势。这里应用正反馈促进了分类规范的形成。此外，这种方式并非没有尊重专家和权威，专家权威在作为普通用户参与标注分类时，如果因为认识深刻而提供了更能把握信息本质的分类，就更可能在和普通用户不准确、不精当的分类竞争中脱颖而出而获得更多人的接受。因此，这种分类法把权威的产生机制和影响机制融入信息系统中，在分类定义方面把权威的影响限制在其真正有权威的领域，去掉了“晕环效应”（即因为在某个领域获得权威，而得到过多的话语权——对另外一些并非其专长领域的话语权），从而更增加了对真正专长于某个领域的专家的尊重。

最早的社会性标签系统是美味书签（del. icio. us），随着社会性标签在各应用领域内的大量应用，目前社会性标签系统已成为一个广泛的信息系统谱系。广义地说，凡是让用户选择某种对象并自由加注标签，且能够对同一标签的事物进行汇总关联的系统都是社会性标签系统，包括形形色色的社会性网页标签系统、社会性图片分享系统、社会性图书评论系统、社会性旅游资源评论系统，以及各种商品、饭店、食谱、音乐、名人、教师等的评论系统。实际上，随着社会性标签在越来越多的信息系统中获得应用，这些系统都可以归类为社会性标签系统，在理论上可以对一切能够在网络上表示出的信息加标签，包括抽象的理想、愿望、兴趣、目标计划等①。

通过标注自由标签的方式，社会性标签在用户和标注对象之间建立起联系，并为这个联系赋予了一个或多个属性（即标签词条）。这样在用户集合、标注对象集合和标签集合间形成一个三元网络（用户-标签-对象），也可以看做是三组关联在一起的二元网络（用户-标签、标签-对象、用户-对象），由于这个三元网络中的关系是公开的，每个用户不仅可以看到自己所加注的标签和对象，还可以通过自己加注的标签和对象直接发现在三元网络上相邻的其他用户的标签与对象，通过在网络上游走，实际上可以看到整个网络上用户、标签和对象之间的对应关系。这样用户的个人行为就成为社会集体行为中的一部分。每个人对互联网中资源的分类从整体上优化了万维网的秩序。在这里无须担心人们的自私与保守心理，因为开放自己的工作对于方便自己来说是必须的，只有公开自己的检索结果，才可以方便地从中发现更多相关联的信息，才可以发现更多的兴趣相投者、潜在的协作伙伴。

由于社会性标签的方便性以及对用户和信息的分类聚合的有效性，社会性标签正在成为互联网上的新宠。正如一个 IT 评论员热情洋溢地评论道："用户的'tag 行为'给互联网带来一场充满活力和巨大冲击的革命，随着社会化软件和 Web 2.0 的出现，我们迎接来互联网又一个崭新的时代。一方面，用户有能力影响他们自己的在线经验，并且这也有助于别人获得更好的用户体验。今天，用户正在添加元数据并且使用'tag'组织他们自己采集的数字化信息为内容分类，建立起自底向上的分类系统。集体智慧正在做着迄今为止只有目录编制专家才可以做到的事情。信息发布者和网站作者，他们正在组织互联网上的信息并为其分类，这是决定用户体验的主要因素。在这个新时代用户已经获得授权，他们可以决定自己的分类需求。元数据可以掌握在普通人手中，专家不再是这个领域的霸主!"是否有社会性标签的设计甚至成为风险投资的一个考核标准。

分众分类对于信息系统设计的意义在于通过集合众人的智慧设计出一个不断进化和完善的分类系统，解决了传统 Web 文本挖掘与特征词选取的困难。依靠词频文本分析和聚类算法的分类很难符合人类理解的语义分类，过去人们热衷于用各种数学模型来优化特征词集的生成，时间反复证明其效果十分有限，文本信息处理的准确率不够（基于向量空间运算的文本分类准确率以及检索的查全率和查准率总是停留在 75%左右）[47]。

① 更多社会性标签系统可参见分享学术论文收藏的：http：//citeULike.org；分享图片收藏的：http：//flickr.com；分享并保存网页的：http：//furl.com，http：//spurl.com；分享地点评价的：http：//tagzania.com；以加注标签分享 RSS 订阅的：http：//feedtagger.com，http：//feedmarker.com；分享愿望和目标计划的：http：//43things.com；分享网站收藏的：http：//sitetagger.com；Tag 综合搜索引擎：http：//Gada.com.

此外，在 Wiki 和社会性标签系统中，用户的协作都是无组织的自发行为，都是间接达成的，这与第 1 章绪论中介绍的 Peter Small 的缔结默契信息系统（stigmergy system[31]）的思想非常契合。在 Wiki 中，并没有一个统一的标准和固定的目标。对每个词条的参与者来说，他们都独自地采取行动，都力图让自己的观点在博弈中能最大化的保全。虽然用户也可以在线展开对话和讨论，但这种讨论不是必须的，更多的时候是通过修改词条的页面、达成与别的用户的间接协作。每个用户都可以在别人修改的基础上进行再次修改，修改时不可避免地受已有信息的影响。这种影响可以是正面的，比如，受到别人的内容的启发，或激发了更多的联想、唤起了回忆等；也可以是负面的，比如，干扰了回忆和认识、误导了开始计划修改时原定的方向等。这就是缔结默契——社会昆虫们协作的方式——个体之间并不直接交互，而是通过改变环境间接达成交互。在 Wiki 里，这个环境就是共同参与编辑的词条页面。在社会性标签系统里，环境可以是系统内一个个的标注对象，当用户甲对某个标注对象进行收藏并加注标签时，就改变了这一标注对象的状态，当用户乙收藏同样标注对象时，可以发现这一改变，并通过这一改变发现用户甲的其他收藏、用户甲的标签等信息，这些信息既可以作为其加注该对象的行为参考，也可能影响了他的另外一些加注和收藏行为。在社会性标签系统里，环境还可以是集体行为涌现出来的分众分类，人们可以自由地添加标签，最后合力形成大众流行的标签，系统用标签云①的方式把这些标签显现出来，方便人们直观地发现最热门的分类、最流行的分类，从而影响到各自的行为。

2.1.4　网络社群的自组织与社会关系网络的涌现

社会结构理论认为人的经济行为都是嵌入在一定的社会结构当中[48]的。社会结构可以用全局社会关系网络图来表示，但每个人都只能了解到以自我为中心的局部的社会关系，没有人能知道自己所有朋友的全部社会关系。因此，只有通过全面社会调查才能够了解一个人群的社会结构，只有把这个调查结果反馈给人群中的每一个成员，才可以让每个人了解其在人群社会结构中所处的位置，才可以主动地依据社会结构来调整自己的社会交往行为。然而，这是一个动态循环过程：绘制全局关系图，人们因此认识了朋友的朋友，发展出新的社会关系，又影响了全局的社会结构，让全局关系图失去时效性。所以，现实生活中人们很难实时掌握其所处社群的全局关系。但在网络社区中，由于网络中所有的交互行为都

---

①　标签云，把标签按照使用频次的高低按醒目层次不同的字体和颜色标注出来的标签呈现方式。更复杂的标签云还把标签之间的关系以星系距离图的方式表现出来，最近的、最大的标签是最热门的，其余标签的相对大小代表热门程度，标签之间的距离代表标签间的相关度。

记录在系统中，系统可以及时计算出当前的全局视图，因此可以方便人们从全局社会结构中获得有价值的信息。这就是社会关系网络服务运作的原理。

社会性网络服务（social networking services）是专门用来辅助人们管理和拓展社会人际关系网络的功能网站。比较知名的有FriendSter、Ryze、Linkist、UUMe、HeiYou① 等。这些系统都以类似的方式让用户直接在网络社区中发展自己的人际关系，通过朋友的朋友也可能会是朋友的传递原则，让注册成员分享自己的人际关系网络，在集体分享与协作中发展自己的人脉关系。

与普通的交友网站或社区不同，社会性网络服务必须具有以下特征或功能设计：

(1) 必须在系统内明确记录下用户的社会关系，并允许用户自主管理自己的社会关系。

(2) 可以共享和传递关系。系统让每个成员自主建立好自我中心关系网后，成员可以借助自己的直接朋友发展关系，因此系统必须为成员提供开放（或有针对性地选择部分开放）自己的关系的功能，让朋友知道自己的另外一些朋友，让自己知道朋友还有哪些朋友，从而能够与别的成员分享和传递关系，在方便自己的朋友之间（他们未必直接相识）建立起朋友关系的同时，自己也可以通过朋友发展更多的朋友。

(3) 提供查找人际关系路由的功能。人际关系路由即从用户到陌生人间各层次的中介人链条，通过这个链条可以进行朋友间的信息传递或友谊传递。

社会性网络服务对于信息系统的意义在于通过用户群体各自分享自己的人际关系，得到整个群体间的全局社会关系网络视图（又是群体性参与和系统计算综合的一种新应用）；把直接的、显性的、社会关系网络及其发展机制引入到系统之内，促进了对在系统内组织和设计用户协作秩序的思考。在出现社会性网络服务后，另外一些虽然不以发展社会关系为直接目标的多用户系统也纷纷引入了用户自主发展社会关系网的设计，让用户自主组织起来并能够在使用系统过程中达成更好的协作。

社会性网络服务方便了在全局社会关系网络中形成一个个自组织聚簇群体的过程。用户a的朋友b和c的认识促成了三人间的彼此相识，就构成一个三人小聚簇，这在社会学中则用“三倍数传递”的概念来表示[49]，网络中构成的三角形个数可以衡量网络的聚簇系数。通过社会关系的可视化，朋友之间的联系得到重复与加固，并改善了陌生朋友间初次交往存在信息盲区的问题，促进了社群内

---

① 参见http：//friendster.com，http：//ryze.net，http：//tribe.com. 中文服务有：http：//linkist.com，http：//uume.com，http：//heiyou.com，http：//weaklink.com. 除以上较知名的系统外，还有大量针对特定地区、特定兴趣、特殊群体的类似的社会性网络服务系统。

不同兴趣群的凝聚和社会组织结构自底向上的形成。

社会性网络服务的出现解决了传统交友社区中交友对象间缺乏共同熟悉的引荐人，缺少第三方了解的渠道，难以建立信任关系的问题。由于信任在电子商务等网络活动中十分重要，社会性网络服务的设计思想在另外一些商务社区（B2B、B2C 和 C2C）中也会得到更多的借鉴和应用。

社会网络服务设计思想的渊源是社会结构理论。社会结构的网络测量研究发现了六度分隔原则①与小世界网络现象[50]，并发展出社会资本理论[48]和“弱联系”理论等[51]，引起了公众的关注，这些研究最终启发了社会网络服务系统的产生，而社会网络服务系统的广泛应用又促进了人们对于社会关系网络和社会结构理论的认识和进一步研究。

2.2　Web 2.0 系统的经典架构的系统动力学分析

虽然互联网上到处都在谈论 Web 2.0，但对于 Web 2.0 并没有形成一个统一的定义。犹如盲人摸象，对于 Web 2.0 这种涵盖意义十分广泛的概念，不同知识背景的人可以有自己的诠释和理解。例如，从文化哲学层面认为 Web 2.0 是一种社会文化创造观念的革命在万维网上的体现；从经济学层面认为 Web 2.0 改变了传统的商务发展模式，代表一种新的电子商务形态；从信息系统层面上认为 Web 2.0 改变了 Web 信息体系设计的架构和重心，Web 因此成为类操作系统的平台等。也有的观点简单地把 Web 2.0 归结为几种技术，甚至不承认 Web 2.0 有任何实质意义，认为 Web 2.0 和 Web1.0 间不存在本质的区别，Web 2.0 只是一种商业噱头和商业炒作，等等。然而，Web 2.0 实现的技术很多都来自于 IT 领域已有的技术，创新更多情况下是系统思维与综合应用的创新；Web 2.0 更像是对传统网络世界的重组与再造，打破了系统间的功能分离造成的信息孤岛问题，依托系统间的交互标准，把原有的一些不相关的，甚至是竞争对手的网站数据和服务结合起来，重新组合与再利用，创造出一个个可以被称之为“共享、重组、再造”（mash-ups）的新网络系统。在这种共享、重组与再造热中，与其被动地在可替换选择中被热衷于混合再造的用户所淘汰，不如主动开放接口共享出自己的功能，在为他们提供重组与再造方便的同时，获得最大化的影响力。这样，在 Blog 全方位开放系统功能的示范下，在 Google 的大力支持和推动下，各种网络服务纷纷开放 Web API，于是万维网不再是一堆网页的集合，而正在转

---

① 1967 年由 Stanley Milgram 提出，简单地说：“你和任何一个陌生人之间所间隔的人不会超过六个，也就是说，最多通过六个人你就能够认识任何一个陌生人。”六度分隔理论的数学解释是：如果每个人平均认识 260 人，其六度就是 260^6＝1.188 137 6 万亿。消除一些结点重复，也是地球人口总数许多倍。

变成一种全球化的系统平台。

本节选择几个有典型意义的 Web 2.0 的系统架构进行分析。

2.2.1 主体参与式架构的典范——豆瓣评论[①]

主体参与式架构（participative architecture[②]）是指以人为中心的设计，人作为系统的人件（human-ware）嵌入系统的功能设计，或作为算子参与了系统的计算，系统完整功能的实现离不开主体参与的系统架构。例如，基于用户行为挖掘的个性化推荐功能就离不开用户的参与，没有用户参与，系统功能无法实现；如果系统所有的功能都围绕着人进行设计，人的参与是系统功能实现必不可少的组成部分，那么该系统就是一个主体参与式架构的系统。

如果说在社会性软件部分介绍的一些信息系统中因社会性协作产生的各种涌现现象（如 RSS 优化、规范文本、分众分类、全局社会关系网络等）还不足以与社会复杂系统相类比，信息系统还不能够成其为复杂系统的话，豆瓣评论系统（以下简称豆瓣）则足以让人们改变这种认识。因为在豆瓣内综合集成了以上多种涌现现象，且彼此之间还构成了错综复杂的关系。

豆瓣是一个基于图书阅读、CD 唱片、电影进行社会评论的 Web 信息系统，支持个性化推荐、协同推荐、无组织的协同、自主发展的社会关系网络、自底向上的信息分类与关联等系统功能。豆瓣对于信息系统设计的贡献之一在于把主体参与式架构的设计原则和思想发挥到了极致，成为主体参与式信息系统的典范。豆瓣设计中处处把用户放在设计考虑的首位，不仅体现在界面的人-机交互设计方面，而且凡在可以依靠用户参与的群体智慧决定的地方，都无不例外地交给用户自主决定，因而在许多层次上实现了人-机智能综合集成的设计。豆瓣对于信息系统设计的贡献之二在于把大量的自组织机制、反馈机制以及大规模的网络数据的分析与计算嵌入信息系统之中，设计者统计物理学的教育背景让这些复杂网络数据的分析计算成为系统的核心技术；这些设计在大大增加了系统内各种组织复杂度的同时，也增加了系统的自适应性，并因此在系统内形成了多种复杂的社会学现象。

下面对豆瓣中体现了人的知识智能和系统的计算智能综合集成的几处设计进行分析。

1. 信息推荐中的人-机智能综合设计

对于具有海量信息，且信息不断动态增长的在线系统来说，如何把大量不断

---

① 参见 http://douban.com. 豆瓣被誉为中国 Web 2.0 明星，2005 年上线运行以来短时间内获得大量用户的好评。自英文版开通后，又被誉为第一个向海外战略输出的 Web 2.0 模式。

② 参见第 3 页脚注②。

更新的信息针对不同的用户需求发放是一个难题（这也是上野晴树研究复杂适应信息系统的问题背景，参见第1章绪论）。对于这一问题的解决，豆瓣采用了系统计算和用户智能综合的方案。

系统计算是用协同信息过滤算法，对用户的历史操作记录进行分析，得到用户之间的关联和数据之间的关联，再对不同用户群组选择性呈送最可能相关的信息（或对呈现的信息按照相关性排序）。由于系统的计算不一定符合用户真实的需求，豆瓣在系统推荐中添加了用户反馈，系统可以依据用户的反馈数据调整系统内原来计算出的用户相关度和内容相关度。

除在用户反馈设计中综合人-机智能外，豆瓣还采用了与计算智能推荐完全并行的人力协作的信息推荐策略。该策略体现在自主小组功能的设计和自主友邻的功能设计上。

豆瓣的自主小组功能让每个用户都可以自主地建立特定的兴趣小组，或自主地选择加入别人创建的小组。与依靠算法对用户分析、划分用户群体不同，自由小组给了用户自主组织起来的权力。系统除依据聚类算法给不同用户推荐其最可能感兴趣的信息外，还根据用户自由小组的参与情况，把整个系统内的大量动态信息（小组讨论）进行初步分类，避免了用户的信息冗余，对每个用户只呈现与自己有关的、自己可能感兴趣的信息。除小组讨论提供了成员交互场所外，小组的推荐阅读提供了小组成员间就小组主题分享阅读的功能，此功能对小组所有成员（而不限于小组管理员）开放，所以形成又一个达成成员间间接协作的渠道（stigmergy[①]）。

自主友邻功能是指每个用户可以自主地把另外一些用户添加为自己的友邻，友邻的最新收藏、最近阅读等信息被推荐给用户，作为系统计算推荐的一个补充。

选择友邻的过程也是系统计算和用户智能综合结合的结果。以基于用户综合判断、自主决策为主，以系统计算出的口味最相似的人的推荐为辅，系统负责从大量用户群中为每个用户计算出其最可能感兴趣的人选，解决了人群过大、无从选择的困难，但最终是否添加友邻还依赖于用户的综合判断。由于一般情形下人们只选择自己感兴趣的用户，友邻的阅读也具有相互借鉴的价值，系统通过呈现友邻最近的阅读实现了相互之间的借鉴。

2. 最相关的书籍的系统计算与发挥用户主动性，借鉴用户知识和智力的豆列设计

最相关的书籍是当用户选择查阅某本书时，系统根据过去用户行为的分析，

---

① 在第1章中，我们将这个词翻译为“缔结默契”，是社会昆虫们协作的方式，是一种非直接的、通过改变环境间接达成的交互协作。这里指信息系统中用于达成用户间接协作的、可由用户改变的信息内容环境。

计算出喜欢这本书的人也会喜欢另外哪些书，并推荐给用户参考。这是单方面依靠系统计算智能的方法。由于每个用户都可能有自己对书籍之间相关性的定义，这种相关不是自由标签中被添加同一标签的书籍之间的弱相关，而是基于主题内容的强相关，如某一套丛书、某基本经典系列等。对于这种相关，系统的计算判断效率显然不如发挥群众的力量，让每个用户都能贡献自己关于某些书相关的知识的方法更有效率。豆列就是基于这种设计考虑的。所谓豆列，就是用户创建的一系列书籍之间的相关序列。

豆瓣中系统算法、用户反馈、友邻和小组间形成的复杂的信息交互网络如图2-4 所示。其中系统算法分析计算的数据来自系统所有用户行为的记录日志，系统算法调整的依据是用户对两种推荐（推荐友邻和推荐阅读）的反馈，用户的行为不仅受系统推荐的影响，还主要掌握在自己手中，受友邻和同小组成员行为的影响，也受别的用户设置的豆列的影响，系统的设计为用户间的相互影响和借鉴提供了方便。

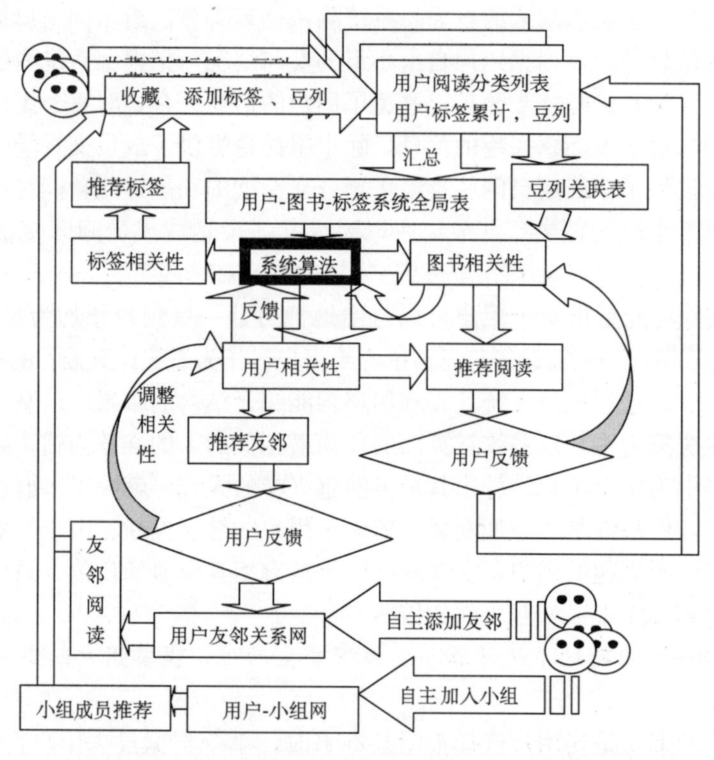

图 2-4 豆瓣中的人-机-人信息交互网络图

豆瓣很好地综合了各类社会性软件系统中的功能和优良设计，并且在基于同样设计原则的基础上进行了扩展与延伸。如在系统中普遍采用了社会性标签的设计，以集众人智慧形成各种对象的分众分类；借鉴社会性网络服务（SNS）的思想，在系统内让用户自主发展社会关系（友邻），并可公开分享社会关系；借鉴Wiki的协同编辑功能，允许用户对书目等的介绍按Wiki的方式编辑（即所有用户都可以根据自己的知识对书目介绍等相关信息进行修改，但只有能得到人们广泛认可的内容才能稳定地继承下去，参见2.12节），并允许用户自主添加图书、电影等信息，把数据库的添加和维护权限向用户开放，处处体现了相信用户、相信群体智慧的原则；支持RSS的输出，支持面向Blog的API开放接口，为别的系统分享和同步本系统内的信息提供了尽可能的方便，等等。在社会性软件一节中对上述各技术已经进行了分析，这些技术大多都实现了在个人行为和集体行为集合效应间建立反馈，从而让先后用户行为之间形成了间接的影响干涉机制（非线性关系），并因此自底向上地涌现出信息内容规范、信息的分众分类、全局社会关系图、各种自组织社会群体。此外，豆瓣还内嵌设计了面向第三方信息系统的定向信息检索和竞价排名，从而实现了与多家外部系统间的信息共享（如当当、席殊、蔚蓝、亚马逊等网络书店的数据）。因此无论是数据还是功能，豆瓣都是一个多继承来源的混合体。

虽然只是一个商业评论系统，但豆瓣系统中的用户之间自主协作，系统从用户行为中综合分析，并从用户反馈中改进系统算法，处处以人为中心，借用群体智慧的涌现等设计思想及指导原则和一些具体的设计，可被广泛地借鉴和移植应用在大量的多用户信息系统中去，如海量信息检索系统中的个性化检索与协同过滤的实现、图书馆管理系统、知识管理系统（如期刊网）、各类电子商务交易平台、虚拟社区、Web 2.0世界中大量衍生出的各类社会标签和社会评价系统，等等。在传统研究提出的各种个性化推荐和协同过滤算法难以获得用户高满意度的背景下，这种综合集成用户智慧，以用户之间协同分享经验为主、系统分析计算为辅的系统实现获得了很好的成效（快速增长的用户规模、用户良好的体验和口碑反馈证明了这一点），因此值得引起从事信息系统、信息检索方面的研究人员们的关注与思考。

此外，相比于国内互联网界对Blog、Wiki、SNS模式的大量简单无创意的复制，豆瓣对上述各个系统的综合灵活应用，以及创新性地给出自由小组、豆列等的设计，在新一轮的互联网国际竞争热中显得尤其难得，在所有单项的技术都已具足的情形下，豆瓣反映了在系统设计中应用系统综合思维的重要性。

2.2.2　开放式架构的典范——可编程的Web与Web 2.0组合工厂

豆瓣在一个系统之内综合了多种主体参与式设计，集合了多种由群体参与协同带来的，具有非线性特征的系统功能，从而在系统内涌现出各种复杂的社会学现象[①]，成为主体参与式架构的典范。但在系统开放性、组合结构灵活性方面还没能体现出 Web 2.0 混合重用和开放的特征。虽然豆瓣提供了集成来自其他数据库系统内容的功能，并以 RSS 和 Javascripts 技术提供了部分内容的对外开放，但这种开放仅仅是数据和内容上的开放，而不是功能上的开放。

一个系统采用开放式架构是指系统开放自己的功能接口，允许第三方开发使用。第三方开发的系统可以是作为系统的插件、嵌入原系统的开放式架构中的局部改进（如插件：Plugins，或增强补丁：Hacks），也可以把系统开放的某一功能甚至整个系统作为插件嵌入第三方系统中。可编程的 Web 的开放式架构主要指开放功能，作为插件嵌入其他系统中集成使用；Web 2.0 组合工厂则是开放体系，允许第三方（可编程的 Web）开发插件添加到本系统中。

在前面简单介绍 Web 2.0 时，已经提到 Web 2.0 的突出特征是“共享、重组、再造”（Mash-ups）[②]，即对各种开放功能调用的网络服务的综合集成，这种综合不是豆瓣中体现出的在系统开发设计层次上的综合（在一个系统内实现对某些功能的模仿），而是直接调用方式的松散集成（在一个系统内直接应用第三方的某些功能）。

随着开放式 API 的兴起，大量网站服务都开放了自己的功能，让原来面向直接用户服务的 Web 服务成为可编程的 Web，方便其他系统集成[③]。Programmable Web[④] 是一个专门整理收列供集成的可编程 Web 的网站，目前已经列出了 58 个大众化的 Web 服务[⑤]，包括本书已经提到的 del. icio. us、flickr. com、GoogleMap、technorati. com，等等，并详细列出了它们的应用开发说明(API)，因此相当于一个 Web 2.0 时代应用编程者的开发指南。该网站在“Mashups”栏目里还列出了在这些网站基础上的各种混合应用系统，此栏目二维数据表表示两种 Web 服务之间的应用混合，并以用户可自行添加编辑的类 Wiki 协同编辑的方式，方便开发者随时把自己开发出的 Mash-up 添加到对应的组合位置中去[⑥]。

为了方便没有编程经验的普通用户们也可以根据需要自由组合集成各种可编

---

① 指各种自发的社会群体、小圈子、小组的群体等多层次的社会组织结构等。

② 这种共享、重组、再造的原则在文化层面被称为 ReMix 文化，指人们在各种原创设计基础之上的综合编改，在文学、电影、音乐等艺术作品中形成的这种重新混合的文化，体现在软件和信息系统领域内就称为 Mash-ups。

③ 这种允许在第三方系统中使用本系统的功能服务，如果双方间有利益分成，就形成了类似代理的关系，这种方式在电子商务中被称为连属营销（affiliated program）。

④ 参见 http：//www. programmableweb. com.

⑤ 该数字是 2006 年 2 月 10 日网站统计显示的，随 Web 2.0 的快速发展这个数字也在不断地变化和增长。

⑥ 参见 http：//www. programmableweb. com/mashup/.

程服务，出现了一种专门方便普通用户混合集成其他可编程服务的系统。其工作原理是在系统内对各种可编程 Web 服务进行综合，然后把组合的权限开放给普通用户，让普通用户通过简单的选择搭配，自行组合为各种新的个性化的混合系统。由于系统设计人员还不断地添加各种新增的可编程 Web，用户的可选择范围还会动态扩张。因为这类系统能够大量锻造出各种自由混合的新 Web 2.0 系统，我们将它们称为 Web 2.0 组合工厂。目前可称为 Web 2.0 组合工厂的系统有 cfempire[①]、netvibes[②] 等，微软的 live[③] 系统也可属于此类。

Web 2.0 组合工厂采用了开放式架构体系，新的第三方的 Web 功能可以不断地添加集成其中，从而不断地丰富整个系统的功能。这个添加集成的工作并不限于系统管理员，多数 Web 2.0 组合工厂允许第三方人员参与其功能的集成添加，方便新的可编程 Web 服务的开发人员自行设计好与组合工厂间的接口，实现 Web 组合工厂的动态更新。在这样一个开放式架构中，除用户管理等核心业务属于系统本身外，其余的如 blog、Wiki、社会性标签、社会性图片系统等功能都直接综合集成别的系统提供的服务，组合工厂只是提供了方便综合集成的场所。

这种开放式架构系统有以下特征：

（1）功能之间的松散耦合。子功能多来自于基于网络调用的集成，各功能之间的耦合度很低。

（2）智能适应用户的个性化需求。系统功能可灵活组合，由于功能之间的松散耦合，用户可以很方便地选择其需要的功能自行组合，在进行个性化设置后成为一个新的子系统，子系统并不脱离组合工厂运行。

（3）借助群体行为，实现系统功能组合的优化。由于用户和功能之间的自由搭配组合，一些组合工厂还实现了用户和功能之间搭配关系的数据挖掘，进行基于功能的个性化组合推荐或协同推荐，并把群体用户行为产生的集合效应统计出来（如最常见的功能组合等），并反馈影响到各个子系统的用户。

（4）多层次体系，系统内存在变化演进的子系统。Web 2.0 工厂提供的用户-功能之间的自由选择搭配以及基于此之上的个性化推荐和优化组合，让 Web 2.0 工厂成为一个包容多样化组合的用户系统的体系。

在前面介绍的各种社会标签系统和豆瓣中，用户自由选择搭配组合的只是一些数据对象，在固定设计的功能下活动，系统在应用中的进化只增强系统原有功能的使用效果，并不能影响和改变系统的功能和结构。与此相对照，Web 2.0 工

---

① 参见 http：//cfempire.com.
② 参见 http：//netvibes.com.
③ 参见 http：//live.com.

厂的开放式架构让用户决定自己所使用的系统功能组合，并在整个系统演化中，综合用户的群体智慧，优化系统的功能组合。此外，由于系统组分间的松散组合，系统增加新的功能或改进某个子功能时也更为灵活，可以直接提供可替换的新功能服务或并行的多个版本（选择权则交给用户）；系统功能的网络分布性则让系统具有更好地适应外部环境变化的能力和抗攻击能力。

2.2.3 代表未来开源系统架构的Ning

Ning[①]把开源系统的设计、开发、发布与使用者的复制、安装、运行、修改、再发布等集成在一个系统之内，加快了开源系统在传播中版本进化的周期，改变了开源系统的开发设计模式。鉴于这种架构对于开源系统发展的巨大推动潜力，ning.com的体系架构很可能会成为未来开源系统的通用架构。

为方便用户在线设计各种社会性软件和Web 2.0，并能相互分享开发经验，Ning系统把社会性软件中的社会化合作扩大到开发设计群体中去，并把Web服务设计者、热衷于系统混合的再造者（re-mixer）和普通用户之间的合作都纳入到Ning系统之内。由此，Ning发展成一个非常庞大的、内含许多完整功能子系统的体系。

在Ning中，Web开发者（以下称开发用户，与Ning主干系统的开发者属于不同层次的用户）可以直接在其中快速实现自己的系统设想，而无须自己去搭建系统环境、购买域名、购买空间等。开发用户通过在线注册并申请到相应的权限后，便可直接在Ning系统中添加自己的系统代码，并能即刻在线运行（开发出来的系统嵌入在Ning系统内运行，Ning为每个系统乃至每个系统的安装实例提供一个可由用户选择的域名）。热衷于系统混合的再造者（以下称二次开发用户）也无须在系统之外下载各种代码进行混合重写，而可以在Ning系统内很方便地选择一个或几个现有的系统（由Ning系统开发者或开发用户设计所提供）进行复制、混合、重组，个性化修改设置或者重新修改其中的编码设计后即刻运行（同样无须另外购买域名、空间、下载上传等操作）。普通用户则指由上述两种系统发展出的普通成员或普通访问者。

Ning系统则为上述各类用户之间的社会化协作提供种种方便。比如，用户可以为自己开发的系统和复制运行的系统实例设置自由标签，可以直接从现有运行的各系统中复制一个新的实例运行，同时拥有这个新实例的管理设置权限；系统统计热门使用的标签、热门使用的系统模式（被复制应用最多的系统）、各系统的访问排行等。整个Ning系统内所有子系统的应用实例共享Ning的注册

---

① 参见http：//ning.com. Ning目前只支持PHP语言作为开发用户的语言，计划将来支持Python等语言。

用户。

目前，在 Ning 中已经提供的完整功能子系统有：类 Flickr 的社会性图片分享系统、类 del. icio. us 的社会性书签、基于 Google Map 的社会性标注应用系统（如基于地图的旅游系统，社会性旅店、景点评价系统，基于地图的房产导航系统等）、社会性网络交友系统等。与 2.3.2 节介绍的 Web 2.0 组合工厂不同，在 Ning 中，这些系统的应用不是通过网络对别的系统的功能调用或集成，而是复制系统代码，拥有完全的代码控制权限，是基于设计层次的综合。通过克隆-混合-运行（clone-mix-run），二次开发者可以很快地拥有一个完整的新系统。在 Ning 中，所有的新想法、新设计、新修改和新混合应用系统都被保留下来，并允许别的用户直接复制和借鉴。对开发者来说，在 Ning 里快速实现自己的想法既是一个分享他人设计经验的过程，也是奉献自己设计经验的过程。Ning 还允许用户在自己设计的系统成熟后脱离 Ning 系统运行，成为一个独立发布的系统。当然，脱离运行的系统的最后版本依然被 Ning 系统所保留，让其他的用户继续借鉴——克隆，或改编重组后使用。

下面我们分析一下 Ning 系统的这种架构对于开源项目的意义。

过去一个开源系统设计好后，需要先打包发布，然后让用户下载或拷贝，用户得到打包系统后，需要先搭建系统运行环境，然后再安装、调试和配置；对于插件开发者或增加系统功能的补丁开发者来说也同样需要这些过程。用户对系统进行修改后，还需要再遵照 GNU 协议发布修改后的版本，如果用户对原系统的修改有些是有价值的，比如，开发出很好用的插件，原系统的设计者和原系统的使用者还需要对这些修改后的版本和插件进行下载、安装、调试，才能决定是否适合把这些改进的部分集成到原系统中去。整个流程如图 2-5 所示。

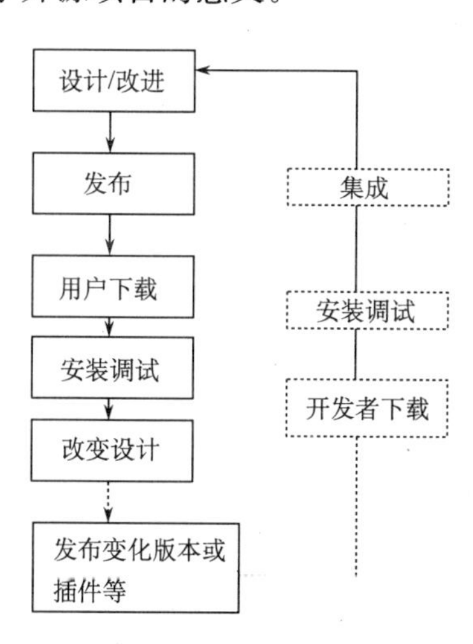

图 2-5　传统开源系统在用户参与下的版本改进流程

然而，若采用类似 Ning 的架构，在系统之外扩充一层控制系统复制的全局管理功能，并允许系统在线被克隆修改和测试，就可省去原系统发布、扩散的种种中间环节，让原系统开发者能更及时、更直接地接收系统被修改使用的反馈情况。我们为类 Ning 系统的架构取名（现在还没有这种架构的其他系统实例），称为自衍生架构（self-ramification architecture）——在一系统内部可不断地进行主体的自我复制，并衍生新出的版本甚至变化出新的形态。自衍生架构系统的进化流程如图 2-6 所示。如原系统实例被复制成实例 a、实例 b，用户 1 在实例 a 中添加了插件

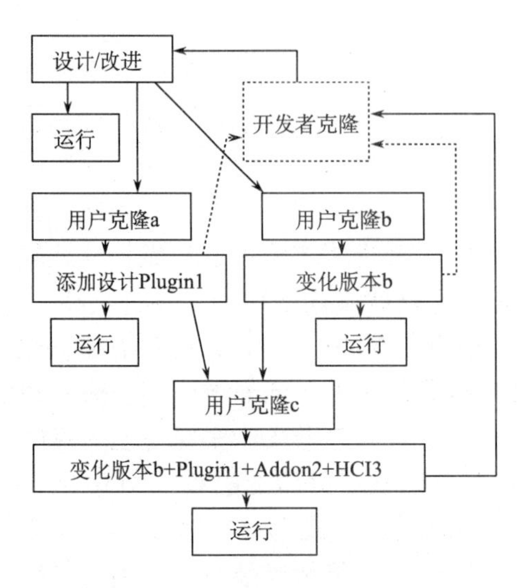

图 2-6 自衍生架构的开源系统在多用户参与下的进化流程

(Plugin1)，用户 2 在实例 b 中改进了其中某些代码，实例 c 则是在拷贝实例 b 的基础上，又复制集成了实例 a 的插件 Plugin1，在此基础上，还增添了功能组件(Addon2)或改善了界面设计(HCI3)。上述版本的进化过程都发生在系统的架构体系内。当用户很多的时候，对用户和使用各版本功能或文件间进行的管理，类似于社会性标签系统中用户和对象之间的管理，使用最多的功能组合可以按不同的用户喜好由系统自动综合，涌现出多样化的，符合各类用户最好的版本。对于不好的修改或不兼容的代码和版本也可以在这个社会化协作过程中被选择所淘汰，或被改良后保存。

以上分析表明，这种在系统内设计社会化机制，允许对系统或系统的子系统进行克隆或混合组装的自衍生系统架构模式，缩短了系统在不断反馈中改善的设计周期，加快了系统衍生改进的速度，方便了不同贡献者之间的协调和协同。由于开源系统的质量和优化主要依赖于开放性及其带来的群体智慧的参与性，而这种架构能够更有效地促进开源系统的发展，将来必然会为更多开源系统所借鉴。

由于自衍生架构的系统可以是前面介绍的各种系统(社会性软件、Web 2.0、Web 2.0 组合工厂等)封装后的改进，该系统具有比前述各类系统更高的复杂度；由于其可以在自身内进行系统形态和版本的进化，也具有比前述各类系统更高的适应性，能够生成适合不同用户甚至不同功能的完整的系统。

从系统的角度来看，把系统之外的版本的演化和第三方开发者的反馈纳入系统之内，也是一个不断缩短反馈循环路径的结果。在前面分析 Wiki 时已经提到，这种尽可能地缩短反馈循环的设计思想可以增加系统适应能力，因此在第 3 章我们把它抽取为一个设计指导原则。

2.3 从社会性软件到 Web 2.0

Web 2.0 最开始从社会性软件发展起来，被称为社会性网络服务。为了正确理解 Web 2.0，我们先对社会性软件的概念及发展进行介绍和分析。

2.3.1 社会性软件的由来

社会性软件在英语中就有多种非正式的称谓：social software、social network software或social networking software and services[52]。称谓虽然不统一，但指称的对象范围大抵相同，主要用来形容近几年互联网上新出现的一些网络服务形式。其中应用最广泛的称谓是social software，同时指三个不同层次的对象：工具层次（增强人类社会协作能力的软件工具）、媒介层次（方便社会联系和信息交互的信息平台）和生态学层次（一个由人员、活动、志趣、目标、信息技术综合组成的人机系统）[53~55]。这种混合指称给人们的理解带来了许多困惑，也给严格地定义什么是社会性软件带来了很大的困难。许多社会性软件领域中的专家们都曾试图给出一个可以把握社会性软件本质特征的定义。例如，Ross Mayfield认为它是“主动去适应环境的一类软件”。Rich Persaud认为“社会性软件关键在于其当期输出不仅仅取决于当前用户的操作行为，而是至少还有一个别的、与当前用户的当前的行为无关的、因素协调和参与了当期信息输出的组织”。Sunir Shah对社会性软件的定义是“在设计上强调系统的人性化，而不是强调技术，即更符合人的自然本性、而非技术驱动的软件”。Stewart Butterfield则定义为“人们用来交互的软件，包含身份标识、现场、关系、对话和组群”。Stowe Boyd指出，“社会性软件首先是基于个人的，个体有自己兴趣、偏好和联系；其次是社会群组，群组的产生是从个体的社会交互过程中的涌现”。Lee Le Fever则认为“传统软件把人们连接到计算机或网络上，而社会性软件则按照每个人的思想、兴趣、观点把人们联系起来”。毛向辉对其定义为“个人带着软件成为社会网络的一部分”①。此外，在自由维基百科（Wikipedia）的英语版中，social software则是一个状态尚待明确的词条（This article needs to be cleaned up to conform to a higher standard of quality）②，作为一个在国际影响广泛、实时性非常强的公众知识库，该词条的状态反映出公众对这一研究对象认识的混乱。

为了让社会性软件概念内涵更加明确，我们建议把工具层次的对象从社会性软件概念中剥离出去。把以网络服务形式存在的社会性交互或集体协作平台和以Stand-Alone方式存在的网络交流工具混杂在一起表述容易造成理解的偏差，相对于前者的复杂深奥，后者无论是技术还是功能都显得平淡无奇。此外，通过对“社会性软件”概念的应用上下文分析可以发现：只有人们在描述社会性网络服

---

① 参见Cnblog.org整理的社会性软件研究资料。Cnblog是中国草根阶层组织的民间社会性软件和Blog研究中心，在Blog和社会性软件发展的初期，为引入和传播相关的理念作出了非常大的贡献，在中文圈子内影响很大。网址为http：//cnblog.org.

② 参见http：//en.Wikipedia.org/wiki/SocialSoftware.

务时，才会使用“社会性软件”这一概念，而在单独描述后者（各种即时通信工具、电子邮件等）时，几乎不使用这个概念；而该概念造成困惑的原因恰恰就是有时候同时用这一概念指称两者。因此，出于明确概念、突出重点特征的目的，可以把各种 Stand-Alone 的网络交流工具归类为社会性软件工具，而把以网络服务形式存在的社会性交互或集体协作平台归类为社会性软件系统，简称社会性软件。

2.3.2 社会性软件的定义

在完成概念辨析和判定后，我们对社会性软件作如下定义：

一种在使用过程中或能促进集体协作行为自底向上的形成，或能促进用户社会关系网络的创建与发展，让系统内的信息组织与用户构成的社会组织一起按照社会原则和机制同步进化的、以网络形式提供远程功能服务的软件。

按照社会原则和机制同步进化是指：系统通过重组与用户相关的信息的方式，同步演绎系统用户间各类社会现象的发生与发展过程，社会现象包括社会关系网络的发展、组织的形成、集体协作，以及规范文本和分众分类等。系统的进化是指在同步演绎过程中，系统的内容变化与信息重组增加了系统的可用性。也就是在系统内记录和表现了用户间的社会关系网络的发展或集体协作的演进等过程，对这些动态过程的记录同时成就了社会性合作与系统自身的进化。同步进化还可以指协同进化、系统进化与用户社群进化的相互促进构成自组织循环：社会性软件为用户间达成社会协作提供了方便，促进了用户间达成社会性协作，而这种社会性协作又改写了系统状态，提高了系统的可用性，进一步促进了更有效的集体协作或社会关系网络的发展。以社会关系网络的发展为例：原来在真实社会环境中，并没有一个中央系统来显式地记录人们发展的社会关系，人们只能以自我为中心了解自己的社会关系网，很难从别人的关系网中获得有价值的信息；社会研究者们通过社会网络测量研究发现了六度分隔原则与小世界网络理论，发现了人们之间相互联系的特征，以及社会关系网络基于传递发展的机制，通过社会关系网络的显示化，有助于人们从朋友那里获得朋友，自觉地发展个人的社会关系网络，从而从整体上改善了全体社会关系网络；系统中关系网络图越完整，人们从中可获得的指引与帮助也就越多。

为了反映这种社会网络（social network）与网络软件（network software）的混合特征，在正式表述中建议采用“social network software”作为这类软件的正式称谓，且尽可能优先使用缩写词 SNS[①]。选用该称谓的另外一个原因在于

---

① 尽量用缩写词，相对于精确地全拼称呼，简化的符号往往能承载更多的寓意。将来 SNS 也可以被理解为 social network service、social network system 等。

“social software” 这一过分简化的称谓在过去已经造成了太多的迷惑。中文翻译仍推荐沿用 “社会性软件”[56]。

2.3.3　社会性软件的发生过程及判别标准

新事物的出现和产生都有一个从量变到质变的过程，社会性软件的产生与信息系统和信息技术的发展阶段密切相关，通过分析社会性软件的产生过程，有助于更深刻地理解社会性软件的本质特征，推进社会性软件的普及和发展。

通过对大量的社会性软件的分析，我们提出这样一个观点：社会性软件是软件系统不断社会化的产物，是信息系统越来越复杂的结果——按系统论的观点，系统的复杂度发展到临界点时，系统状态就会发生质的变迁，社会性软件相当于软件系统在发展过程中的质变。

软件系统的社会化是指软件的使用边界不断开放，由个人到有边界的组织（人为设计秩序的多用户协作）到无组织的社会（自行形成的协作秩序）的开放。为了便于理解这个过程，我们把软件系统不断社会化的发展过程分三个阶段：网络化、协同化和社会化。

网络化是指传统软件模式的网络化。由以前的桌面软件向网络服务的形式转化，从 Stand-Alone 模式转化为 C/S 或 W/B 模式。软件的使用与安装不再必须限于同一机器，这为软件的一次安装多人共用创造了可能。

协同化是以网络服务形式存在的软件系统增加了用户间协同交互的功能。用户协同可以是系统内多用户协同，也可以是每个用户各自使用单用户系统，通过系统间的交互达成协同，如 P2P 模式。

前面两个阶段是传统网络信息系统共同经过的发展阶段，当软件发生质的变化时，成为社会性软件的第三个阶段，即软件系统的社会化阶段。软件系统的社会化又可分为系统内社会化和系统外社会化。

系统内社会化，是指把自底向上的社会建构原则纳入系统设计，实现社会网络与网络软件的合一。如果仅仅是一个固定组织形式的多用户协作系统，还谈不上系统社会化，传统信息系统中各种功能和对应的用户的角色安排、协作的流程都是人为设计好的固定模式，与组织秩序相关联（如基于工作流的办公自动化系统等），并不能在系统内发展新的社会关系与协作秩序，因此应归类为组织软件（groupware）或协作软件（collaborative software①），而不能称为社会性软件。只有突破系统中固定的协同流程安排和组织设计依赖，然后依据社会学原理或民主政治的原则，在系统内创造方便人们管理与发展社会关系以及开展开放性协作的环境，让新的社会组织、关系网络、协作秩序能自底向上形成的软件，才能算

① 参见 http：//en. Wikipedia. org/Wiki/Collaborative _ software.

社会性软件。系统内的组织秩序、社会关系网络与协作机制主要是由系统设计时定义，并由管理员自上而下授权设置的，还是主要在应用中自底向上、自行发展出来的，是社会性软件与非社会性软件判别的标准[①]。

系统外社会化指打破系统的边界，通过共同遵守信息交换标准达成系统之间多对多的开放协作（指对协作对象系统不作限定）。对单用户系统来说，系统外社会化是成为社会性软件的必需；对多用户系统来说，如果说系统内社会化还只是在一个系统内虚拟出一个基于系统功能代理的小社会，那么系统外社会化则是打破系统条块分割，让人类社会与信息社会真正达成统一。

以收藏网页这一简单功能的社会化发展为例，看一个软件（功能）在社会化各个过程中的形态。最初收藏网页是在本地浏览器中实现的，每个人的收藏行为只影响本地系统。通过网络化，即把网页收藏夹发展到网络上，便发展成为网络书签，早期3721网站等都曾提供过类似的服务，方便人们在不同地点都可以访问自己的网络收藏。而协同化是引进组织内人员之间的协同。例如，在网络书签中注册小组账号，小组成员可以共同维护一个偏好链接的收藏列表，但这个列表还只是限于小组内成员共用，外人既不能添加收藏，也无法访问该列表。社会化以del. icio. us为代表的社会标签系统开始，社会标签系统让人们不仅可以在网络上收藏喜爱的链接，还可以发现这些链接还被哪些人收藏，发现收藏该链接的人还收藏了哪些相关的链接，通过收藏行为以资源为中介找到协同者，以协同者为中介又找到更多的资源。在这一过程中，用户之间形成和发展了协作关系网络，资源之间也构成了关联网络，从而具有系统内自组织发展社会秩序的能力，最终完成了网页收藏系统的社会化。

信息系统社会化的过程与各种标准的制定和使用密切相关。比如，RSS标准[②]是当前绝大多数社会性软件间信息交换的标准，FOAF[③]（friend of a friend）或XFN[④]（XHTML friends network）是朋友关系信息的交换标准，FIPA[⑤]协议是各种软件Agent之间的交互语言，而正在制定的Web服务互操作协议WS-I[⑥]（Web-services inter-operability）将会为各种网络服务之间的交互带来更多的方便。另外，本体论（ontology）的研究对各种领域知识表示的规范，让信息系

---

① 按照这一标准，可以把传统架构的在线社区、BBS、论坛排除在社会性软件的范畴之外，在这些系统中，注册成员的角色都是系统设计好或由管理员安排的，各种协作关系和秩序也是自上而下固定设计的。因此可以说，这些传统设计的虚拟社区相当于现实社会中管理森严的组织，而组织和社会之间的差异在于后者是复杂系统，前者却未必是。

② RSS，http：//zh. Wikipedia. org/Wiki/RSS.

③ FOAF，http：//www. foaf-project. org.

④ XFN，http：//gmpg. org/xfn/.

⑤ FIPA，http：//fipa. org.

⑥ WS-I，http：//ws-i. org.

统之间交互语言会越来越丰富。这些基础性研究，是推动信息系统持续社会化发展的关键动力。

技术标准的基础研究为社会性软件的产生创造了客观可能性，而社会科学的研究，尤其是社会网络和复杂系统的相关研究理论，则为催生社会性软件创造了主观可能性（设计灵感的来源）。社会科学研究理论的自觉应用，也是社会性软件的一个显著特征。目前主要用到的社会科学理论有社会网络的相关理论（社会交互理论、社会资本理论、结构洞理论、小世界理论、六度分隔理论等）、管理学中的博弈论，系统理论中的自组织理论、涌现理论等。此外，一些类民主政治原则也引入设计，如少数服从多数、争议搁置与协商原则（在 Wikipedia 中对有争议的内容处置时遵循这些原则）等。这些原则纳入系统设计，方便了用户发展社会关系、扩大集体协作的范围、改善集体协作的绩效，从而进一步推动了信息系统的社会化和社会的信息系统化。

2.3.4 社会性软件的分类

社会性软件可以分为显性社会性软件和隐性社会性软件。两种社会性软件体现和促进社会关系和协作形成的方式不同，内在的演化机制也有所不同。

显性社会性软件在功能上直接促进某种程度的人际互联关系的构建和发展，直接关注社会网络关系的发展与维护、朋友之间进行人脉关系的资源分享等，具有明显的社群性质。例如，FriendSter①、Ryze②、LinkedIn③ 等，都是通过已有的信任关系作为传递媒介建立新的社会关系，从而发展基于信任的社会性关系网络。社会关系网络是其演化的内容，小世界网络、六度分割等社会网络理论是显性社会性软件系统设计中所依据的社会学理论，网络动力学是显性社会性软件系统内演化的机制（比如，在系统内记录并显现出的社群关系与用户中实际存在的关系网络互为外源网络、协同演化的过程[57]）。

隐性社会性软件在完成软件某种功能的过程中促进了群体间的默契与协作，通过用户的集体行为改变信息的内容或组织形式，从而涌现出新的内容或更高级的信息秩序，具有明显的集体协作特征。例如，Wiki④、del. icio. us⑤、Furl⑥、

① Friendster，http：// www. friendster. com.

② Ryze，http：// www. ryze. net.

③ Linkedin，http：// www. linkedin. com.

④ Wiki 共书系统，方便协同创作的软件，详细参见 http：//en. Wikipedia. org/Wiki/Wiki.

⑤ del. icio. us（美味书签，最早的社会性标签）http：//del. icio. us.

⑥ Furl，http：//furl. com. 网页收藏系统，可以保存网页镜像。

Flickr①、citeULike②等。系统的演化表现为系统内信息资源秩序的重新组织，如Wiki中规范文本的涌现、社会性标签系统中分众分类的涌现等，都是通过局部交互产生出的整体效应。

社会性软件是软件社会化过程的产物，是一个过程概念。在社会性软件中，代表软件社会性的模式和机制可以从具体的社会性软件系统中抽象出来，因此可以移植到其他非社会性软件系统中去。一个软件，只要其功能的目标任务能够由多人协作参与完成，并且这些协作有现实需求的必要性（能通过协作改善功能对应的工作），就能通过软件社会化各个环节的实施（网络化、协同化、开放社会化等），改造为对应的社会性软件。

2.4 Web 2.0的范畴

Web 2.0这个词语最早在O'Reilly出版社和Media Live举办的一次国际会议中的头脑风暴中提出。O'Reilly出版社总裁Tim O'reilly认为Web 2.0是一种新的理念，在"什么是Web 2.0? 下一代软件的设计模式和商业模型"③一文中[58]，他概括了Web 2.0所代表的下一代软件的特征：①以Web作为系统开发的平台（the Web as platform）；②系统中体现了借助群体智慧的设计（harnessing collective intelligence）；③数据是系统的核心（data is the next intel inside）；④不再有传统软件版本发布的周期循环（end of the software release cycle），即软件总是处在不断地改进过程中，或永远都是测试版（the perpetual beta）；⑤轻量级编程模式（light weight programming models）；⑥软件可在不同设备上运行（software above single device）；⑦富用户体验（rich user experiences）等。

在文中他绘制了一张与Web 2.0相关的观念关系图（Meme④图），如图2-7所示。以Web 2.0为核心，上面是代表性的具体系统实例及特征设计。例如，Flickr和del.icio.us中相对于普通分类的自由标签设计；Gmail和Google Map

① Flickr，http：//flickr.com.图片分享系统。

② citeULike，http：//citeULike.org.学术论文协同搜索系统。

③ Tim O'reilly，美国IT业界公认的传奇式人物、"开放源码"概念的缔造者。对于Web 2.0，有人认为这仅仅是一种商业炒作，也有人认为是一种新的理念。Tim持后一种观点，并希望通过本书澄清对Web 2.0的认识。

④ Meme：文化基因的意思，代表可像生物基因一样传播、继承和变异的人类思想、文化模式、观念和行为方式等。Meme一词由英国的理查德·道金斯（Richard Dawkins）《自私的基因》（*The Selfish Gene*）一书中创造出的新词。

中的 Ajax 设计带来的富用户体验；Google 上的“Page Rank”①、eBay 中的商务声誉等社会评价系统中群体参与的评价计算②；Google Adsense（内容关联广告、国内的广告也是同样的模式）中体现的用户自服务和“长尾法则”③；Blog 系统中的自己控制参与的发表而不是出版；Wikipedia 中体现出的对用户的完全信任，BitTorrent（P2P 下载系统）中的完全的分布式控制等。左下方和右方链出

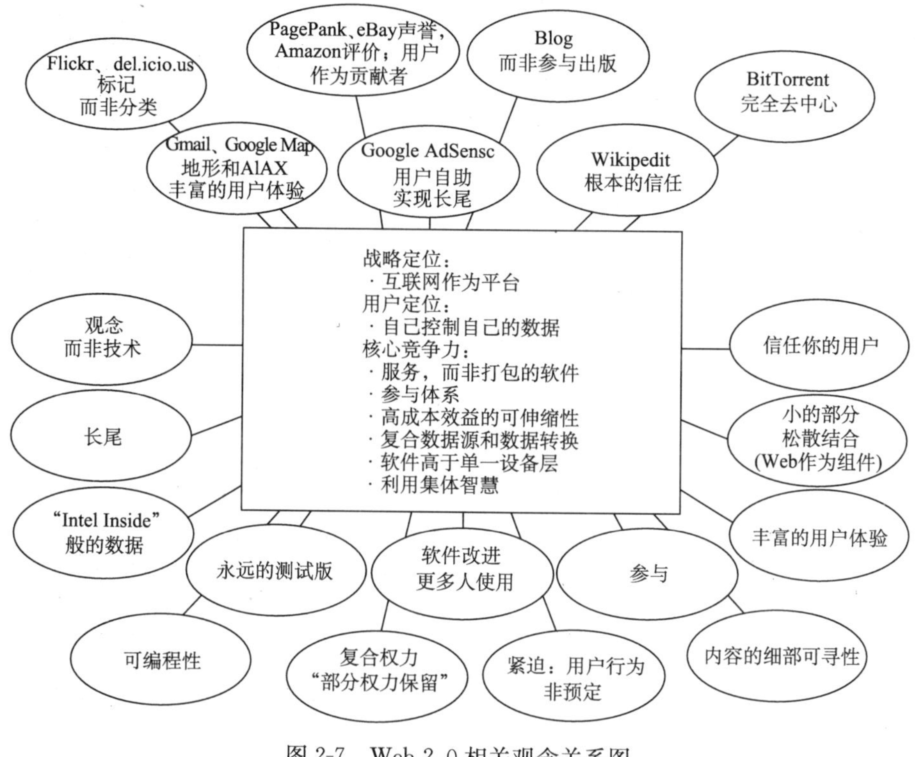

图 2-7　Web 2.0 相关观念关系图

注：原图出自 Tim O'Reilly[58]，此图为译言网翻译

---

① 一个页面“Page Rank”的计算依赖于其他链入该页面的所有页面的“Page Rank”，这是一个反复迭代的过程，相当于各个页面之间的相互“投票”。每个页面的“投票”既决定了其他页面的“Page Rank”，也反过来影响自己。

② 在 eBay 中，各商户信誉指数的计算类似于页面“Page Rank”的计算过程，每个商户的信誉由其他商户的评价总决定，评价的权重与评价者的信誉指数有关。每个商户对其他商户的评价影响了其他商户的信誉，反过来影响到自己的信誉。整个计算过程是反复迭代的自洽的过程。

③ 克里斯·安德森（Chris Anderson）提出，依据长尾分布，众多小网站集体的力量提供了互联网的大多数内容；细分市场构成了互联网大部分可能的应用程序。所以，利用客户的自服务和算法上的数据管理来延伸到整个互联网，到达边缘而不仅仅是中心，到达长尾而不仅仅是头部。Web 2.0 的经验是：有效利用消费者的自助服务和算法上的数据管理，以便能够将触角延伸至整个互联网，延伸至各个边缘而不仅仅是中心，延伸至长尾而不仅仅是头部。

的是一些 Web 2.0 的观点，比如，是态度而非技术、应用并遵从“长尾法则”而不是“二八法则”[①]、以数据为核心、为第三方改进提供方便（Hackability：方便改进设计）、永远都是 beta 版（系统无休止的进化）、使用的人越多软件越好用、保留部分权力条件下允许第三方混合重组、由用户群体行为涌现出秩序而不是预先规定好秩序、内容的粒子化存取编址（所有内容都有可唯一区分定位的存取编码地址）、富用户体验、小服务组件的松散综合（Web 作为组分）、信任用户等。在中间给出 Web 2.0 的基本策略是把 Web 作为平台以及让用户自己控制自己的数据等；并列举了 Web 2.0 商业模式核心竞争力，包括是服务而不是打包软件、参与式架构，可规模化集约度量的性价比，可混合组装的数据源并支持数据输入输出的转换，集体智慧的参与、超越单一设备层次的软件兼容性等。

这张 Web 2.0 观念图（图 2-7）几乎对 Web 2.0 中的各种原则、特征和理念进行了综合，只能加强已经理解 Web 2.0 的人对其进行更全面的理解，而对不能理解 Web 2.0 的人带来的困扰甚至多于帮助。因此给 Web 2.0 一个可界定概念内涵和外延的定义以帮助系统研究者，特别是技术开发人员认识和理解 Web 2.0 依然是非常必要的。

抛却文化观念、经济、商业或设计原则、理念上的意义，单从信息系统的层面指称 Web 2.0 时，其概念涵指与社会性软件有许多交叉重叠之处。前文介绍的社会性软件同时也都是基于 Web 服务的，也都可称为 Web 2.0。但是与社会性软件强调的是软件概念相比，Web 2.0 更强调的是 Web 服务；从信息系统的角度看，社会性软件包含的范围更广一些，一些并不是 Web 形式的网络信息系统也可以是社会性软件（如可以自由建立 QQ 群的 QQ 即时通信软件，可以在交换资源的基础上形成和发展社会关系网络的 P2P 类软件；如 eMule——电骡下载工具软件等）。当然，从概念继承上看，社会性软件是一个被逐渐替换使用的概念，社会性软件以前所指称的 Web 信息系统逐渐被人们更多地用 Web 2.0 所代替，只有那些非 Web 的信息系统还保留着社会性软件的称呼。因此，可以把 Web 2.0 看做是社会性软件的思想对 Web 信息系统产生广泛影响后的产物，是社会性软件在 Web 信息系统中应用的拓展。

表 2-2 是社会性软件和 Web 2.0 的细微区别。由于这两个概念都没有严格的、权威的定义，有时人们甚至在一篇文章内依据上下文的情景对同一对象使用两种称谓，如“社会性软件 Blog 与 Wiki 都是 Web 2.0 的典范”。

---

① “二八法则”是指在幂律分布中，少数（20%）的个体拥有绝大多数（80%）资源，一些商业据此制定针对幂律分布头部的少数者的营销策略，并称之为“二八法则”。

表 2-2 Web 2.0 与社会性软件概念使用上的区别

Web 2.0	社会性软件
除信息系统本身的含义外，还包含有特定的文化意义和商业经济上的意义。比如，经常用“Web 2.0 时代”来形容划时代的变革	主要指信息系统本身的含义，包括生态、媒介和工具三个层次的理解。很少有“社会性软件时代”的用法
只包含基于 Web 服务的信息系统	除包含基于 Web 服务的信息系统外，还包含其他的基于网络的社会化协作软件，如 QQ 群、电骡下载等
并不必须强调系统内的社会性群体协作，更强调 Web 系统的可编程性和系统间的协作（用户协作隐含在系统间的协作中）	在可编程性和社会性群体协作之间，更强调后者
凡是与 Web 2.0 协作交互的 Web 系统也可以称为 Web 2.0	并非可与社会性软件交互的系统都称为社会性软件。比如，PingOmatic、Technorati、Feedburner 等可称为 Web 2.0，但不会称为社会性软件，因为系统内没有社会性交互

基于前面的介绍和分析，本书把 Web 2.0 在信息系统层次上定义为可编程的 Web（programmable Web）及其混合，以及基于 Web 的社会性软件的统称。有时为便于区分，也可分别称为可编程的 Web（programmable Web）、重组混合的 Web（Web Mash-ups）和社会性 Web。

按适应的目标不同，信息系统的适应性可分为两类：面向用户交互行为的适应性（Ⅰ）和面向其他系统的适应性（Ⅱ）。社会性软件一定具备第Ⅰ类适应性，可编程的 Web 服务，以及面向可编程 Web 服务集成的开放式架构的重组混合 Web，必然具备第 II 类适应性，只要具备其中一类适应性的 Web 服务就是 Web 2.0。

第Ⅰ类适应性让原来是平行关系的多用户之间的无模式[①]操作行为，变得有模式（个性化）、集合化（群体效应）、非线性（直接相互影响，或通过群体效应统计后间接影响到各个体），从而让系统内部具有了自组织网络衍生形成的机制和各种涌现现象产生机制。比如，产生了以信息为媒介的用户间的社会关系网络、以用户为媒介的信息间的语义关联网络等，以及分众分类、规范文本、优化 RSS、整体社会关系网络视图等。

第 II 类适应性打破了系统之间的边界，让各自为政、条块分割的信息系统能够分工合作，让系统间具有了类似系统内的复杂网络演化动力机制，在大量系统中涌现出类似社会组织结构的低耦合度、更灵活的虚拟复合系统（即大量基于 Web API 的各种混合组装系统）。

面向其他系统的第 II 类适应性又可分为三个层次：

---

① 指没有记录用户的个性数据，没有对用户操作进行记忆。

(1) 互操作阶段。主要包括基于 RSS 技术或 Javascript 的系统间读写操作、基于 XML-RPC 的简单的功能调用（如 Ping、TrackBack）等。此外，欧洲 WS-I 组织（Web-services inter-operability）正在定义 Web-Services 之间更多的互操作接口规范（http：//ws-i. org/）。

(2) 开放编程接口阶段。如 BlogAPI，各种以简单 XML-RPC 协议支撑的可编程的 Web 接口，以及以基于 SOAP、REST、Web-Services 等技术提供的可编程集成的功能服务等。

(3) 语义交互阶段。主要指以 Agent 协商语言进行交互的智能商务代理和以本体论标准为基础的应用语义网。

根据以上三个层次划分，目前的 Web 2.0 尚处于第一个层次和第二个层次之间，相对于自然语言理解等复杂的交互来说，还属于简单交互层次。然而，正如复杂适应系统理论和遗传算法提出者约翰・霍兰所言：大量主体间简单的交互，能够涌现出复杂的结构；大量简单的没有什么智能的蚂蚁，通过简单的交互，能够表现出高级的智慧活动，完成复杂的工程任务。这些具备了简单交互功能的社会性软件和 Web 2.0，也正在让整个互联网开始自底向上地进化，并不断地衍生和涌现出新的信息系统形态——在社会性软件和 Web 2.0 的范畴内，如同真实社会中的组织一样，正在不断地产生出具有新的协作关系的新应用或功能重新组合的新创造。

2.5　本章小结

本章主要从系统设计和技术的角度，用系统理论和系统方法对社会性软件和 Web 2.0 的概念和发生、发展过程进行了定性分析。通过对一些典型系统的分析，总结出社会性软件和 Web 2.0 系统具有以下几种特征：

(1) 主体参与式架构。无论是在 RSS 分拣，还是分众分类和 Wiki 中的涌现，都体现了人的智力和计算智能的综合，系统作为中介密切了用户间的协作，从而让群体智慧涌现出来。Web 2.0 中介绍的豆瓣系统处处体现了主体参与系统计算，是主体参与式架构的典范。

(2) 开放式架构。从 Blog API 到可编程 Web 中的开放 API，系统越来越注重和其他系统的交互协作；是否开放并能与其他系统形成良好的协作成为 Web 信息系统能否吸引并获得用户重用的关键。开放式架构还表现为低耦合度的功能综合集成，把非核心的功能业务转交给其他可编程的 Web 服务，让来自不同系统的最好的功能服务在一个系统内集成起来。

(3) 系统内和系统间存在大量非线性机制和自组织现象。大量简单而重复的系统交互、群体用户的参与和协同、各种反馈的设计，在系统内和系统间形成大量的非线性机制，并因此让系统内出现类似真实社会的各种自组织涌现现象，系统交互混合中不断出现的新系统形态呈现出类似生物生态中新物种的自创生现象。

(4) 社会关系网络引入信息系统。为了方便用户在系统内形成集体协同工作，促进有共同目标、兴趣、认知特点的人交互协作，在系统内自底向上地构建出各种社会关系网络。

这些新特征让社会性软件和 Web 2.0 具有了超越过去同类型信息系统的复杂性，给信息系统的研究和开发设计带来了许多新问题和新挑战。比如，如何对一个在运行中不断进化的信息系统进行原型设计和算法效率分析？在软件工程中如何表示参与式架构中参与计算的人的作用？如何在人的智能和系统的计算智能的综合中平衡？如何理解和自觉地应用信息系统间的交互对系统设计的影响？等等。此外，社会性软件和 Web 2.0 还集中体现了信息系统不断增强适应性的发展趋势。然而，信息系统的适应性不仅与信息技术的发展有关，也与信息系统的架构有关。如何架构系统让信息系统更具有适应性，以更好地适应外在的应用环境和用户需求的变化？

针对这些新问题和新挑战，在下一章，我们将提出一种新的信息系统范式——复杂适应信息系统范式，旨在用复杂适应系统理论来规范复杂信息系统的研究和设计，从而把系统的适应性作为复杂信息系统设计的既定目标，同时应用 CAS 理论及相关研究方法来回应上述这些问题。

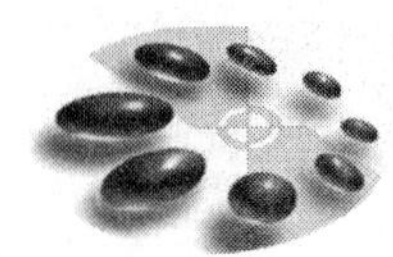

第3章 复杂适应信息系统范式

系统思考修炼的精义在于心灵的转换：观察环状因果的互动关系，而不是线段式的因果关系。观察一连串的变化过程，而非片段的、一幕一幕的个别事件。

——彼得·圣吉（《第五项修炼》之“系统思考”[4]）

在第2章，我们对一些Web 2.0表现形式进行了分析，总结出一些简单地设计在多重交互下涌现出复杂的新系统功能特征的规律，并归纳出四类系统特征（主体参与式架构、开放式架构、多重非线性机制和反馈机制的设计、系统内引入社会关系网络等）。主体参与式架构把人的行为纳入系统之内，系统内引入社会关系网络让信息系统内产生类似真实社会的组织演化机制；开放式架构让跨系统的协作与协同进化成为可能，并让信息系统之间的交互协作关系呈现出类生态的特征；多重非线性机制和反馈机制的设计在系统内形成各种难以直观理解和线性控制的涌现现象，并让系统能够在使用中适应性进化，等等。所有这些都让社会性软件和Web 2.0具有了前所未有的动态复杂性，给它们的研究开发及工程设计带来了许多新问题和新挑战。例如，系统动态机制的设计难以控制和把握、系统适应性的设计难以理解和规划、系统的行为不可预期、系统的发展前景难以评估、无法进行可重复测试①、信息系统及相关技术的演化发展趋势难以认识，等等。这些问题和挑战为引入系统复杂性研究相关的理论和方法以辅助信息系统的架构与设计提出了现实的需求。

本章先简要介绍系统复杂性研究的背景及研究对象，对信息系统的复杂性进行分析，然后提出复杂适应信息系统研究与设计的理论框架（复杂适应信息系统范式）。正如有机化学的产生并非是无机化学的否定和替代一样，复杂适应信息系统范式的提出也并非传统的信息系统范式的否定和替代，而是针对具有特定复杂性的信息系统研究设计所面临的一些特殊困难发展出的应用基础理论。本章最后对CAIS范式的适用范畴和设计指导原则进行讨论。

本章是在第2章对一些社会性软件与Web 2.0进行分类介绍基础上的理论抽象，是本书后续几章内容的理论基础。

---

① 系统性能与功能的稳定性和不变性是可重复测试的预设前提，系统的动态复杂性和适应性演化特征让这一预设前提不再成立。

3.1　系统复杂性研究与信息系统的复杂性

3.1.1　系统复杂性研究产生的背景及研究的对象

系统复杂性研究是一般系统论的延续，而一般系统论和系统复杂性研究兴起的现实背景，是现代的技术和社会已经变得十分复杂，以至于传统的思维方式和研究手段不再能满足需要。正如贝塔朗菲所指出的那样，“我们被迫在一切知识领域中运用‘整体’或‘系统’的概念来处理复杂性问题”[59]。作为系统科学前沿的系统复杂性研究，又被称为复杂科学。这门学科还非常新，涉及范围非常广泛，以至于还无人完全能确切地定义它，甚至不知道它的边界之所在[60]。但这并没有妨碍复杂性相关研究成为当今世界科学研究的前沿和热点。目前，系统复杂性研究正在向各个学科渗透，受到众多学者的关注，并已经对很多领域产生了巨大的影响。可以这样说，复杂性科学的诞生“对人类的一个封闭的、片段的和简化的理论的丧钟敲响了，而一个开放的、多方面的和复杂的理论时代开始了”[61]。复杂性科学被誉为“21 世纪的新科学”，法国著名的思想家埃德加·莫兰在当代复杂性科学研究的热潮中明确地提出“复杂性思维范式”，认为复杂性研究代表着科学研究范式的革命，引导科学思维方式从还原论思维方式到复杂性思维方式的变革[2]。著名物理学家、耗散结构理论的提出者普利高津也宣称：“我们正处于科学发展史上的一个大转折时代，这就是从经典的机械论科学到新型科学的转变，从简单性到复杂性研究的转变”。[59]

复杂科学的研究对象是具有动态行为复杂性的复杂系统（complex system）。复杂系统是指具有大量组分、组分间存在非线性关系、各个组分能自主地按照一定的行为规则相互交互，从而自底向上地形成不同层级的自组织的系统①。那种虽然具有结构复杂性，但系统组分间不存在非线性关系，组分不具有自主性，不能灵活地调整彼此关联的系统，称为复杂的系统（complicated system），如飞机、钟表等。复杂的系统不具有动态复杂性，不属于复杂科学的研究范畴[62]。

复杂系统动态行为复杂性是指其行为不可预期。在庞加莱证明三体问题产生混沌时就已指出：即便是只有三个主体组成的封闭系统，如果主体间存在非线性关系，三体的运动轨迹也是不可预期的；初始状态的微小差异，也会带来最终运动轨迹的迥然不同（初始条件敏感性）；如果系统是开放的，则在发展过程中任一随机的细微变化，也会造成系统未来发展和演化路径的巨大差异（系统的混沌

① 希尔伯特·西蒙给复杂系统下的定义是：“整体大于部分之和，这并不是就最终的、形而上学抽象的意义，而是就重要的、实用意义来说。知道了部分的性质及其互相作用的规律，要推断出整体的性质绝不是轻而易举的事。”见：Simon H. 1996. The Science of the Artificial. Cambridge：MIT Press.

分岔及路径依赖性)。

3.1.2　信息系统的复杂性分析

信息系统的复杂性由低到高可分为三个层次：对象复杂性（作为工程技术设计对象的复杂性)、社会复杂性（用户群体以信息系统为媒介在系统内形成的各种社会协作、社会交互行为产生的复杂性）和生态复杂性（信息系统之间的交互形成的类生态协作网络的复杂性)。下面是这三个层次复杂性的解释，其中重点解释了最难以理解的社会复杂性。

1. 对象复杂性

信息系统的对象复杂性由机械式信息系统到有机信息系统转化发展过程中产生。

传统信息系统的体系架构是静态的，即各功能组件之间的搭配组合关系在设计阶段确定下来并固定，信息系统具有类机械系统的结构刚性，因此可称为机械式信息系统。随着信息系统以自顶向下、逐步细分设计为主，转化为以自底向上、逐步集成设计为主，信息系统各功能部件（模块）的独立性越来越高，部件间的耦合度越来越低，从而为各部件自主交互、自由搭配组合提供了可能。这种可灵活改变部件间组合关系的、具有动态体系结构（结构柔性）的信息系统，称为有机信息系统。机械式信息系统与有机信息系统的简化示意见图 3-1。

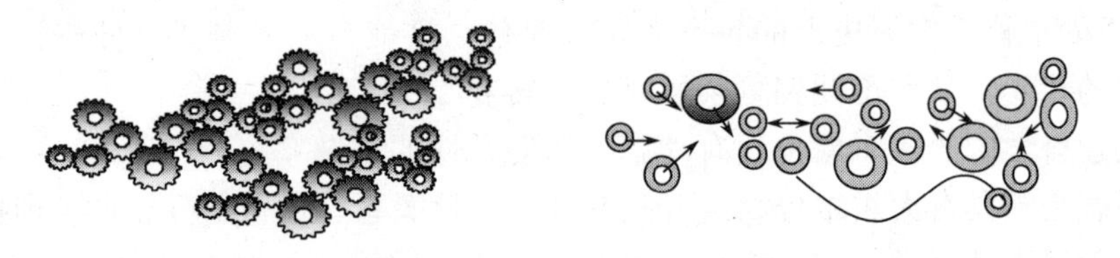

图 3-1　机械式信息系统（左）与有机信息系统（右）

2. 社会复杂性

信息系统的社会复杂性是信息系统由人为设计的系统发展为人参与的社会-技术混合系统时所带来的。

主体参与式架构把用户的行为、用户的自主决策机制和社会交互机制纳入系统设计，让来自用户的人力智能和系统的计算智能有机结合起来，并在系统内自底向上地形成各种社会组织，涌现出各种社会集合行为（collective behavior）等。信息系统因此由纯粹的人为设计对象系统，发展成为人参与架构的社会-技术混合系统，具有了社会系统的复杂性，简称为社会复杂性。信息系统引入社会复杂性后的示意图如图 3-2 所示。

社会复杂性让信息系统不再是单纯的工程技术设计对象，而同时成为社会科学研究（如社会政策规划）及设计（如组织行为设计等）的对象。根据新制度经济学的社会结构嵌入理论，人类的经济、社会活动都是在特定社会网络结构中展开的，受社会网络结构的制约[48]，随着信息系统内用户群规模的日趋巨大，信息系统内的用户也发展出复杂的社会网络结构。与真实社会网络结构隐蔽地存在于社会系统中不同，用户在信息系统内的所有社会活动和发展的所有社会关系都在系统中留下纪录，可以直接进行分析（而无须额外调查），并对所有成员都是公开可用的（所有用户都可以基于自己的应用需求分析处理这些数据）。因此，为了更有效地促进系统用户间的协商与协作、优化系统内社会关系网络、改善系统内的社会秩序，可在系统内设计用户诚信度的自动评价及传播机制、用户心理激励机制、众人协商机制、社会关系传递机制、多方博弈机制、群体决策机制等。这些机制的设计需要在软件工程中综合社会科学与社会系统复杂性相关的研究理论和方法。

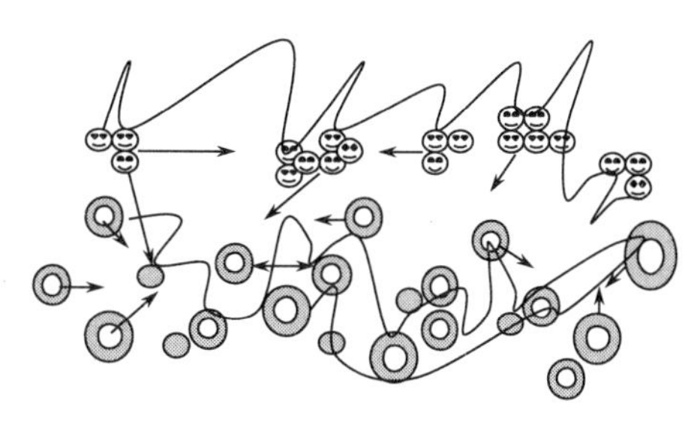

图 3-2 社会-技术混合系统的复杂信息系统简化示意

社会复杂性是信息系统最难以理解的复杂性，具有社会复杂性的信息系统比一般社会科学研究的对象系统还要复杂①。根据 Stephen Jones 对复杂系统涌现机制的划分，在系统整体和个体行为之间具有双向反馈机制（feedforward and feedback）的涌现称为 2 阶涌现（2nd order emergence），只有单向反馈机制的涌现称为 1 阶涌现[63]。具有社会复杂性的信息系统中的涌现属于 2 阶涌现。例如，在社会性网络服务中，通过系统计算汇总出用户的集体行为结果（全局用户关系图、分众分类、最热话题、Wiki 汇总的群体写作等），在系统内直接反馈给每个用户，如图 3-3 所示。2 阶涌现在 1 阶涌现基础上增加了一个闭合的反馈，构成了反馈环，该反馈环增加了系统动态行为的复杂程度。

对涌现机制的分析有助于设计各种层级的复杂系统，在文献[64]中，Jochen Fromm 根据涌现作用机制的不同，进一步把涌现系统由简单到复杂分为 2 个层次 5 个类别。另外，Purao 等在文献[35] 中提出了涌现系统（emergent system）的概念，并明确指出涌现系统的设计需要综合软件工程和社会科学两方面的研究力量。

下面以信息个性化检索的协同过滤为例，进一步解释信息系统中社会复杂性

---

① 从抽象的过程结构看，具有社会复杂性的信息系统比真实社会系统还要复杂，因为真实社会系统中集体行为的涌现并不必然能够被统计出来，也并不必然能够反馈到具体的个体行为中去。当然，信息系统本身也可以看做是真实社会的一部分，或作为真实社会中整体涌现和个体行为之间反馈的一种渠道。

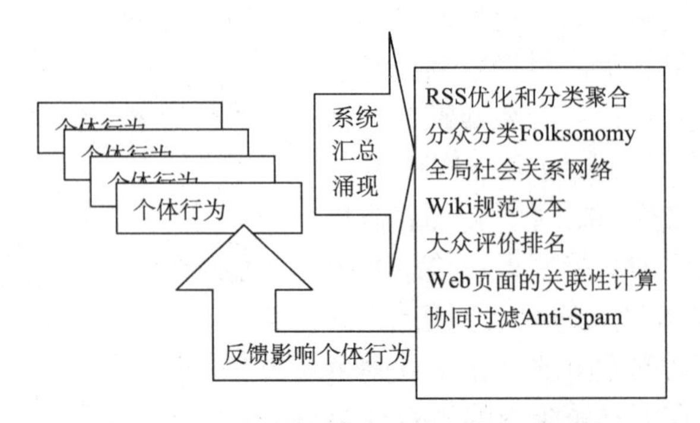

图 3-3 信息系统的社会复杂性及 2 阶涌现

产生的机制及其作用原理。

个性化检索是让系统针对不同用户的兴趣和知识背景返回与之相匹配的个性化检索结果。协同过滤是通过分析用户的历史检索记录对用户和信息进行聚类，然后根据聚类得到的用户相关性和信息相关性实现用户之间的协同，让具有相近检索需求的同类用户能借鉴彼此的经验[65]。

传统的协同过滤系统没有考虑用户的自主性，用户不能自主地利用自己的判断力和分类关联知识对信息进行分类，也不能自主地引入或发展自己的社会关系网络，不能利用在现实中发展出来的可信任社会关系网络进行协同过滤。

在原协同过滤系统的基础上增加用户的自主性，让用户能够自主地对信息进行分类（自定义分类，或自定义信息之间的关联），并能自主地在系统内发展社会关系网络，或把现实中的社会关系网络带入系统之内，由用户自主地选择协同过滤的伙伴，自主地建立可信任的社会关系，自主地从其信任的社会关系网络中学习和借鉴参考，系统便具有了社会复杂性。引入用户自主性的系统中存在两种不同方法形成的用户关联网和资源关联网：一种是通过传统的系统聚类算法计算得出的；另一种是依赖每个用户的知识和判断力自主发展出来的。在两类关联网间构成了反馈循环，图 3-4 是用户关联网的例子。系统聚类推荐的用户关系网可将用户自主发展的关系网作为反馈学习的训练数据，用来改进优化算法；用户在自主发展社会关系过程中也可以参考系统的聚类推荐。正是这一反馈循环让系统

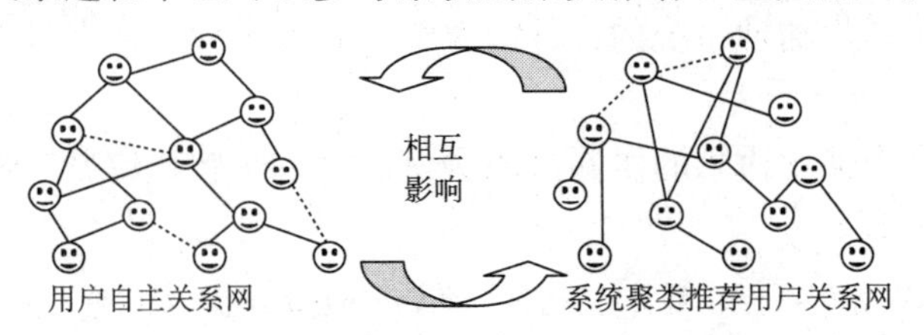

图 3-4 两种方法得到的用户关系网之间的循环反馈

的计算智能和用户的群体智能得到了有机的协同。

此外，增加用户协同自主性的原则并不限于信息检索的协同过滤，而可推广应用到系统结构的协同优化中去。通过打破系统结构和功能组合的预先设计和安排，允许在使用阶段由用户自主地进行系统功能的选配组合，系统就可以根据用户的群体行为综合调整、优化整个系统的功能组合结构，并可根据用户的个人行为和自主发展的协作关系网络提供个性化的功能组合方式。

3. 生态复杂性

开放式架构让信息系统由孤立、封闭的系统发展到开放协作的系统，众多系统间的开放协作构成了错综复杂的协作关系网络。在协作关系网络中，每个信息系统有其特定的功能和用途，相当于生态系统中不同生态位的生物，利用不同的协作组合可以完成更大的任务，类似于不同生物之间的生态协作。随着信息系统越来越开放，信息系统之间的综合、混合与互操作越来越普遍，系统之间的协作关系网也越来越复杂，信息系统因此具有了生态复杂性。信息系统的生态复杂性并不属于具体的某个信息系统，而属于多个相互协同与交互的系统构成的系统（system-of-systems）涌现出的特征。

3.1.3 信息系统复杂性所带来的机遇与挑战

三种复杂性让信息系统具有了灵活的适应性。其中，对象复杂性让系统能够在使用过程中不断地优化系统组织结构，以适应外在环境的变化和用户需求的变化；社会复杂性能带动系统用户社群关系网络与系统功能组织网络的协同优化，信息系统因此能适应不同应用用户群体的社会结构；生态复杂性让信息系统能够与其他的系统一道协同进化，从而能最大限度地适应应用环境中的其他系统。在大量信息系统项目或因为质量控制的困难，或因为难以适应应用环境和需求发生的变化，而在开发过程中就被中止，或被应用不久就被用户或市场所抛弃，造成巨大的投资浪费和智力浪费的情形下，适应性对于克服信息系统的质量危机（软件危机），提高信息化项目投资的成效具有特别的意义[66]。因此，信息系统日趋复杂与灵活所带来的适应性对信息系统发展是一个很好的机遇。也正因为如此，国际上许多科研机构都专门成立了相关研究团队[8,15,19,67]。

在看到信息系统日趋复杂性所带来机遇的同时，也需要清晰地认识到其给信息系统的设计和研究所带来的困难和挑战。

信息系统日趋复杂性给信息系统设计带来的挑战首先来自于观念变革的困难。对复杂系统的认识、理解和研究的难度原本就高于简单系统，作为20世纪的科学范式革命，系统复杂性研究虽然正在引导科学从二元论、简化还原论、线性思维到整体论、系统论和复杂性思维的转向，并在许多学科领域卓有成效，但观念的变革比技术革新更为困难，传统科学范式在信息系统工程设计领域内的影响已经根深蒂固，信息系统复杂性研究所需要革新的观念一时还很难得到广泛的理解和认可。

信息系统复杂性研究带来的巨大挑战的另一方面原因在于：与一般系统复杂性研究相比，信息系统复杂性研究有其特殊性。一般系统复杂性研究的对象都是自然系统和社会系统，这些系统在研究开始就已具有复杂性；而信息系统复杂性并非一个已然存在的研究对象，它需要去人为设计或培育，系统复杂性本身是研究设计的结果，而非前提。信息系统复杂性研究的目的是设计出具有特殊复杂性结构的系统，其中的复杂动力学机制和运作规律都是人为设计和规划出来的（所有工程类系统复杂性研究都具有这一特殊性，如仿生机器系统等）。相对现存复杂系统的研究，人为设计与构造复杂系统的研究要更为困难，尤其是当系统中还需要包含对具有目的和意图的人的行为进行设计时，更增加了这一任务的艰巨性。

信息系统复杂性研究所带来的具体挑战包括如系统动态机制的设计难以控制和把握，系统适应性的设计难以理解和规划，系统的非线性动态行为不可预期、发展前景难以评估，无法进行可重复测试，信息系统及相关技术的演化发展趋势难以认识等。

为了把握信息系统复杂性所带来的机遇，并自觉迎接其挑战，需要把复杂信息系统的研究纳入一般系统复杂性研究的范式（复杂范式）中，以继承复杂范式中的思维原则和研究方法。同时，考虑信息系统复杂性研究的特殊性，需要对复杂范式进一步具体化。

下面我们先简要介绍科学研究的复杂范式，然后再给出复杂信息系统范式。

3.2　复杂范式及复杂适应信息系统范式

3.2.1　科学研究的复杂范式

“范式”（paradigm）是科学哲学家库恩在“科学革命的结构”理论中阐述的核心概念，库恩用范式的产生和变更来解释科学的历史发展过程。根据库恩的解释，范式的基本含义有两个方面：一方面指科学群体的共同态度和信念，包括从事某一学科的科学家所共同分享的哲学立场和思维方式；另一方面指科学群体所公认的“理论模型”或“研究框架”[68]。

几个世纪以来，所谓经典的科学一直在科学研究中占据主导地位。经典科学的范式以牛顿模式和笛卡儿的二元论为代表。牛顿模式对应的是机械还原主义，把宇宙看做一个完全确定性的钟表，科学设定的目标就是不断地简化分析这个世界，科学的信念在于尽可能地分析出宇宙构成的最基本的构件和普遍存在的客观规律，以完全控制和预知宇宙的未来（拉普拉斯的决定论）。二元论假定自然与人类，物理世界与社会（精神）世界间存在着根本的差异。在经典科学的主宰下，科学被日益细分，首先二分为社会科学与自然科学，然后又细分为各门具体的学科与专门的工程技术。

随着科学认识的发展，人们逐渐认识到经典科学的还原倾向带来科学的危机，现实世界的复杂性让人们日益对牛顿以来的简化思维模式、线性还原主义及决定论的确定性产生了怀疑。1984 年，一大批来自不同学科领域的科学家汇集于美国新墨西哥的圣菲研究所（Santa Fe Institute）。他们通过对不同学科之间联系的深入探讨，试图找出各种不同的系统之间称之为复杂性（complexity）的共性[3]。专注于系统复杂性研究的科学后来被统称为复杂科学，复杂科学以复杂系统为研究对象。复杂系统存在于世界的各个领域，如物理系统、生物系统、人类社会系统等，从一个细胞呈现出来的生命现象、大脑的结构及心智、股票市场的涨落，到社会的兴衰及人体的免疫系统等，这些系统的共同特点是在它们变化无常的背后呈现出某种捉摸不定的秩序。复杂性研究的目的除揭示和描述复杂系统的运动规律外，更重要的还在于寻求解决我们以前看来是无法解决和束手无策的复杂系统的预测和控制问题。

在质疑传统的哲学、社会学及科学观，批判传统社会割裂、简约各门学科的思维模式后，当代著名思想家、法国国家科学研究中心名誉导师埃德加·莫兰通过阐述现实的复杂性，提出了一种能融通各种知识的复杂思维模式。这种思维方式被称为“复杂方法”论，或“复杂范式”。“复杂范式”与“简化范式”的区别在于“简化范式规定了分解和化归（化简规约），而复杂范式要求在区分一切的同时要联系它们”[2]。莫兰提出的“复杂范式”包括“组织性的回归”原则，注重循环因果考察，如系统整体与部分之间的双向反馈；反二元论的“两重性逻辑”原则，把在表象上应该互相排斥的两个对立的原则或概念联结起来，有助于反向思维和综合思考，以及其他思维原则。莫兰的“复杂范式”目前已在世界范围内许多国家的思想和学术界引起普遍关注[2]。“复杂范式”的提出为困扰在还原论漩涡中的科学家们提供了新思路，促使人们从单纯研究构成系统的各要素中抽身而出，开始关注更为本质的要素间关系以及系统演化的过程。

3.2.2　信息系统的范式

客观上，信息系统的范式是指大量信息系统所共同采用的技术架构、设计方法、设计原则及表现出来的系统特征和行为规范；主观上，信息系统的范式对应的是人们对于信息系统设计目标及其研究方法的系列共识。主观上的认知影响了客观上范式的形成。

信息系统范式可以有静态的和动态的、封闭孤立的和开放联系的、机械的和有机的、线性的和非线性等多种维度的二分法，分别对应两种不同的哲学背景：机械还原论和有机系统论，以及两种不同的思维方式：简单线性思维和复杂非线性思维方式[2]。

传统的以还原论为指导的信息系统范式，受二元论主客观二分的哲学影响，把信息系统看做一个纯粹的客体对象加以设计，很少考虑主体（用户行为）对信息系统的影响。还原主义按照分析的原则，设计出来的信息系统具有机械系统的特征：无论是功能组成结构还是内容组织结构，一旦设计成型，在应用过程中不能改变。这种结构不变性特征（结构刚性）是机械系统的共同特征。这种类机械信息系统是静态的，并非指信息系统不会活动、不能操作，而是指信息系统本身不能发展、不能在应用中成长变演——在使用的时间轴上，$t+1$ 时刻与 t 时刻的信息系统对用户来说并没有什么不同。我们把传统信息系统的范式命名为简单信息系统范式。

简单信息系统范式无法解释信息系统的各类复杂性及涌现现象，而传统的软件工程学和项目管理等，也都是针对具有固定的功能规格和需求说明的系统发展而来的，只适合静态体系结构的信息系统的设计，不足以描述信息系统的适应性演化特征，传统的软件工程也无法综合社会科学相关的研究方法和理论。因此不再胜任具有动态复杂性和适应性的复杂性信息系统的设计与开发。文献[6]和文献[69]也分别从不同的角度提出同样的观点，认为现有的以控制为中心的设计思维模式、以分析还原为主导的研究方法以及传统的工程设计方法、开发设计工具、软件测试原则等，都不再胜任具有动态复杂性的信息系统的设计。为适应复杂信息系统的开发，需要一种新的、能够有效思考和研究动态复杂性和适应性的有机信息系统理论框架（范式），以及与之对应的新的工程设计及测试方法、新的设计指导原则等[70]。

来自物理系统（凝聚态物理学）、社会经济系统、生物生态系统等领域的大量应用研究表明，复杂适应系统（CAS）理论能够很好地用来研究具有多层次的各类适应性复杂系统，因此可以用来统一研究信息系统三个层次的复杂性。CAS理论描述的抽象系统架构，可以作为复杂信息系统的抽象范例（设计蓝图）。我们把以CAS抽象架构为设计蓝图、以CAS理论为基础、综合相关研究方法（如多主体建模、复杂网络分析、生态分析等）来辅助信息系统研究及架构设计的理论框架，称为复杂适应信息系统（CAIS）范式。下面是CAIS范式的具体定义。

3.2.3 复杂适应信息系统范式

依据库恩科学“范式”两个方面的含义，复杂适应信息系统范式也包含两个方面的内容：一是信息系统架构设计与研究者具有共同态度和信念，共同分享哲学立场和思维方式；对应的是信息系统复杂性所带来的一系列观念变革。二是以CAS抽象架构为信息系统设计蓝图的“理论模型”和“研究框架”。下面先介绍复杂适应信息系统的观念变革，然后再阐述该变革形成研究范式的“理论模型”。

1. 观念改革

信息系统复杂性带来的观念变革可归纳为以下几点。

1）不仅仅是用户使用信息系统，信息系统同时也在使用人

用户群体和信息系统之间不再是单方面的使用与被使用的关系，而是相互促进、协同发展的关系。用户群体借助于信息系统改善彼此之间的协作关系网络和社会组织结构，同时，信息系统借助于用户的参与，以类似神经网络的方式从用户的行为和知识中学习，以优化和改善系统的功能组织结构和内容组织。信息系统因此表现出越用越好用、用的人越多越具有智能性的适应性进化特征。

2）复杂信息系统不再是纯粹的工程设计对象，而是必须要综合社会科学、人文科学研究设计的对象

随着社会性软件的应用推广，社会复杂性日益受到重视，信息系统的研究与设计越来越多地需要社会科学乃至人文科学的参与。对应研究对象发生了变化，研究对象不再被看做一个无意识的机械系统（mindless mechanical system），而应视为多意识的社会文化系统（multi-minded socio-cultural system）[71]。这对现有的信息系统学科的设置提出了挑战，信息系统研究不再属于纯粹的理工科，而成为必须综合社会科学和人文科学才能有效研究的对象。

3）确定性丧失

过去系统功能的稳定性与性能的确定性一直作为软件工程和质量测试追求的目标。然而，复杂信息系统的特殊性正在于其能不断地适应性优化，其优化结果与用户使用行为、操作顺序都有关，信息系统因此丧失了确定性。用户只有深入体验才能理解系统越用越好用的适应性特征，一些针对不同用户的个性化服务功能也只有在用户持续使用过一段时间后、在系统比较了解用户的行为方式后才能够显现出来，静态的全面测试无法把握系统的动态特征，无法用传统的方法进行重复测试或客观的算法效率评价，因为在测试中不可避免地会受测试用户群体的影响。这给动态系统的理解、评价和设计带来了困难。

4）简化分析的还原主义失效

在设计具有非线性动力学机制的复杂性系统时，一些细微的设计变化就可能会带来完全不可预期的宏观系统表现。如果继续沿用还原主义思维的简化分析方法处理非线性机制的设计，往往会过高地估计自己的理性而失去对系统整体性的把握能力，忽视系统各个组分之间微不足道的关联在非线性系统中表现出的控制困难，这一点在社会经济系统和生态系统中已经得到了大量的经验和教训，在《复杂》中列举了大量的经济金融危机、核泄漏、生态破坏等事例，都是因为忽视非线性系统内存在的各种隐含的微弱关联造成的灾难[3]。在《失败的逻辑》中，德国心理学家、复杂性研究专家迪特里希·德尔纳以模拟决策心理实验的方式指出人们的这种思维惯性是内在的（与生俱来的）、普遍存在的，只有借助能

高效处理大量复杂因素间复杂关系的计算机模型才能克服思维的局限性[72]。在设计一个具有非线性机制的系统时，我们应汲取这一教训，不应过于理所当然，而应当借鉴动态复杂系统研究中常用的多主体建模法进行系统动态原型的设计。事实上，随着系统内和系统外交互复杂程度的增高，非线性机制将会给系统安全和鲁棒性的控制带来更大的挑战，一些利用系统非线性机制进行破坏的新型病毒将比现有的病毒更难以控制①。

5）系统设计边界不再明确

传统信息系统设计时假定信息系统的应用环境和用户需求确定，在确定的系统边界假设下，进行独立信息系统的设计。然而，在大量标准交互协议的支持下，信息系统之间的相互依赖越来越紧密，信息系统之间的协作网络构成了一个统一的生态环境，信息系统的设计和应用都越来越依赖于变化发展的信息系统生态环境，信息系统设计的边界日益模糊。新系统的设计必须考虑其在信息系统生态环境中的位势。而传统的局部孤立思考和静态思维的习惯难以把握系统在全局应用环境中的动态发展趋势。跨系统的交互协作给信息系统的设计和规划带来了认识上的障碍，有时一个看上去很简单的系统，在被大规模地重复应用后，会在整体上表现出复杂的集合行为特征，类似于产业界的企业组织集群，这些简单的系统集合发挥出群体的优化协作效应，典型的如Blog、Wiki等。只有拓宽视野，从整体上考察系统的应用环境和用户需求的变化，才能设计出能够适应动态环境的信息系统。

在总结信息系统复杂性带来的观念变革后，下面我们给出CAIS的“理论模型”。

2. CAIS理论模型

CAIS理论模型是以CAS为蓝图的信息系统抽象架构，是CAS抽象架构的具体化。因此，我们需要做的就是结合信息系统的设计，对抽象的CAS系统中各基本组成要素（主体、环境、聚集、非线性、流、多样性等）与特征机制（标识、内部模型和集成块等）进行具体化的规定②。其中内部模型和集成块属于主

---

① 作者在RSS反馈循环中提出一个利用RSS分拣机制传递的新型病毒原型，该病毒可以利用该机制在系统间形成正反馈循环制造出信息阻塞，类似麦克风啸音产生的机理。该病毒与传统病毒的不同之处在于它不寄生于任何一个系统之内，而寄生于大量交互系统之间，属于分布式网络病毒（http：//eco-lab. ruc. edu. cn/blog/zhangsr. php）。

② 主体是CAS理论的核心，聚集、非线性、流、多样性、标识、内部模型和集成块等概念是约翰·霍兰提出的CAS理论中的七个基本概念。除约翰·霍兰外，因发现夸克而获得诺贝尔奖的盖尔曼(M. GellMan)、圣菲研究所的创始人，也提出了有别于霍兰的CAS理论；英国学者拉尔夫·斯泰西(Ralph D. Stacey) 将复杂性科学的理论观念“映射”到组织行为和管理中去，也较详细地阐述了CAS理论。但大多数CAS应用研究参考的是约翰·霍兰的CAS理论，本书所提到的CAS理论也都参考约翰·霍兰的《隐秩序》一书。

体的行为设计，在介绍主体时一并说明。下面是具体的内容。

1）主体

在 CAIS 中，主体分为三类：用户主体、功能主体和内容主体，其中用户主体是特殊的一类主体，是人件和系统件的综合。人通过信息系统提供的功能与其他系统互动（信息交换与互联），相当于用户主体的行为、用户主体的主动性与目的性掌握在系统功能界面背后的真正用户手中，用户主体的实际执行则通过系统的互操作功能去完成，与之互动的其他系统也是人机混合的主体。参照知识管理领域有名的 SECI 模型①，一个 CAIS 系统可以看做一个组织，其中用户主体交流过程中积累的“经验”以信息的方式记录在用户主体的系统件中，相当于用户主体的显性知识；互动过程中建立的友谊、情感、信任等保存在用户主体的人件中，相当于用户主体的隐性知识；用户通过信息系统辅助管理自己在现实世界中的社会关系，把真实社会关系带入系统内，这个过程相当于隐性知识的外化；系统通过收集用户个人的知识（如个人分类或个人社会关系网），加以统计综合，表现为系统整体的知识（如分众分类或全局社会关系网等），这个过程相当于知识的社会化；用户从系统整体知识的反馈中学习，规范自己的行为，这个过程相当于知识的内化。CAIS 中知识在人件与系统件间流转示意图如图 3-5 所示。

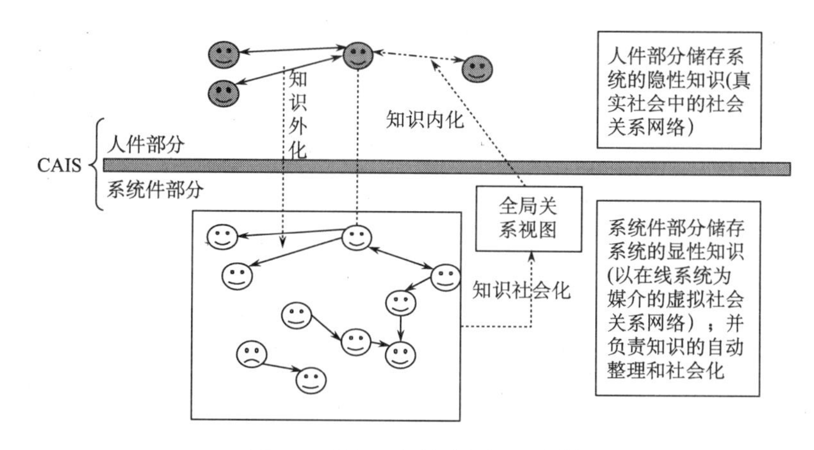

图 3-5　CAIS 中的“知识”流转

对于多用户系统来说，系统为每一个注册成员提供了个性化局域子系统，每个成员和他的子系统构成一个用户主体，系统中其他公共信息部分作为环境，整

① SECI 是组织知识管理的经典模型，由野中郁次郎等提出。野中把组织中的知识分为隐性知识和显性知识、组织知识和社会化知识，对组织内知识流转的过程进行了分析。CAIS 涉及系统与用户社群之间的学习，因此可用该模型辅助解释。见：Ikujiro Nonaka，Hirotaka Takeuchi. 1995. The Knowledge-creating company. New York：Oxford University Press：137～139.

个系统和它的所有用户相当于一个层次的CAIS；对单用户系统来说，一个安装实例和它的使用者构成一个用户主体，这个用户主体与其他的用户主体（可能是同类的，也可能是群体社会性软件中的主体），构成一个系统边界开放的CAIS。

功能主体对应普通信息系统中的功能模块。在CAIS中，并非所有的功能都需要或都能够设计为功能主体，只有那些具有很高的独立性、能独立地完成某项具体任务的功能模块，才可以设计为功能主体。功能主体是在原来的功能模块之上，增加了一层封装，并额外增设一些内部状态和行为规则。内部状态用于记录功能的用户使用情况以及与其他模块之间的调用使用情况，行为规则用于主动或被动调整功能主体在系统组织网络中的位置。根据内部状态和行为规则，功能主体能够自动寻找合适的其他功能主体搭配组合，也能够自动调整与不同用户主体间的关系，推送到最可能使用本功能的用户主体的交互应用情境中去。

此外，功能主体如果具有系统外的接口，也应该是完全独立的。功能主体之间的集成（搭配组合）尽可能使用标准的方法，以方便与第三方设计主体的集成和交互组合。

内容主体对应传统信息系统中所处理的信息，包括系统初始信息和由用户带来的信息。在CAIS中，这些信息需要转化为具有内部状态和行为规则的内容主体。系统内事先设计好内容主体的包装，我们称为内容主体壳。一个内容主体壳包括一些内部状态的记录变量、不同视图的外部显示方法，以及一些行为规则。记录变量可以有内容被访问的记录、被加标记的记录、与之关联的其他内容主体等。不同视图的外部显示方法还可以包括不同的布局调整方式，行为规则是当内容被访问后以什么样的规则调整与其他内容主体之间的关联、当内容被修改后以什么样的方式调整视图显示等。所有动态增长的信息被用户带入系统后都被包装在一个内容主体壳中，构成一个内容主体①。

每类主体都有两类行为规则：一类是基于系统聚类计算的行为规则，每个主体（内容项、功能项、或用户主体）根据系统计算自动改变与其他主体之间的交互关系或交互方式（最简单的交互方式体现为增加相关链接，如Web信息系统中页面之间的超级链接，复杂的交互方式可以是自定义的功能调用和集成）；另一类是基于用户驱动的行为规则，通过用户行为和操作的驱动，显式地改变主体之间的交互关系或交互方式。两类行为规则都依据主体现有的状态和环境调整与其他主体间的关系，在这个过程中达成用户智能和系统智能的间接协作。

---

① 在具体系统实现时，那些提供关系数据-对象映射（R2O：relation database to object）的系统开发框架非常适合内容主体壳的设计，如Ruby on rails、Django等。因为支持R2O自动映射，在Web 2.0开发群体中备受推崇。

2）环境

CAIS中的环境包括系统应用的外部环境、系统内与构成各类主体无关的普通用户行为、与构成主体无关的普通系统功能构件、系统全局的基本数据等。这些环境都可以与主体交互，但与主体不同，主体可以在与环境的交互中改变环境或改变自己，而环境在这些交互中只能被动地改变。

3）聚集

原CAS理论中的聚集（aggregation）有两种含义，一种是物以类聚、人以群分的分类汇集。在CAIS中，系统常常会在用户操作过程中，通过系统算法自动把相似行为特征的用户聚合为一组、把相似的资源聚合为一类；或通过用户操作把许多同类的RSS信息聚合为一个新的RSS，把许多相似的资源加一共同的标签，形成一组或一类等。这类聚集不会降低构成主体的独立性，但可以产生集体行为的集合效应。

聚集的另一个含义是指主体通过"黏合"形成高一级的主体，高一级的主体能够进行再聚集，产生更高一级的主体，这个过程重复几次之后，可以产生CAS系统中普遍具有的层次组织。一些简单的主体在一定条件下、在双方彼此接受时组成的新个体称为聚集体（aggregation agent），聚集体在系统中像一个单独的主体那样行动，在聚集体中组成主体彼此之间增加了制约而丧失了独立性。可以看出，聚集的第二个含义不是简单的合并，也不是消灭个体的吞并，而是新类型的、更高层次主体的涌现。在复杂信息系统中表现为Web 2.0中常见的混合文化，许多新应用通过一些基本的Web 2.0部件组合而成。

在复杂系统的演变过程中，较小的、较低层次的个体通过某种特定的方式结合起来，形成较大的、较高层次的个体，是宏观形态发生变化的转折点。

聚集是所有CAS的一个基本特征，由此所产生的涌现现象正是系统复杂性研究的焦点。

4）标签机制

在聚集过程中，每个主体选择聚集对象时并非随意，标签（tag）的作用在于区别各个主体，促进主体有选择性的相互作用。在信息系统中，标签对应的就是已经获得大量应用的自由标签（free tag）或社会性标签（social tag）。在CAIS中，不仅用户主体可以对其他主体加标签，其他主体也可以根据系统聚类行为规则给其他系统加标签，以记录系统聚类的中间结果。每个主体可以被重复添加多个标签，其中被添加的最多的标签，构成主体的突出标识。

5）非线性

线性系统服从叠加原理，两次独立的输入与两个联合的输入产生同样的系统效果。用数学方式可表示为$f(x_1)+f(x_2)=f(x_1+x_2)$。非线性（non-linearity）系统不服从叠加，即$f(x_1)+f(x_2)\neq f(x_1+x_2)$。

非线性是系统自组织形成的基础，设计合适的非线性机制，有助于促进系统内各主体之间的分类聚合，增加主体之间的协同协作能力。非线性机制是 CAIS 设计的重心。

以收藏书签系统为例，把用户 u 收藏资源 v 的系统输出的结果表示为二元关系 $\langle u, v\rangle$。在传统网络书签中（线性系统，如 3721 网站曾提供的网络书签），每个用户的收藏行为是独立的，每个只能看到自己的收藏，而不会在系统内形成相互影响。用户 a 收藏资源 x，则系统输出结果为 $\langle a, x\rangle$，用户 b 收藏资源 x，则输出的结果为 $\langle b, x\rangle$，两个用户分别收藏资源 x 的结果用二元组集合表示为 $\langle a, x\rangle$，$\langle b, x\rangle=\{\langle a,x\rangle\}+\{\langle b, x\rangle\}$。在社会性网络书签中，用户收藏不再是与其他用户无关的独立行为，系统把每个用户的收藏公开，让所有其他用户都可见，这样就在用户之间形成了相互影响，如上两个用户分别收藏资源 x 后，系统内记录有三个二元关系 $\langle a, x\rangle$，$\langle b, x\rangle$，$\langle a, b\rangle>\{\langle a,x\rangle\}+\{\langle b, x\rangle\}$，其中 $\langle a, b\rangle$ 是系统根据共同收藏建立起的显式用户关联。非线性让用户可以直接发现与其有共同收藏的其他用户。因此，有助于彼此借鉴和分享更多的收藏，并方便用户之间建立直接的联系。在非线性系统中检索文献，可以发现与自己研究兴趣重合的人，特别是在查到那些生僻的文献时，了解还有哪些人对这个问题关注，以及这些人在这个问题下还收藏了哪些文献，可很方便建立起学术研究间的默契协作。

6）流

在个体与环境之间存在着物质流、能量流和信息流。这些流（flow）的渠道是否通畅、周转迅速到什么程度，直接影响系统的演化过程。

三元（结点、连接者、资源）组合是流的一种典型的表示方法。在信息系统中流主要是信息流，如社会性书签系统中信息流表示为〈用户、收藏、资源〉，社会性网络服务中的信息流表示为〈用户、关系、朋友〉；生态系统中表示为〈物种、食物网、生化作用〉；互联网络中表示为〈计算机站、光缆、消息〉等。一般来说，结点是处理者，即“主体”，而连接是某种相互作用关系。在 CAS 中，结点和连接会随着主体的适应或不适应出现或消失。因此，无论是流还是网络，都在随时间的流逝和经验的积累而反映出其不断变化的适应性模式。

对 CAIS 来说，系统内信息流转的网络设计有助于用户更快地查找到所需的信息、更便捷地找到合适的合作伙伴，系统内各类主体都能很容易地通过网络遍历途径找到合适的聚集组合对象等。在第 4 章中，我们将根据 CAIS 应用背景，提出一些复杂网络分析算法，对系统内信息流的路径优化问题进行专门的研究。

7）多样性

在 CAS 理论中，以生态学的观点考察了系统内多样性（diversity）的产生。系统内低层次主体聚集为高层次主体时，不同选择性的组合形式会产生多种多样的高层次主体，这些聚集形成的主体的维持依赖于系统内其他主体提供的环境。以生态学的观点来看，每个主体都安顿在由以该主体与其他主体相互作用所限定的生态位（niche）上。主体维持存在（sustain）需要一个完善协调的生态环境；如果系统被移去一种主体，产生一个“空位”，整个系统就会作出一系列的适应性反应，产生一类新的主体来填补空位，新的主体会通常代替原主体的小生境，原主体与系统其他部分之间的相互作用，也会大部分由新主体所接替弥补。当主体的蔓延开辟了一个新的小生境，产生可以被其他主体通过调整加以利用的新的相互作用机会时，就会出现新的主体类，在这个过程中系统内主体不断分化，产生了多样性。

多样性机制可以解释 CAIS 内聚合主体的多样性，如内容主体聚合为不同的主题、用户主体聚合为不同的社会组织。当把互联网作为一个整体进行研究时，多样性机制可以用来研究目前呈爆发式增长的社会性软件和 Web 2.0 的衍生机制，以发现系统创新的一般规律，辅助信息系统项目立项等，在第 6 章中，我们将对这个问题进行专题研究。

3.2.4　CAIS 范式与简单信息系统范式的比较

与简单信息系统相比，CAIS 在设计原则、思维方式、哲学（世界观）、设计方法、设计目标、信息系统应用环境的预设、项目设计的时间跨度、设计理念等都有所不同。表 3-1 是两类信息系统设计范式的比较对照表。

表 3-1　简单信息系统范式与复杂适应信息系统范式的比较

简单信息系统范式	复杂适应信息系统范式
设计原则：以系统为中心，人必须去适应许多不同的系统	设计原则：以人为中心，系统适应人，多系统间适应性地无缝整合
思维方式：简单线性思维。把信息系统作为纯粹的工程设计对象，系统功能要素之间的衔接是固定的、机械的，系统复杂度遵从线性叠加原理	思维方式：复杂思维和非线性思维。把信息系统作为工程技术和社会人文研究的对象，系统内各要素间的关系是有机的，存在各种自组织机制与非线性反馈。系统在应用中涌现出的新功能特性不可还原分析
世界观：二元论。用户和系统之间是单向的使用与被使用的关系。不考虑系统与用户社会协作关系网络间的协同进化	世界观：反二元的有机系统论。参与式架构让用户和系统统一起来，不仅是用户使用信息系统，信息系统也“使用”用户——系统能从用户的行为和用户的知识中学习
设计方法：自顶向下为主。系统的结构秩序与分类在设计时由设计者预先规定	设计方法：自底向上为主。系统结构秩序与分类主要在应用中由用户参与决定、自底向上地涌现而出
设计目标：确定的系统设计目标和项目需求分析。系统具有固定的功能列表、刚性结构和非适应性被动界面。系统表现为孤立、封闭等特征	设计目标：系统设计目标及需求分析随着系统的设计、集成与应用不断地发展变化。系统具有在与外在环境交互学习的过程中可裁剪和追加集成的功能、动态可变的结构、主动适应用户的个性化界面。系统表现为开放、交叉集成与协作等特征

续表

简单信息系统范式	复杂适应信息系统范式
应用环境预设：不考虑变化的应用环境，假设系统功能不受应用环境的影响。不考虑变化的需求，假设系统在所有应用情景下用户的需求同一	应用环境预设：系统的应用环境和需求是动态变化的，大量的系统间交互与交叉集成影响了系统的功能表现。应改采用生态分析方法来考虑环境与用户需求的复杂多变
设计时间跨度：设计只需考虑系统从立项到发布之间的生命周期。系统投入使用后的发展全部由系统管理员和用户负责	设计时间跨度：设计视角跨越系统的整个生命周期。在设计之初就必须考虑系统发布后的生存与发展问题，系统的适应性演化取决于能否设计出适合的动态演化机制
设计理念：系统的高效率源自于精确地控制设计、源自于算法。系统的健壮性源自于设计和管理上严格的安全控制	设计理念：系统的高效率源自用户群体间有效的社会化协作，源自用户智力参与的激励。系统的健壮性源自开放式架构中大众用户的反馈与相互约束

3.2.5 CAIS设计的指导原则

在CAIS架构设计中，功能主体的划分、人件的设计和非线性反馈机制的设计是关键，下面结合一些例子，给出一些可供参考的指导原则。

1. 功能设计的自底向上原则

在设计CAIS中的功能主体时，应该遵循自底向上的设计原则，注重各个层次主体的独立性，降低层次内主体间的耦合度，增加主体对外自主交互的功能/权限。这里的独立性和低耦合度，是从最终架构出的系统角度来说的，是从普通用户角度来看的。功能主体的最高独立性是指用户可以单独使用一个功能主体，而不必考虑系统别的部分，功能主体具有完整自治性。低耦合度是指在这样集成的一个系统中，各功能主体之间的联系是松散的，由用户选择配置。

自底向上的设计原则是系统适应性的基础。根据CAS理论，系统新结构的出现以原有结构失去稳定性为前提，或者以破坏系统与环境间的稳定平衡为前提。自底向上的设计有助于去除信息系统结构的刚性，让系统变得柔性，降低系统内子系统之间的耦合度。系统因此才能够适应外界的变化。

2. 功能主体粒度划分的单一任务原则

功能主体细分的粒度决定了系统的适应度。如果系统只有少数几个组成子系统，那么子系统之间组合关系就十分有限，系统适应性调整组织结构的余地就不大，很难表现出强适应能力和高灵活度。但子系统过多也会带来系统复杂度与设计难度的几何级数的增长。

功能主体粒度划分的单一任务原则是指按照刚刚能完成一个完整的、有意义的任务的标准来划分系统的功能，用户对该功能子系统地操作可以完全独立于其他子系统，这样划分的子系统具有主体的自治性和独立性，从而能够单独设计出具有标准化的外部接口（Web API：网络使用接口或调用接口），方便与其他主体或外部环境交互（人或其他系统）。

从增加社会性、让用户能够在参与中达成广泛协作的角度来看，把系统分解为单一子功能的系统有助于区分可社会化的功能和不可社会化的功能，从而可以针对社会化的功能主体进行网络化、协同化、社会化的改造[①]，方便基于单一任务（基于功能主体）系统间的协作。

3. 功能主体的多层次开放原则

开放性是自组织的必要条件。只有开放的系统才能有负熵输入，系统熵减时，自组织得以产生。对信息系统来说，开放标准、开放自己的功能接口，以方便应用集成，以获得更多的用户，从更多用户那里获得群体智慧（间接的通过系统的评价反馈，直接的从用户行为中适应性学习优化系统），是系统适应性演化的关键。

功能主体的多层次开放原则是指让各层次的功能主体（子系统）都具有独立的对外接口，以提高功能子系统的利用率，为整个系统带来更多的用户行为信息或数据来源[②]。这个原则在现有的信息系统实践中有多种表现形式，比如，开放式调用接口、开放式服务注册、二次开发的开放接口（API）、扩充插件的开放接口（plugin API）、开放源码（把系统的设计完全敞开，把演化交给公众），等。最特殊的开放方式是以 Wiki 的方式编写 Plugin，并及时反映到在线系统中去。在这种情形下，每个用户都可参与系统的功能丰富与完善，Wiki 机制保证恶意的破坏会被自动恢复，核心功能的保护则可以保证系统不会因为无经验用户的随意操作而造成不可恢复性的破坏。

Blog 系统架构的演化可用来说明上述三个原则在系统设计中的应用。

如图 3-6 所示，早期的 Blog 系统各功能模块没有独立性，系统是封闭的。功能模块之间的衔接固定，每个系统都独立完整地实现所有功能。虽然可以基于 Blog 组合为更高层级的系统组织结构，如基于个人 Blog 的组织知识管理系统等，但模块的划分不符合单一子任务原则。

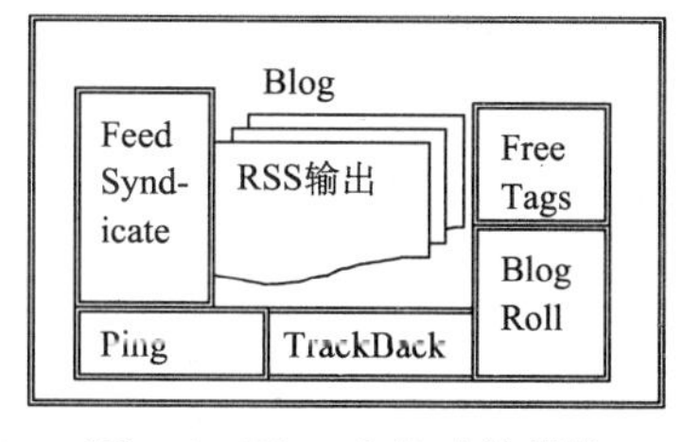

图 3-6　Blog 中的功能模块

而在图 3-7 所示的后期发展的 Blog 系统中，根据功能主体的分解原则，降低了 Blog 各功能模块之间的耦合度，各个功能主体都可完成一个单项的任务，如内容的 RSS 输出、Ping、TrackBack、Free

① 参见第 2 章第 51 页“社会性软件的发生过程”。

② 在具体实现时可以具体分析，可以对外部调用进行授权验证管理。如果系统的应用有边界（如限制在一个组织之内），系统的开放还应该有一些信息安全的保障。这些安全限制并不违背开放的设计原则，在设计系统时，仍然可以从这种开放原则中获得益处。即便是有边界的应用，开放标准也可以为将来设计上的扩充或替换其中的功能留有余地。

Tags和Blog Roll（友情链接的其他Blog列表）、Feed Syndicate（对其他系统的内容同步）等。系统中功能之间的组合接口是开放的，用户可以选择系统自身提供的功能，也可以使用其他系统提供的对等功能，如图3-7中虚线外的专门代理各类功能的第三方系统。目前许多个人Blog都集成了许多来自于第三方的功能插件（widget），体现了这一发展趋势。

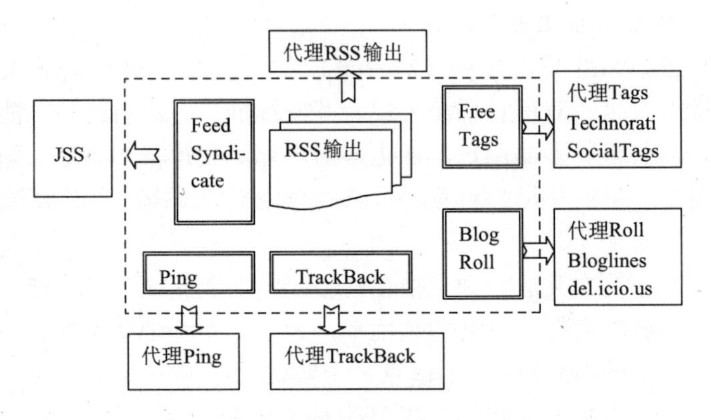

图3-7 Blog功能模块的分解与开放

图3-8示意了一种Blog系统的未来发展形态——完全开放集成的Blog系统，在主体功能开放的基础上，凡是可以社会化的功能，都交由专门的代理系统完成，各个Blog在集成来自各代理系统的功能调用中，实现在各个功能层次上的社会化协作。以TrackBack为例，原来每个系统需要自己管理自己的TrackBack，每个Blog用户独立负责自己的TrackBack安全，用户相互之间难以分享和借鉴彼此的Spam黑名单（地址）库。在交给专业代理TrackBack系统服务后，该专业代理可以把从每个用户那里得到的不良Spam名单（地址）信息聚集起来，再服务到所有的用户。

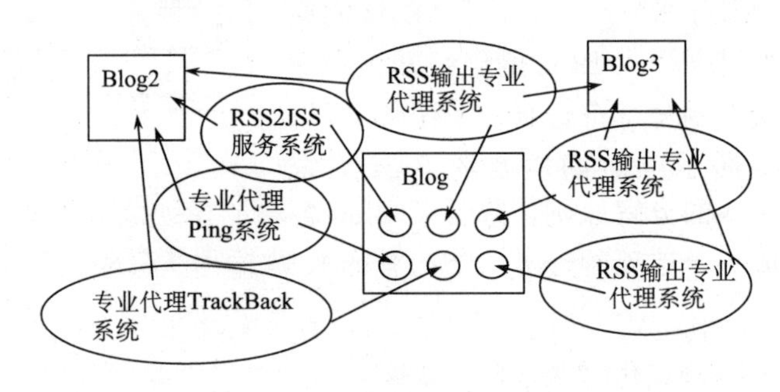

图3-8 开放集成的Blog系统

Blog系统的演化反映了信息系统发展的一般趋势，先分解、专门化设计独立代理系统对外开放，然后再由用户集成。其中，在专门化的过程中可实现基于各功能层次的社会化协作，社会化协作可以实现比单个系统独立设计更好的功能效果。

这个过程可以与人的社会化分工作比照，自然经济时代，每个人必须都是多面手，要独立从事许多经济生产活动。但当社会化分工高度发展后，人可以把一些活动转交给专门服务的机构，而专注于自己所专长的工作，这些专门服务的机构也可通过为公众提供社会化服务，提高了工作效率。

任何一种看上去很简单的功能，只要有大众化的需求，都可以专门化（专门做该项服务），然后把功能对网络开放（为尚不具备该功能的系统或系统本身该功能太简陋的系统服务），在吸引众多用户使用之后，再进行后续的社会计算，如社会评价排名、社会协同推荐等。对真实运作的系统而言，开发一款可开放功能接口的实用功能只是技术问题，是可控制管理的，而如何吸引足够多的用户则是一个难以把握的问题，提高用户体验、激发使用者的兴趣是这类新兴服务从各种同类服务中脱颖而出的关键。

4．人件设计的人机对等的原则

该原则指的是在CAIS设计时，对用户主体行为的设计（人件）与功能主体（系统件）的设计同样对待，用户行为与系统算法对CAIS系统的演化同等重要。设计时不仅体现为用户主体的设计，还体现在各类主体的两类行为规则的设计上。在设计各类主体的两类行为规则时，把用户主体和其他主体看做对等的可交互对象。在设计有面向其他系统、其他功能主体的功能接口时，都要设计相对应的面向用户主体的操作接口，而所有最终用户的操作接口，也都要设计面向其他系统开放的功能调用接口。

这一点在钱学森的综合集成研讨厅中表现为强调“人机结合、以专家为主”的原则[26]，在早稻田大学的DAISY项目中表现为所有的系统都是人机系统的观点[8]。

针对过去对人件设计的轻视，把人件正式纳入系统设计的范畴，在凡是可以交给用户自主判断决定的地方，都留有让用户自主决策的界面接口；同时提供系统的自动化计算实现的替代方法，并在二者之间形成反馈（即让系统自动化计算的中间结果作为用户自主决策的参考，让用户的决策结果影响系统的自动化推荐）。这样才能充分发挥用户的自主性，系统才能有效地从用户智能中学习优化。在目前的各类社会性标签应用系统中，对标签的分类聚集都只提供系统计算的聚类方法，而很少提供依赖于用户智能的人工聚类方法，因而都可以根据这一原则进行改进，以更充分地利用用户的智慧。

系统为用户操作提供对应的开放功能调用接口，有助于系统间的协同协作，有利于更有效地发挥系统自动化带来的效率。以 Blog 系统为例，凡是用户操作接口都提供了对应的系统远程调用接口（Blog API），因此，都可以设计第三方的系统自动化地与 Blog 系统交互。用户可以借助第三方开发的系统，提高 Blog 操作的效率。

5. 尽可能缩短反馈路径的原则

根据 CAS 理论中“流”的概念，系统内的流构成各种网络，流的各个结点间的非线性关系以结点间的反馈作用表现出来。正反馈和负反馈的共同作用保证了流网络的自组织、自生长与自抑制。反馈有直接反馈和间接反馈，反馈越直接、越迅速，系统越灵敏，越容易促进结点间的关联聚合。因此，可以把反馈的直接程度，或反馈所必须经过处理环节的多少作为系统灵活度的一个指标，把尽可能地缩短反馈循环作为 CAIS 设计的一个参考原则。

下面以一个经典的协同过滤系统的改进为例来说明该设计原则的应用。

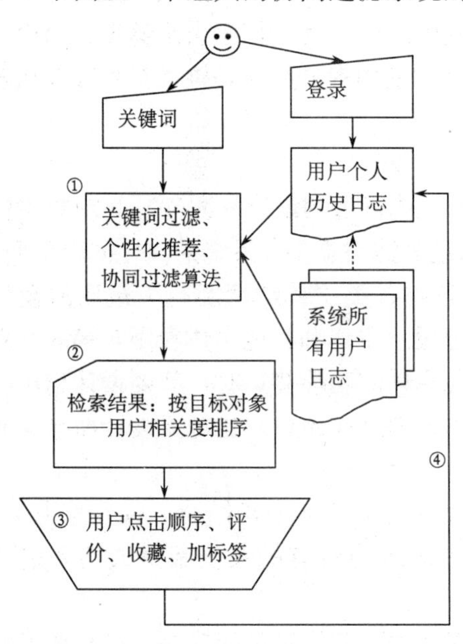

图 3-9　传统设计的协同过滤系统

图 3-9 是一个传统设计的协同过滤系统逻辑流程图。传统协同过滤研究一般都基于单一的用户行为进行用户和资源聚类，在系统中对所有的用户也只提供一种单一的算法（图中①所示），一种算法的推荐结果（图中②所示），系统内只存在一个反馈（图中④所示）。典型的如基于用户评分的协同过滤研究[73]。但在实际系统中，用户可以有多种行为表现（图中③所示）。用户行为可以是点击顺序（隐含用户对系统推荐输出的评价排序）、选择性收藏（隐含用户的偏好）、数字打分评价、加标签等。不同行为模式用户的行为日志记录也不相同，如有些用户习惯打分评价，另外一些用户只习惯收藏或加标签等，这些不同的日志数据显然不能用统一的聚类算法进行聚类。

通过增加对用户行为模式的分析，可以把协同过滤系统改进为如图 3-10 所示。

图 3-10 所示的增强设计的协同过滤系统，增加了对用户行为的特征分类分析，以及基于用户行为特征分类的多种协同过滤算法。在此基础上，增加了用户行为到系统算法的反馈（图中①所示）。事实上，如果不增加这一反馈，用户的行为通过改写用户个人历史日志也会影响用户行为的特征分类，然后影响算法的

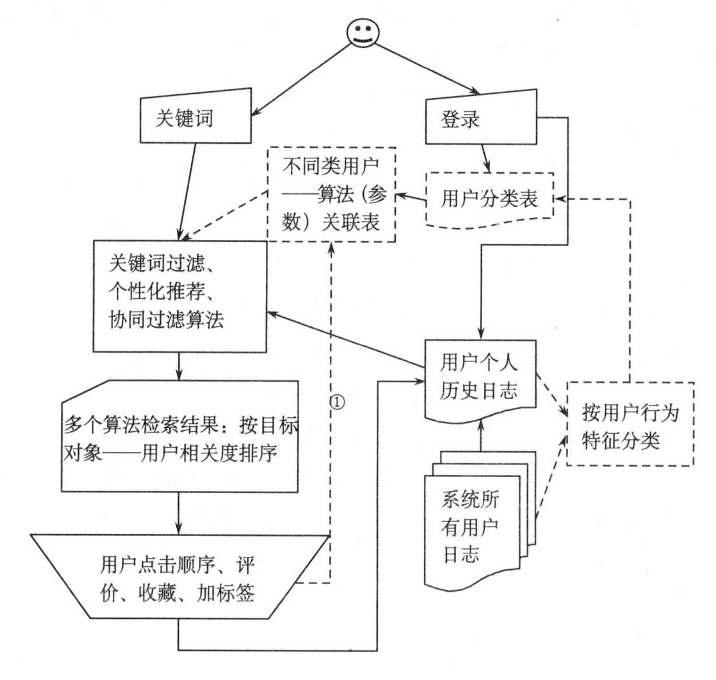

图 3-10 增加用户行为特征分类和反馈的协同过滤系统

选择，但这种反馈是间接的，需要较长的时间延迟。

在第 2 章提到 Wiki 时，指出 Wiki 的原理也在于通过缩短了讨论中规范文本形成的反馈路径，把原本在系统之外的协商讨论引入到系统之内，把对话集中在一个编辑文本中（而不是类似 BBS 讨论的多个编辑文本），反馈都聚敛到一个文本中，因此不再需要额外整理而直接得到一个可继续编辑的结果。而在传统的 BBS 或新闻组中，如果希望从多人讨论中得到一个共同的文本规范，需要管理员干预，而且需要额外的记录和中间环节，因此不利于系统内容的自适应优化，不利于共同规范文本的形成[①]。

在第 2 章中，还提到 Ning 的自衍生架构的优点在于缩短了系统开发中不同用户的反馈过程[②]，不同开发用户间的借鉴和反馈都是直接而非间接的，因此大大提高了系统的变化适应能力。

3.2.6 CAIS 范式的适用范畴

只要一个信息系统是由大量具有适应能力的子系统组成，这些子系统间的交

---

① 参见第 2 章对 Wiki 的分析，第 33 页。

② 参见第 2 章对 Ning 的分析，第 46 页。

互方式就不是固定的，而是可以灵活改变和校正的——系统的结构能够在应用过程中不断地演变，能够适应外部环境的变化，从外部环境的变化中学习，且系统的组成是开放的，那么这样一个信息系统就可以构成一个复杂适应信息系统。

原则上，只要信息系统内的信息内容是海量的，且内容在不断地动态增长和变化，目标用户群体是开放的，且用户群体间有交互协作或博弈协商的需要，就可以应用 CAIS 范式进行设计或改造。各种知识管理系统、信息检索系统、B2B、B2C、C2C 等多对多的电子商务系统和各种计算机支持的协同工作系统（CSCW）等都属于复杂适应信息系统的适用范畴。通过把用户纳入系统之内，设计为用户主体，设计方便促进用户主体知识外化、社会化、内化的系统机制；把功能设计为自治的适应性主体，允许功能模块在使用过程中主动根据用户操作情况调整与其他主体间的关联组合；把内容封装为内容主体，同样允许内容主体能在使用过程中主动根据被操作情况调整彼此之间的关联；在此基础上设计一些能够促进物以类聚和人以群分的自组织网络演化机制，就可以把一个多用户信息系统转化为复杂适应信息系统。

3.3　本章小结

信息系统日趋复杂，系统内各组分的独立性有越来越高的趋势，组分之间的交互协同也不再局限于刻板固定的静态搭配组合关系，而呈现出越来越灵活多变的动态特征，这一点与复杂科学研究的系列对象（如凝聚态物理学、生物基因学等）非常相似。同时，信息系统是一个包含人件的复杂系统，多用户的自主交互与组织协商在信息系统内形成了复杂的社会现象，系统间的协同与交互构成复杂的类生态协作网。这让信息系统不仅具有普通复杂性研究对象的复杂性，还同时兼具社会复杂性和生态复杂性。对信息系统的架构设计者来说，系统复杂性只是系统适应性设计的结果，一些简单的交互规则、反馈机制的设计，就可形成很复杂的多重反馈结构。因此增加信息系统适应性的关键在于如何规划系统内各种组分之间的交互机制，以及如何设计系统之中和系统之间的多重反馈结构。为了在设计这些增强系统适应性的机制中做到有章可循，在区分传统信息系统与复杂信息系统在分析设计的思维方式、哲学理念、设计指导原则等不同的基础上，以 CAS 抽象系统架构为设计范例，提出了复杂适应信息系统（CAIS）范式。

CAIS 范式把具有适应性的复杂信息系统纳入复杂性研究的范畴之内，通过参照复杂适应系统理论抽象出的系统要素和架构设计信息系统，可以把信息系统设计成复杂适应系统，并可以借鉴现有的复杂系统的研究结论、研究方法和工具来辅助信息系统的研究。从下一章开始，我们开始应用 CAS 相关的研究方法对复杂适应信息系统中普遍需要解决的一些具体问题展开研究。包括把普通信息系统改造升级为复杂适应信息系统的一般步骤，信息系统内各种主体构成的信息流的优化设计问题，主体构成的复杂网络的拆分及聚类问题，系统微观交互机制与宏观涌现间的非线性关系与系统的适应性设计问题，动态演化的信息系统的测试问题，适应性信息系统聚合构成更高层级的主体的分析以及复杂适应信息系统生态位和多样性等的形式化描述问题，等等。

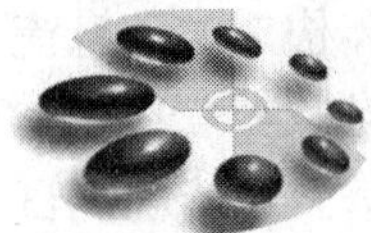

第4章 复杂适应信息系统与复杂网络

在一个多体系统中，即使组分与其基本关系非常简单，组分间耦合形成的多边相互关系网（relational network）也会使系统变得高度复杂。这个关系网要对解释世界上的现象多样性负主要责任，同时，它也要为研究大组合系统的困难负主要责任。

——〔英〕欧阳莹之（《复杂系统理论基础》[62]）

在复杂适应信息系统中有多种主体：用户主体和各类系统主体；用户主体以在系统中的个性化数据表示（用户ID及个人说明等），是注册用户在系统内的行为代理；各类系统主体包括系统的功能主体和内容主体等。在使用中，每个用户主体可以自由选择搭配一些功能主体和集成一些内容主体，并因此形成包括用户主体、功能主体、内容主体组成的复杂网络。

以社会性书签系统为例，在系统中除用户主体外，不断增添的资源（超级链接）属于内容主体，标签属于功能主体，用户收藏某个超级链接时添加几个自由标签，系统中就形成了用户-标签-资源的三元关系网络（即有三类结点构成的网络，在正文中将给出形式化的定义）。

在稍复杂的一些系统中，可以有多类功能主体和内容主体（但类总数是限定的、新主体类的增设权限唯一掌控在系统开发者手中）。如第2章介绍过的豆瓣系统，内容主体包括书、电影和音乐等多种，功能主体则包括标签、用户自由设置的小组（group）、同城（一种全局的、具有层次的地域分类系统）、豆列（由用户显示化定义的资源间的固定关联组合）等。其中，用户行为自然形成的网络有直接的用户-用户友邻网、用户-标签-资源组成的三元网络、资源-资源的豆列网、用户-用户的同小组网、用户-小组网、用户-用户的同城网、小组-小组的标签网等；豆瓣系统计算推荐形成的有用户-用户的口味相似网、资源-资源的相似网（喜欢这本书的人还喜欢另外那些书）、标签间的相似网等，潜在的，即系统尚未实现的还有小组和小组间的友邻（相似）网①等。

---

① 现在豆瓣网已经增添了这一设计，即为每个小组提供一个相关组推荐表：喜欢该小组的人一般还喜欢哪些小组的列表。

在更复杂的系统中，如Ning[①]中，系统中的适应性主体的种类是开放的，不仅系统开发人员可以添加新类别的主体，高级用户也可以在线不断地设计和追加各种功能主体和内容主体。在Ning中，用户主体也分为整个系统的管理者、在线增值的开发者、派生系统[②]的运营管理用户、派生系统的用户（普通用户）等。因此，其中形成的不同网络更多，结构也更复杂。

动态发展的各类关系网络是复杂适应信息系统中适应性主体间交互发展的普遍形式。对复杂适应信息系统中适应性主体之间的网络动态机制的研究，有助于改进设计，让网络拓扑朝令用户满意的方向发展。具体就是让最有潜在协作可能的用户主体、兴趣和行为模式最相近的用户主体分类组织起来，让最可能被认知为具有相似性的内容主体关联起来，以实现个性化的智能推荐（基于用户推荐各种资源、推荐各种关系等），让最多人组合使用的功能主体更方便地关联起来（基于用户和功能关系的功能推荐，推荐用户可能喜欢的，并在其他用户中得到广泛应用的新功能，把它们组合到用户原定制形成的系统中去），实现系统功能的适应性搭配重组等。简言之，就是在系统内不断地促进人（用户）、功能和内容的优化组合。

针对CAIS中存在的各类动态网络，本章提出应用复杂网络分析理论进行设计和辅助研究CAIS的方法。在第3章介绍CAS理论时，曾提到CAS中的信息流，信息流流转是否通畅、周转是否迅速，决定了系统的适应性；复杂网络分析嵌入信息系统设计是用来促进系统内各类网络的动态演化，从而促进系统内信息流的路径优化；复杂网络分析方法对系统设计的辅助研究则属于对象式研究（参见绪论中的对象式研究的定义），对已经投入应用的系统进行算法绩效评估，因为适应性系统的性能会随着使用不断改善，所以对适应性系统算法的评估与非适应性系统的评估有很多不同的地方。

4.1节先简要介绍了复杂网络分析理论的一些背景和概念，然后结合CAIS的应用，介绍了一些2模式网络的分析算法以及3模式网络的概念及分析策略，最后给出一个复杂网络分析方法在CAIS系统架构与优化中应用实施的一般步骤框架。

---

① http：//ning.com提供了开源项目的在线协作设计和在线复制使用的功能，它的出现加快了开放源码项目的演化循环，未来的开源系统都可能会在系统内集成在线协作设计的功能，让用户直接在开发项目的主页空间内复制一个副本，然后可以重组功能、修改代码、添加插件、个性化配置等，并直接试验运行，满意后再下载经过个性化的配置改变后的整个项目代码。所有用户的经验被遗留在项目主页上，并可被其他用户所借鉴。在第2章介绍Web 2.0时，对http：//ning.com作了介绍。

② 简单复制系统或从多个系统中混合重组，简单复制称为“Meme”，混合重组称为“Remix”，Meme和Remix在Web 2.0中非常普遍，http：//ning.com提供的服务让开发设计者更方便地贡献自己的创意设计，让别人更方便地复制使用、改编使用或混合重组各种创意设计的功能，从而让好的设计能快速地传播并获得最广泛的影响力和更直接的反馈。

4.1 复杂网络分析

4.1.1 复杂网络分析的背景

复杂网状结构可以描述各种各样的复杂系统。比如，细胞被完美地描述为通过化学反应连接化学物的复杂网络；互联网被描述为通过各种物理的或无线的连接把路由器和计算机链接在一起的复杂网络；知识、理念和社会关系在社会网上的传播，其结点就是人类、边表示各种社会关系[74]；万维网是一个网页通过超链接来连接的巨大的虚拟网络等[16]。

复杂网络研究传统上属于图论范畴。图论研究最初集中在规则图上，自从20世纪50年代起，无明确设计原理的大规模网络被描述为随机图，这是最简单的也是被多数人认识的复杂网络。随机图首先由匈牙利数学家Erdos和Renyi进行研究。按照ER模型，开始于 N 个结点，以概率 p 连接每一对结点，建立一个大约有 pN（$N-1$）/2条随机分布的边。然而，在不同的复杂系统中有不同于简单随机连接的组织原则，这些组织原则影响了网络拓扑结构的生成机制，应该会导致网络拓扑的非随机性；但过去由于计算能力的限制，制约了对巨型复杂网络的拓扑结构和系统组织生成原则间关系的定量研究。随着计算能力的提高，人们引入统计力学的方法，从而发展了复杂网络理论，并提出小世界网络和尺度无关网络两种广泛存在于现实复杂网路系统中的拓扑结构。

4.1.2 复杂网络研究的相关概念

1. 小世界[50]

小世界（small world）的概念以简单的措辞描述了这样一个事实：在大多数网络中，尽管规模非常大，但任意两个结点之间有一条相当短的路径。两结点间的距离定义为连接它们的最短路的边数。小世界最为通用的表现形式是由社会心理学家Milgram（1967）提出的“六度分隔”概念[75]，他断定在美国大多数人之间相互认识的途径的典型长度为6。大量实证研究表明，大多数复杂网络都具有小世界网络的特性，即多是具有大的聚簇系数、小的网络直径的稀疏网络。小世界网络主要用聚簇来定量分析与刻画，下面给出聚簇的一种定义。

2. 聚簇

社会网络的一个共同特征是小集团聚成一簇一簇的形态，在每一个聚簇（network cluster）内，每个成员认识其他每个成员。这种内在群聚倾向可用聚簇系数来量化，在社会学中则用“三倍数传递”的概念来表示（Wassermann, Faust 1994）[76]。对于网络结点 i，有 k_i 条边与其他 k_i 个结点相连。如果初始结点的最近邻点是聚簇的一部分，则在它们之间有 k_i（k_i-1）/2条边连接。k_i

个结点之间实际有的边数 E_i 与总边数 $k_i(k_i-1)/2$ 之比就是结点 i 的聚簇系数：

$$c_i = \frac{2E_i}{k_i(k_i-1)}$$

整个网络的聚簇系数为所有结点 c_i 的平均值。

3. 尺度无关的网络

尺度无关的网络（scale-free network）是随着对网络度分布的统计研究发展而来的。网络中结点的度分布用分布函数 $p(k)$ 表示，给出一个结点正好有 k 条边的概率。在随机图中，边随机连接结点的度分布是泊松分布。但实证研究发现，许多大型网络的度分布并非是泊松分布，特别是万维网（Albert et al. 1999）、国际互联网（Faloutsos et al. 1999）、代谢网（Jeong et al. 2000）。度分布具有一条幂律尾部：$p(k) \sim k^r$，这类网络称为尺度无关的网络（Barabasi，Albert 1999）[10,16]。在第 2 章介绍社会性软件时，提到了社会网络服务类软件，其直接理论基础就是人际关系网络中"隐含"存在着小世界结构。"隐含"是指在没有系统度量统计的情形下，身处网络之中的人并不能感知超过两层以上的社会关系网络（很难知道朋友的所有朋友），这限制了信任关系的扩散；社会网络服务系统正是借助于信息技术手段，把社会关系网络可视化，方便人们自觉地利用社会关系网络拓扑发展自己的社会关系，或者用于寻求与某陌生人之间的最短联系路径，方便增加交往的可信度（基于信任关系传播的交往）[74]。尺度无关网络则在 Web 2.0 中的应用表现为长尾法则。以电子商务广告为例，传统的战略是针对万维网网站度数幂律分布中头部的结点，即最有影响力的那些结点，而依据长尾法则制定的战略是挖掘分布在长长的尾部的、通常被忽略的、散户的集合价值。这种策略让 Google Adsense 的内容关联广告或窄告网的广告分散到数以千万计的小网站或 Blog 上，虽然这些小网站单个地看影响力都不大（只有很小的入度，反映为 Page Rank 值很低），但集合起来拥有的用户注意力却不亚于那些占据在分布头部的少数大网站。可以说，复杂网络拓扑研究的相关理论在社会性软件和 Web 2.0 领域内已经有了非常大的影响和十分自觉的应用。

随着对复杂网络兴趣的日益浓厚和研究的持续深入，人们发展出更多、更精细化的网络结构的度量理论（各种中心度、介度、邻近度、威权、对等性等）和研究方法（各种网络聚集和拆分算法，如用网络聚敛法发现网络的粗壮结构，即子网作为结点的梗概关系网等）[77~81]，以及专门用于复杂网络分析计算的软件工具[82]，如专用于巨型复杂网络计算的软件工具 Pajek[83]、专用于网络动态演化机制研究建模的 Blanche[84]、专用于社会网络分析的 UCINET[85] 等。这些理论、方法和工具为研究 CAIS 中的动态复杂网络提供了方便。

在本书中，需要对信息系统形成的各种复杂网络进行划分，把网络分解为不同的网络子群，如把信息和用户按照物以类聚、人以群分的方式组织在一起，更好地实现用户子群内的协作和信息子群内的关联等。网络子群的分解有两种方法：自底向上法和自顶向下法。自底向上是根据局部结点之间的关系判断结点间的关系是否符合某种定义的紧密关联网，把符合定义的结点划为一个子网，再逐步添加结点，判断是否还能够满足条件，直到找到符合条件的最大子网，然后去掉这些结点，重复查找新的子网。自顶向下是从全局上发现整个网络的松散关节，把网络分为不同的区域，先分为少数几个大集团，再用递归的方式把大集团逐渐划分为更小的子群。

自底向上的方法有以下几种[78,85,86]：

(1) 私党（clique)：其中的成员彼此之间的连接比任何一个成员和非成员之间的连接要紧密得多，严格的私党中所有成员之间都有直接的连接。加入该私党的新成员也必须与所有的成员建立直接的连接。

(2) *N* 距私党（*N*-cliques)：降低了私党定义中对成员间连接的紧密程度的要求，成员间可以没有直接连接，但必须有距离在 *N* 以内的连接，因此称为 *N* 距私党。

(3) *K* 丛（*K*-plex)：降低了私党定义中必须与所有其他成员有直接连接的限制程度，如果某个结点与私党中全部结点中的绝大多数都有连接，没有直接连接的结点不超过 *K* 个，在这种条件下划分的群落称为 *K* 丛。*K* 值越大，*K* 丛越松散；$K=0$ 时，就是一个严格定义的私党。

(4) *K* 核心组（*K*-core)：一个结点必须与组内 *K* 个以上（含 *K* 个）的结点有联系，这样形成的划分，称为 *K* 核心组。*K* 值越小，*K* 核心组越松散；*K* 值越大，*K* 核心组越紧密。

(5) *F* 组（*F*-groups)：最大的三元组集合。有两种 *F* 组，严格的强传递性三元组和弱传递性三元组，强传递性三元组指如果存在XY、YZ，则存在同样链接强度的XZ；弱传递性三元组指如果存在XY、YZ，虽然不存在同样链接强度的XZ，但XZ的链接强度大于某个限定的值。

自顶向下的方法有以下几种[78,85,86]：

(1) 组分（components)：内部连通的部分网络，与其他部分不连通。

(2) 割点（cutpoints)：网络结构中特殊的关结点，一旦移出该结点，网络就分裂为两个或多个不连通的组分。

(3) 区块（blocks)：割点间隔出的各网络组分，移出割点后形成的各网络组分。

(4) 兰姆达集（Lambda sets)：一个连接在一起的结点集合，如果它们间的连接被移出，则很可能中止所有结点之间的流通性。在网络中，兰姆达集整体充当割点的地位。

对于复杂网络来说，自底向上分解只需要局部数据，可以只有较少的计算量；而自顶向下开始就需要全局数据，因而当网络非常巨大的时候，全局发现最松散结点的计算量很大。嵌入在线信息系统内的网络分析计算适合采用自底向上的分解方法。

4.2 复杂适应信息系统中的复杂网络分析算法

4.2.1 2 模式网络及拆分算法研究

复杂网络不仅有单一类型的结点构成的网络，如人际关系网络，其中的结点都是没有再分类的人①。还有两类结点构成的网络，如人参与的组织、人采购的商品、人收藏的信息等；这种不同于平凡的单一类型结点的网络称为 2 模式网络 (2-mode network)。在 CAIS 中，需要对大量的 2 模式网络进行分析，以促进系统内各类结点之间的信息流通和聚集（aggregation）。

Pajek 的设计者 Zaversnik、Batagelj 和 Mrvar 把 2 模式网络形式化定义为 (U, V, R, w)[87]。其中，U 和 V 是两个不相交的结点集合；$R \subseteq U \times V$ 是 U 和 V 之间的关系；$w: R \rightarrow R$ 是权重；如果不设置权重，则可以假设对所有的 $(u, v) \in R$，都有 $w(u, v)=1$。

一个 2 模式网络也可以看做一个在集合 $U+V$ 上的普通网络（1-mode），只是这个网络的顶点可以分为 U 和 V 两个子集，而网络中的边只能发生在两个不同子集的结点间，也就是说是一个二分网络。

对 2 模式网络的分析一般是用拆分算法得到两个普通 1 模式网络，然后分别对两个 1 模式网络进行聚类、子群划分等各种度量分析。

2 模式拆分为 1 模式网络的普通方法是把 (U, V, R, w) 分为 (U, RR^{T}) 和 $(V, R^{T}R)$[87]。这种普通拆分方法没有考虑 U、V 集合中不同度数的结点在网络拆分中起的作用并不等同。下面以一个实际例子来说明这点。

如希望对图书借阅（收藏）系统中形成的用户-书目 2 模式网络拆分，以找到兴趣相近的用户以及内容相关的书，用 U 表示用户集合，V 表示书目集合。每本书 v_i 有不同度数 d_i，表示有 d_i 个用户收藏或阅读了 v_i，网络拆分要依据对书的收藏情况把人群兴趣关系网挖掘出来，普通分类只是简单地对共同的收藏进行累计，没有考虑到大众化通用的书和特殊罕见的书对读者兴趣的区分能力的差异。共同收藏一本流行书的大众之间的兴趣关系，与共同收藏一本很少有别人收藏的书的少数读者群之间的兴趣关系相比，显然少数群体的兴趣相关关系要高得多；极端情形下，所有用户都收藏某本书，则这本书根本不能用做把用户群划分

① 如果社会关系网络中的人类结点有特殊的分类，如学生和老师、医生和患者、商人和顾客等，就不再被看做是单一类型的结点。

为不同的兴趣群体的依据；在成千上万的用户中，只有两人收藏了某本书，则收藏这本书的用户之间的兴趣相关度最高。

过去对2模式网络的认识不多，认为2模式网络值得研究的领域有限(Zaversnik等在2模式网络的分析与可视化中仅列出八种2模式网络研究的例子，且有三种都是论文和作者以及引用协作的关系[87])，但分析方法却很复杂，常常需要针对具体问题采取具体的策略，所以有关2模式网络的拆分研究方面现有文献资料十分缺乏。随着社会性软件和Web 2.0中产生出大量的2模式网络数据，对2模式网络进行进一步研究变得十分迫切。基于对各种应用情景的分析，下面给出基于无权值2模式无向网络的三种改进的拆分策略：关键中介法、介度威权累计法和基于自我中心的有向拆分法。对权值网则提出一种基于认知权值的带权2模式网络的一般拆分方法。

在2模式网络中，U和V中的结点都不和同属集的结点直接相连，而是通过对方集合中的一些结点间接地与同属集结点相连。在拆分为1模式网络时，比如，生成U集合的1模式网时，V类结点是目标关系网络结点，V中的结点是中介结点，可把是否与某中介结点相连看做目标结点的一个属性特征，建立目标结点相关网络的过程就是分析目标结点在所有中介结点属性上是否相关的过程。这样，中介结点相当于目标结点的辨别因子，某中介结点的度数越高，与该中介结点相连的属性特征在目标结点中表现得越大众化，其辨别区分目标结点的能力就越低。关键中介法和介度威权累计法的主要指导思想就是突出区分度高的辨别因子，抑制通用性的辨别因子，度数越高的结点越通用、区分度越低，度数越低的结点区分度越高。此外，只有度数不小于2的结点才能把两个不同的目标结点联系起来，也就是说，度数小于2的结点在网络拆分中不作贡献，所以不需要考虑。我们把度数为2的结点称为关键中介结点。

定义4-1　把只依据关键中介结点，而忽略了所有度数大于2的结点进行的拆分方法称为关键中介法。具体做法是分别在两个集合中找出度数为2的结点，把连接到这些结点的另外一个集合的结点对连接起来，构成两个1模式网络（两个网络都不一定连通）。此外，在中介结点的平均度数很大时，可以放宽限制，把所有度数小于等于k的结点看做关键中介结点，相应的拆分算法称为k关键中介法。

对于2模式网络(U，V，R)，k关键中介法拆分得到的U子网中的边权值以下式确定：

$$w_{u_i,u_j}=\begin{cases}1 & ; \quad \exists v_m : d_{v_m} \leqslant k \text{ 且} (u_i,v_m)(u_j,v_m) \in R \\ 0 & ; \quad \text{其他情况}\end{cases} \tag{4-1}$$

当$k=2$时，即为关键中介拆分法。V子网中边的权值也可以对称地给出。

关键中介法是一种实用网络拆分方法，通过简单地忽略那些过于大众化的中介结点，只依据关键性的中介结点，可大大减少分析的计算量，从而快速有效地找到最相关的结点。这在促进系统中用户主体的自组织——人以群分、实现推荐朋友的功能时十分有效。关键中介法得到的网络全是难得的、罕见的共同兴趣关系，因为人的独特个性往往表现在最不同于大众的兴趣上，人的注意力焦点也通常只集中到那些与众不同的行为表现上。在实际系统实现时，可根据结点平均度数和度数分布，按一定的比例确定一个 k，用 k 关键中介法拆分。此外，关键中介法适用的前提假设是：系统中的关键结点选择关联的概率与其他结点大体相同，结果却很少被选择关联。因此，对于一个动态增长的网络来说（CAIS 中的结点都是动态增长的），关键结点必须是一个老结点（有充分被选择关联的概率），对于新进入系统的新结点来说，可能还来不及与其他结点相连，也呈现出低度数的形态。仍然以收藏书的系统为例，比如，刚注册的用户只收录两本书，刚进入系统的书籍只被两人发现等，这些新结点被误做关键结点时，会导致偏离系统自动聚类的目标。因此，在动态系统内进行实时分析时还需要依据结点在系统中的“年龄”（分析计算的系统时间距离该结点加入系统时的时延）作为辅助判别（CAIS 的动态增长性给系统聚类算法的设计带来另外一些问题，如结点在动态发展过程中存在路径依赖现象，一开始就获得很多链接或很高评价的结点，由于系统的推荐，以及用户之间的相互影响，在后续使用发展中会强者愈强——这是一个非线性正反馈产生的复杂问题，在下一章中会更深入地分析）。

结点度数对应的是对方集合中有多少结点共同连接到该结点，度数为 d_{v_i} 的结点 V_i 连接了 d_{v_i} 个 U 类结点，因此对拆分结果的 U 网中 d_{v_i} 个结点之间的两两连接都有影响，d_{v_i} 个结点之间的两两连接共同构成 $C_{d_{v_i}}^2 = d_{v_i}! \ /2(d_{v_i}-2)!$ 对连接，把权值平均分配到每对连接上，则在 v_i 上每对连接的权值为 $1/C_{d_{v_i}}^2$；对于前面定义的关键中介结点来说，这个权值是 $1/C_2^2=1$，贡献的权值最大；对于连接到 U 上所有结点的 v_j 来说，贡献的关系对最多，贡献的权值也最小，为 $1/C_m^2$（m 为集合 U 的秩）。用 $L_{u_{k1},u_{k2}}$ 表示同时连接 u_{k1}，u_{k2} 的 V 类结点集合，则在最终拆分结果的 1 模式 U 网中，边（u_{k1}，u_{k2}）的权值累积为

$$w_{u_{k1},u_{k2}} = \sum_{\forall v_i : v_i \in L_{u_{k1},u_{k2}}} 1/C_{d_{v_i}}^2 \tag{4-2}$$

其中，d_{v_i} 为结点 v_i 的度数。

定义 4-2 这种依据中介结点度数不同，对其所连接的结点集间联系的贡献也不同，把不同度数的中介结点对相关联系的贡献量化分开，并累积求得拆分生成网络各边权值的方法，称为介度威权累计法。

在介度威权累计法中，不同分配的威权是一个和中介度数相关的单调递减函数。式 4-2 是根据中介结点度数贡献的边数，给不同的边赋予一个平均值，称为

按边分配法。实际中也可以选择一个合适的中介结点度数递减函数：$f(d_{v_i}) \propto \beta/d_{v_i}^{\alpha}$（$\alpha$，$\beta>0$），来代替公式中的$1/C_{d_{v_i}}$。如果$f(d_{v_i})=1/d_{v_i}$，则称为按点分配法。

在得到1模式权值网络后，系统可以依据权值排序找到与某个结点最相关的结点。在实现网络聚类算法时，为提高计算效率，可以通过增加一个阈限值判别过滤的方法把权值网络转化为简化的无权网，即把权值低于某阈限值的联系边抹去，只保留那些强度高得值得注意的联系。比如，把关键结点贡献的权值1作为是否建立联系的判别阈限，只有当两个结点间关系的累计权值大于或等于1时，在新1模式网中才保留该边。这种简化是必须的。以自然辩证法的观点看，世界万物之间都有联系，但科学研究必须要抓住主要矛盾、分析主要因果；在社会性网络服务中，所有人之间都可能有各种或直接或间接的联系，但只有联系程度紧密的相互影响才值得重视，在友朋信任关系中，只有具有相当信任度的关系才可以推荐和传递新的友谊；在互联网上，许多页面之间都有意义上的内在关联，但只有那些关联度达到一定程度的网页之间才有相互推荐的必要。在CAIS内，各主体之间的关联同样如此。

上述方法拆分的结果都是无向网，其中任何一对邻接对的相互关系对等。但在实际网络中，一个邻接对中两个结点在不同方向上的关系并不必然对等。以人际关系为例，用户u_a把用户u_b视做最亲密朋友的情形下，用户u_b不一定必然也把u_a看做最亲密的朋友。再以收藏书形成的用户关系为例，如果用户u_a的所有收藏都被用户u_b所收藏，但这些收藏只占用户u_b全部收藏的很小一部分，u_b的大部分收藏与另外一个用户u_c相同。在这种情形下，对用户u_a来说，用户u_b是与其兴趣重合度最高的人，反过来并不成立。考虑到这种基于不同本位结点的差异，可以把2模式网络拆分为有向网，这种拆分方法拆分的结果可以用于生成以不同结点为中心的网络（如果结点是人类，相当于社会关系网络中的自我中心调查法得到的自我网：Ego Network[76]），因此称为基于自我中心的有向拆分法。下面给出其定义和计算公式。

定义4-3 同一对邻接结点的度数不同，在对方所有关系中的重要程度也不同，依据邻接结点间相对度数比值的方向性，把2模式网络拆分为具有关系方向性的两个1模式网络的方法，称为基于自我中心的有向拆分法。

具体拆分方法是在生成关系权值时增加一个二者之间的度数比作为修正因子。

在关键中介法中，加上修正因子后，权值关系确定公式为

$$w_{u_i \to u_j} = \begin{cases} d_{u_j}/d_{u_i}; & \exists\, v_m : d_{v_m} \leqslant k \text{ 且} (u_i, v_m), (u_j, v_m) \in R \\ 0; & \text{其他情况} \end{cases} \tag{4-1$'$}$$

在上述情形下，也可以设定一个阈限值 $p(0<p\leqslant 1)$ 来简化为无权值有向网络。当 $w_{u_i\to u_j}\geqslant p$ 时，$w_{u_i\to u_j}'=1$。如果 $p=0.8$，则只有既被关键中介结点所连接，对方的度数与自己的度数比又不小于 0.8 时，才建立一条指向对方的连接；后一个条件在收藏书的例子中可解释为：当对方收藏总数与自己的收藏总数差得不太远时，才可认为对方是好友。在上面公式中，收藏数作为分母，因此是一个对不同收藏总数的用户进行区分的算法：收藏多的用户与许多其他用户存在收藏交集的可能性更多，因此系统在推荐友邻时限制要更严格一些（分母越大，计算出的各权值超过阈限值 p 的越少）；收藏少的用户则可能会有许多人完全包容他的收藏集合，系统推荐时限制宽松一些，可以给他更多的推荐，帮助丰富他的收藏（分母越小，计算出的各权值超过阈限值 p 的越多）。收藏越多，系统推荐越严格也越精确；收藏越少，系统推荐的选择越多，促成收藏者更快地收藏更多的内容。

在介度威权累计法中，添加修正因子后，权值关系确定公式为

$$w_{u_i\to u_j}=\frac{d_{u_j}}{d_{u_i}}\times\sum_{\forall v_i:v_i\in L_{u_i,u_j}}1/C_{d_{v_i}}^2 \tag{4-2'}$$

其中，d_{v_i} 为结点 v_i 的度数；$\frac{d_{u_j}}{d_{u_i}}$ 为 u_i 和 u_j 的度数比。

上述分析为了简化，没有考虑原有的 2 模式网络是一个权值网络，即假设 (U, V, R, w) 中，所有的 $(u, v)\in R$，都有 $w(u, v)=1$。但在一个实际的信息系统中，2 模式网络有时会有权值，如在社会性标签系统中，用户和标签之间关系的权值可以表示用户使用该标签的频次，使用频次高的标签表明用户的兴趣重心；资源和标签之间的关系权值表示对该资源使用该标签的频次，频次高的标签更能概括该资源的类属；用户还可以对收藏的资源评价（或设置一个重要性指标），这个评价可以作为用户和资源之间的关系权值，用户对资源的评价不同，代表不同认知关系（甚至可能完全相反）。由于不同的权值设置不同，权值具有不同的意义，在处理时需要不同的策略。如上面所说的权值，一个是统计出来的频次（可以是基于 U 类结点对 V 类结点的统计，也可以是基于 V 类结点对 U 类结点的统计），一个是主观评价（可以是 U 集合中的结点对 V 集合中结点的评价，也可以是 V 集合中的结点对 U 集合中结点的评价）；以作为频次的标签为例，频次越高 [$w(u_i, v_j)$ 越大]，表示 u_i 和 v_j 之间的关系越紧密，拆分生成 U 网络时，应考虑的是频次相对于 v_i 的意义；而生成 V 网络时，应考虑的是频次相对于 v_j 的意义。

这种相对意义可以用相对权值比值来表示，用 $\overline{w_{u_i}}$ 表示所有连向 u_i 的 v_j 的关系权值加权平均；用 $\overline{w_{v_j}}$ 表示所有连向 v_j 的 u_i 的关系权值的加权平均，则 $\overline{w_{u_i}}$ 和

$\overline{w_{v_j}}$可由下列公式确定：

$$\overline{w_{u_i}} = \frac{\sum_{j=1}^{|V|} w(u_i, v_j)}{|V_{u_i}|}$$

$$\overline{w_{v_j}} = \frac{\sum_{i=1}^{|U|} w(u_i, v_j)}{|U_{v_i}|}$$

其中，$|V_{u_i}|$为集合$V_{u_i} = \{v_j \mid (u_i, v_j) \in R$，且$w(u_i, v_j) \neq 0\}$的秩，即所有与$u_i$有非0关系的$v_j$的个数。需要注意的是，权值为0的关系虽然公式中有统计但对结果没影响，也不参与平均[①]。

相对权值就是$w(u_i, v_j)$分别相对于$\overline{w_{u_i}}$和$\overline{w_{v_j}}$比值。这样就把权值按照意义分为具有不同方向认知的两个分量，分别代表u_i对v_j重要性的认知程度和v_j对u_i重要性的认知程度。我们把这种认知程度定义为认知权值，记符号为$w_{u_i \to v_j}$和$w_{u_i \leftarrow v_j}$，其中箭头表示认知主体指向认知对象的方向。

定义4-4　根据权值对2模式网络两端结点意义的差异，把2模式关系中的权值分别相对于两端结点的加权平均权值取比值，这样同一个关系可以得到两个权值，分别代表结点对彼此的重要性，这种相对权值称为2模式网络中关系两边结点间的认知权值。认知权值具有方向性，无方向的权值可分解为有方向的两个认知权值。

认知权值方向性的生成方式与基于自我中心的有向拆分法中方向性生成方式不同，意义也不同。认知权值是在两类结点之间的关系权值，基于自我中心的有向拆分法中的权值是拆分后同类结点间的关系权值。

为了对权值2模式网络进行拆分，需要先作两个假设。

假设1　2模式网络中同一集合内的两结点u_a、u_b对于另外一个集合中的中介结点v_i的认知权值越接近，中介结点在u_a、u_b间传递关系时起的作用越大。

假设2　2模式网络中同一集合内的两结点u_a、u_b对于另外一个集合中的中介结点v_i的认知权值，在与所有其他结点对该中介结点的认知权值的平均值相比较时：朝一个方向偏离认知均值时，中介结点在u_a、u_b间传递正向关系，共同偏离的幅度越大，正向关系的权值越高；朝不同方向偏离认知均值时，传递负向关系，背离得越远，负向关系权值的绝对值越高（负向关系用负数权值）。

---

①　一般在2模式权值网络中，为了区分有关系和没关系，权值统一用正数表示，权值为0表示没有关系，即便权值表示负面评价时，也以相对一个正数平均数（系统给定的）作为参考值。对于既有正负数权值，又有无关系的2模式网络，建议通过权值平移的方法，对所有的权值加上最大负权值的绝对值再加1的方式，转化为完全非负数权值的2模式网络。

第一个假设不用多解释，对事物认知相近的两主体在关系上也相近；第二个假设是对事物的认知是否偏离公众认知？如果以公众认知均值为参照系数，是否意见相左？如果认知的差异发生在公众均值的左右，那么虽然很小也代表不同的态度；如果发生在公众认知的一侧，那么虽然差异很大但至少态度偏好雷同，因此可用认知权值相对于公众均值的差值表示认知态度。另外，虽然上面以拟人化描述（认知主体、态度、公众等），但所描述的认知主体结点并不限于人类。

基于上述假设，我们给出基于认知权值的带权 2 模式网络的一般性拆分方法。

定义 4-5　把 2 模式带权网络转化为基于认知权值的两个单向 2 模式网络（两个互为认知主体和目标项的 2 模式网络），然后分别对两个单向 2 模式网络定向拆分（只拆分为认知主体网，目标项网在相对应另一个网络中作为认知主体）。对每个认知目标项的“认知主体对”，按照它们认知权值的相近程度以及相对于平均认知程度的偏离度，计算出相关性权值（代表在这个目标项上的认知一致性），然后对所有的共同认知目标项、计算，得出总的权值（总的认知一致性），最后对每个有共同认知目标的认知主体对进行计算，得到认知主体的关系网。这种 2 模式带权网络的拆分方法称为基于认知权值的 2 模式带权网络拆分的一般方法。

以拆分 U 网为例，下面给出其算法步骤：

对每一个 u_i，计算出$\overline{w_{u_i}}$（所有连向 u_i 的 v_j 的关系权值的平均）；然后求出 u_i 对每一个与之相连的 v_j 的认知权值 $w_{u_i \to v_j} = w(u_i, v_j) / \overline{w_{u_i}}$；得到 U 对 V 的认知权网（U，V，R，$w_{u_i \to v_j}$）。对每一个 v_j，求出与之相连的所有的 u_i 的认知权值的平均值，记做$\overline{v_j}$；然后分别求出 u_i 对 v_j 认知权值相对于$\overline{v_j}$的差值 $(w_{u_i \to v_j} - \overline{v_j}) / \overline{v_j}$，记为 $normal(w_{u_i \to v_j})$；得到标准化后的 U 对 V 的认知权网 $[U, V, R, normal(w_{u_i \to v_j})]$。前面计算均值时，所有权重为 0 的关系都不参与计算；这一步结果会产生新的 0 值，新 0 值表示对某目标项的认知与公众认知相比没有偏好，因此该目标项不能作为认知结点的特征，在拆分时与没有和目标项相关的其他认知主体结点（原权重为 0 的结点）同样对待。

依据标准化后的认知权网，用普通拆分方法可得到（U，RR^{T}，w_u）。

同一个权值网生成的 U 认知权网和 V 认知权网不同。表 4-1 是一个拆分结果的例子（拆分算法的实现见下一节），每一行对应两结点原来的权值和现在方向权值。方向权值中的负数表示认知评价水平低于平均水平。

表4-1　权值2模式网络拆分为具有方向性的认知2模式网

2模式网络		U→V 认知网络		V→U 认知网络	
u8 v3	2	u8 v3	−0.304 347 8 26 0 87	v3 u8	−0.4
u8 v7	5	u8 v7	0.304 347 826 087	v7 u8	0.111 111 111 111
u5 v1	2	u5 v1	−0.5	v1 u5	0.116 279 069 767
u5 v2	3	u5 v2	0.5	v2 u5	0.928 571 428 571
u4 v1	1	u4 v1	−0.470 588 235 294	v1 u4	−0.627 906 976 744
u4 v3	4	u4 v3	0.411 764 705 882	v3 u4	0.2
u4 v4	5	u4 v4	0.058 823 529 4118	v4 u4	0.142 857 142 857
u7 v3	2	u7 v3	0.132 075 471 698	v3 u7	−0.1
u7 v5	3	u7 v5	0.018 867 9245 283	v5 u7	−0.076 923 076 923
u7 v7	2	u7 v7	−0.150 943 396 226	v7 u7	−0.333 333 333 333
u6 v3	4	u6 v3	0.2	v3 u6	0.2
u6 v6	1	u6 v6	−0.55	v6 u6	−0.636 363 636 364
u6 v7	6	u6 v7	0.35	v7 u6	0.333 333 333 333
u1 v1	6	u1 v1	0.894 736 842 105	v1 u1	1.232 558 139 53
u1 v2	1	u1 v2	−0.368 421 052 63 2	v2 u1	−0.571 428 571 429
u1 v3	4	u1 v3	−0.157 894 736 842	v3 u1	0.2
u1 v7	4	u1 v7	−0.368 421 052 632	v7 u1	−0.111 111 111 111
u3 v2	1	u3 v2	−0.052 631 578 947 4	v2 u3	−0.357 142 857 143
u3 v3	2	u3 v3	−0.368 421 052 632	v3 u3	−0.1
u3 v6	3	u3 v6	0.421 052 631 579	v6 u3	0.636 363 636 364
u2 v1	1	u2 v1	−0.482 758 620 69	v1 u2	−0.720 930 232 558
u2 v4	5	u2 v4	0.034 482 758 620 7	v4 u2	−0.142 857 142 857
u2 v5	7	u2 v5	0.448 275 862 069	v5 u2	0.076 923 076 923 1

在后续处理中可再采用关键中介拆分法、介度威权累计拆分法、基于自我网的有向拆分方法等，基于认知权值的2模式带权网络的拆分方法在实际处理中会因此变得很复杂。这个例子不再具体展开。

对于二分网络（U，V，R，w），也有非网络拆分的传统的关联聚类方法，用各种相关系数来计算每类结点内部的相关性，得到结点间的相关系数矩阵。如用信息空间差值法计算 u_a 和 u_b 间的相关系数，可用下式计算：

$$S_u(u_a,u_b)=\frac{C(u_a,u_b)}{C(u_a)+C(u_b)-C(u_a,u_b)} \tag{4-3}$$

其中，$C(u_a,u_b)$ 表示在2模式网中 u_a 和 u_b 共同关联的 V 类结点数；$C(u_a)$、$C(u_b)$分别表示在2模式网中 u_a 和 u_b 关联的 V 类结点数，即 u_a 和 u_b 的度，因而也可以用 d_{u_a}、d_{u_b} 来表示。

对于 V 类结点间的相关系数也可对称地给出计算式（4-3′）：

$$S_v(v_a, v_b) = \frac{C(v_a, v_b)}{C(v_a) + C(v_b) - C(v_a, v_b)} \tag{4-3'}$$

其中，$C(v_a, v_b)$ 表示在2模式网中 v_a 和 v_b 共同连接的 U 类结点数；$C(v_a)$、$C(v_b)$分别表示在2模式网中 v_a 和 v_b 连接的 U 类结点数，即 v_a 和 v_b 的度，因而也可以用 d_{v_a}、d_{v_b} 来表示。

举例说明式（4-2）的含义。用户 u_a 和 u_b 各收藏了 $C(u_a)$、$C(u_b)$ 本书，他们收藏的交集为 $C(u_a, u_b)$；用户 u_a 和 u_b 在阅读兴趣上的相关性与他们共同收藏数有关，与共同收藏数在他们的总收藏数中所占的比例有关。从公式中可以看出，用户 u_a 和 u_b 的兴趣相关性计算与其他用户的收藏情况无关，与所收藏的书是否大众流行或生僻无关，也没有能够对不同人对收藏的评价（原2模式网络中的权值）进行讨论。其他的一些基于向量相关分析的计算方法也都只考虑两个向量之间的相关性，而没有考虑每个向量分值在整个网络整体中作用的不同，如用向量夹角余弦或向量距离来表示向量间的相似度等。而通过2模式网络的拆分，可以从整体上得到集合 U 和集合 V 中所有结点之间的关系，相对于传统的相关性计算方法，网络 U 中任意两个结点间的关系不仅与它们直接关联的 V 类结点有关，还与其他 U 类结点的网络关系有关、与整个网络拓扑有关，是整体论系统思维解决问题的方式。

4.2.2 3模式网络及其分析策略

在本章引言中简单提到CAIS系统内存在的大量网络，不仅有两类结点组成的网络（用户-内容网络、用户-功能网络），还有三类结点组成的网络（用户主体-功能主体-内容主体构成的网络）。最常见的、如第2章介绍的社会化标签系统中，人们可以对各种对象，包括人物、景点、书、论文、新闻、网页、城市、电影、美食、图片、产品等自由加注标签，这样系统中就产生了大量的用户-分类标签-对象的三类结点组成的三元组。表4-2是一个论文标注系统中的三元数据关系表（论文标注系统的例子）。

表4-2 用户-标签-对象关系表

行为主体（用户）	行为（标签）	目标对象（论文）
User _ 1	Agent	Paper _ 1
User _ 1	CAS	Paper _ 1
User _ 1	CAS	Paper _ 2
User _ 1	Agent	Paper _ 3
User _ 1	MAS	Paper _ 3
User _ 1	CAS	Paper _ 3

续表

行为主体（用户）	行为（标签）	目标对象（论文）
User _ 1	AI	Paper _ 4
User _ 1	CAS	Paper _ 4
User _ 2	System	Paper _ 2
User _ 2	CAS	Paper _ 2
User _ 2	GIS	Paper _ 2
User _ 2	AI	Paper _ 5
……	……	……
User _ *i*	Tag _ *j*	Paper _ *k*
……	……	……

表 4-2 中的标签项是分众分类①产生的来源。同一个对象，由众人标注最多的标签，代表这个对象最广为人认可的属性；同一个人，在对大量对象标注过程使用最多的标签，还可反映出该用户的兴趣偏好（关注的焦点）。此外，人们共同收藏标注哪些论文也可以作为判断用户研究兴趣重合的依据；收藏过（标注过）论文 a 的用户与收藏过论文 b 的用户群间的相关程度，也可以作为判断论文相关性依据。

为了能进行形式化分析和计算，可以把这些三元组之间的关系看做由三种结点组成的网络，然而，复杂网络分析文献中并没有对这类网络进行定义和研究。本书依据 2 模式网络的定义把它定义为 3 模式网络（3-mode network）。

定义 4-6 一个 3 模式网络可以定义为（U，V，X，$R_{u,v}$，$R_{v,x}$，$R_{u,x}$，$w_{u,v}$，$w_{u,x}$，$w_{v,x}$），U、V、X 是三个两两不相交的结点集合，$R_{u,v}\subseteq U\times V$ 是 U 和 V 之间的关系，$w_{u,v}$：$R_{u,v}\rightarrow R_{u,v}$，是权重，如果不设置权重，则可以假设对所有的（$u$，$v$）$\in R_{u,v}$，都有 $w_{u,v}$（u，v）$=1$；$R_{u,x}\subseteq U\times X$ 是 U 和 X 之间的关系；$w_{u,x}$：$R_{u,x}\rightarrow R_{u,x}$是权重，如果不设置权重，则可以假设对所有的（$u$，$x$）$\in R_{u,x}$，都有 $w_{u,x}$（u，x）$=1$；$R_{v,x}\subseteq V\times X$ 是 V 和 X 之间的关系，$w_{v,x}$：$R_{v,x}\rightarrow R_{v,x}$是权重，如果不设置权重，则可以假设对所有的（$v$，$x$）$\in R_{v,x}$，都有 $w_{v,x}$（v，x）$=1$。

从定义上可以看出一个 3 模式网络可以看做 3 个 2 模式网络：（U，V，$R_{u,v}$，$w_{u,v}$）、（U，X，$R_{u,x}$，$w_{u,x}$）、（V，X，$R_{v,x}$，$w_{v,x}$），由共同的顶点连接而成的复合网络，复合网络中的边只在不同顶点集合之间连接，而不在同一顶点集合内部连接。

① 参见第 2 章第 35 页定义。

一个 3 模式网络也可以看做是一个在集合 $U+V+X$ 上的普通网络（1-mode），只是这个网络的顶点可以分为 U、V 和 X 三个子集，而网络中的边只发生在三个不同子集的结点间，这相当于三组有公共顶点集的二分网络。

表 4-1 中的三元组数据可表示为附加特殊限制的 3 模式网络，如图 4-1 所示。由于此 3 模式网络中结点间连接对应的是表中的三元组纪录，每条三元组可以表示为一个主谓宾结构：主体-功能/操作-对象，如用户 I 对论文 A 加标签 χ，在网络中对应一个三角形的三条边（用户 I——论文 A，用户 I——标签 χ，标签 χ——论文 A），表现为一个三角形，因此，三角形是 3 模式网络的构件基模(motif)[88]。这让这种 3 模式网络具有一些数学上的统计特征。考虑到虽然没有重复的三元组，但三元组中任何二元之间的联系却可以重复出现，如用户 I 对论文 A 添加多个标签，用户使用标签 χ 对多个对象标注，每个论文和每个标签都可以有多个用户使用等。因此，在 3 模式网络中两结点间的联系是可重复的。如果把这种重复边考虑进入，三类结点的度数总和相同。我们把这种特殊的 3 模式网络称为操作 3 模式网络，因为最初是用来描述主体操作对象的行为产生的主体、操作、对象三类结点间形成的 3 模式网络。

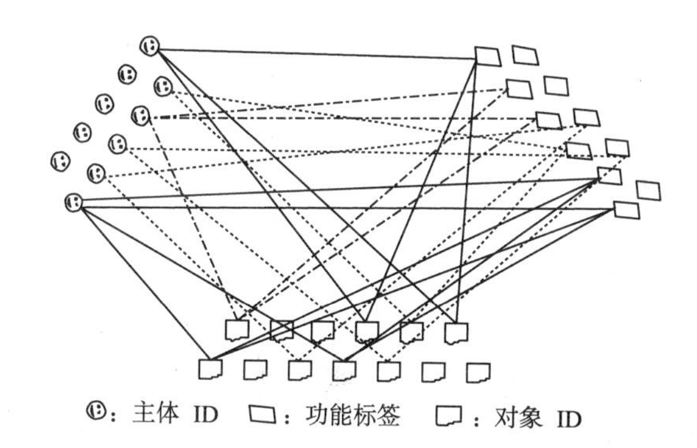

图 4-1　3 模式网络示意图（连接只发生在不同结点集合间）

定义 4-7　一个操作 3 模式网络可以定义为（U，V，X，$R_{u,v}$，$R_{v,x}$，$R_{u,x}$，$f_{u,v}$，$f_{x,v}$，$f_{u,x}$，$w_{u,x}$），其中，U 是操作主体集合；V 是操作标记集合；X 是操作对象集合；三个集合两两不相交，$R_{u,v} \subseteq U \times V$ 是操作主体 U 和操作标记 V 间的关系，$f_{u,v}$：$R_{u,v} \rightarrow R_{u,v}$是某个操作主体使用某个操作标记的频次；$R_{x,v} \subseteq X \times V$ 是操作对象 X 和操作标记 V 间的关系，$f_{x,v}$：$R_{x,v} \rightarrow R_{x,v}$是某个操作对象被使用某个操作标记的频次；$R_{u,x} \subseteq U \times X$ 是操作主体 U 和操作对象 X 间的关系，$f_{u,x}$，$w_{u,x}$：$R_{u,x} \rightarrow R_{u,x}$分别是频次和权重，频次代表某个操作主体对某个操作对象添加的操作标记数，权重一般可用来表示操作主体对操作对象的评价，或是对它添加某个特定操作标记的确定性的量化，如果不设置权重，则可以假设对所有

的 $(u, x)\in R_{u,x}$，都有 $w_{u,x}(u, x)=1$。

操作3模式网络具有以下特殊性质：

三角形完整性。对任意二元联系 $\langle u_i, v_j\rangle$，必然有一个第三方的结点 x_k 存在，同时让二元联系 $\langle u_i, x_k\rangle$ 和 $\langle v_j, x_k\rangle$ 也存在于这个3模式网络中。即 $\forall\langle u_i, v_j\rangle\in R_{u,v}\rightarrow\exists x_k \mid \langle u_i, x_k\rangle\in R_{u,x}\wedge\langle v_j, x_k\rangle\in R_{v,x}$。

考虑重复边的情形下，三类结点的度数总和相等。不考虑重复边的情形下，按频数加权三类结点度数总和相等，见下式：

$$
\begin{aligned}
f\text{degree}(U) &= \sum_{i=1}^{|U|}\left(\sum_{k=1}^{|V|} f_{u_i,v_k} + \sum_{j=1}^{|X|} f_{u_i,x_j}\right) = \\
f\text{degree}(X) &= \sum_{j=1}^{|X|}\left(\sum_{k=1}^{|V|} f_{x_j,v_k} + \sum_{i=1}^{|U|} f_{u_i,x_j}\right) = \\
f\text{degree}(V) &= \sum_{k=1}^{|V|}\left(\sum_{j=1}^{|X|} f_{x_j,v_k} + \sum_{i=1}^{|U|} f_{u_i,v_k}\right)
\end{aligned}
\tag{4-4}
$$

对于3模式网络的分析，一种简单的分析方法是直接转换为3个2模式的网络：$(U, V, R_{u,v}, w_{u,v})$、$(X, V, R_{v,x}, w_{v,x})$、$(U, X, R_{u,x}, w_{u,x})$ 分别再拆分，形成3对1模式加权网络：U、U'、V、V'、X、X'，然后分别对同类结点的网络按权值进行叠加，得到3个1模式网络。然后再对它们分别进行聚类分析得到用户子群、功能子群和信息子群的分类。

在操作3模式网络中，对某操作主体来说，使用频次最多的标记，可以作为其行为或兴趣、习惯特征；对某操作对象来说，被使用频次最多的标记，就是该对象的分众分类（参见第2章定义）。某操作主体对某操作对象使用标记的频次，有时可以作为主体对该对象的关心程度或熟悉程度。但最后一种频次的意义不是很充分，所以拆为3个2模式网络时与对普通3模式网络也有所不同。

以表4-1表示的操作3模式网络的拆分为例，网络被拆分为3个2模式网络：$(U, V, R_{u,v}, f_{u,v})$、$(X, V, R_{v,x}, f_{v,x})$、$(U, X, R_{u,x}, w_{u,x})$，前两个使用了有意义的频次作为2模式网中的权重，后一个则直接继承原来的权重。分别对应的表格如表4-3所示。

表4-3 操作3模式网拆分为3个2模式网对应的表格

论文	标签	频次

主体	标签	频次

主体	论文	权重

如先对上述 3 个 2 模式网络进行过滤，只找出重点联系（如频次达到一定限制的联系），代表主体突出的兴趣偏好和论文的分众分类；权重达到一定值的联系，表示主体对论文重要性的认可程度。然后分别拆分得到 6 个 1 模式关系表，再分类汇总为 3 个 1 模式网络：用户关系网、标签关联网、论文关联网。这种策略称为先拆分后合并策略。

如果在分析某类主体时，先把 3 个 2 模式网络中与该类有关的 2 个 2 模式网络合并，再拆分。比如，分析 U 关系网时，把（U，V，$R_{u,v}$，$f_{u,v}$）、（U，X，$R_{u,x}$，$w_{u,x}$）先标准化，然后合并为（U，$V \cup X$，$R_{u,vx}$，w_u），再把这个新 2 模式网络按结点 U 拆分为一个 U 关系网络，对另两个关系网络的生成也类似处理。这种策略称为先合并后拆分策略。

在网络非常复杂的情形下，另外一种综合策略有特殊的意义。这种综合策略对标签的生成按上一种方式处理，对主体关系网和对象关联网作特殊处理，把主体-标签表和对象-标签表作为参照，对主体-对象表进行简化。简化的方式是，对每一组主体-对象联系，先对主体最常使用的标签和对象被使用频次最高的几个分众分类进行比较。当二者有重合时，增加这组联系的权重；没有重合时，减少权重或直接删除这对联系。这样保留下来的主体-对象联系既代表主体的主要兴趣，又抓住了对象的显著分类特性，且主体对对象的认识符合大多数人的认识（可反映出该主体对该对象的理解和认识程度）。对这个筛选后的主体-对象网拆分，可得到更能把握实质的主体关系网和对象关联网。筛选相当于过滤了大量的噪声信息，同时可以大大减少计算量。这种策略称为突出重点关系的简化策略。

下面以一个具体的例子进一步解释突出重点关系的简化策略的应用。

在某个系统中，每个用户平均使用上千个标签，每个对象资源也平均被加以上百个标签，如果对所有的用户-标签-资源的联系进行分析，计算量非常大。通过对每个用户使用的标签进行频次统计，可以发现该用户的重点兴趣集中在某几十个标签上，对每个资源被加的标签进行统计，也发现每个资源被添加最多的标签也不过十几个。对每个用户和每个资源来说，标签的使用频次和个数之间服从幂律分布，即频数越高；以该频数出现的标签越少，即频数越低，以该频数出现的标签越多，大量标签的频数都是 1，即只被使用一次。这些频次最高的一些标签反映的是用户持续的、稳定的兴趣和资源被许多人共同认可的特征分类；而那些偶尔被使用一两次的标签反映出的是用户一时兴起的、偶尔的兴趣和资源被很少数人主观认为的特征分类（也可能是用户输入拼写的失误或对资源错误认知带来的噪声信息）。这是一个严格的、对联系两端都加以限制的过滤过程，只有某个标签同时是用户的高频次标签和资源的高频次标签时，才不被过滤掉。比如，“心理学”是某个用户使用的高频次标签，但对某个被他加注“心理学”标签的资源来说，由于没有别人对这个资源加“心理学”标签，即“心理学”对这个资源来说并不是其主要特征分类，因此该联系也会被过滤，被系统假定认为是该用户的疏忽或对该资源的不了解造成的。过滤掉这些非重点关系，可以大大简化网络分析和聚类的计算量。这一策略与关键中介拆分法并不矛盾，在实际算法中可以先判断是否是关键中介，如果是关键中介，则不被过滤；如果不是关键中介，也可用资源的相对标签频次来代替标签频次（相对于资源全部标签频次总和的比值），即可以既突出重点关系，又考虑不同度数的中介结点的辨别能力的差异（参见前文的关键中介拆分法的介绍）。

考虑到操作3模式中主体对对象操作的不同现实意义，比如，一个主体对一个客体加注的标记是正面形容词，另一个主体加注的标记是负面形容词，在分解为3个二模式网络时，主体-对象网中失去了这种区分，有可能把对同一对象不同态度、不同认知的两个主体聚为同类。这对于不区分兴趣的粗略分析来说是可以的，不管评价如何、态度如何，只要关注的焦点相同，聚为同类至少可以有公共话题和共同探讨的基础，哪怕这种共同探讨是相互辩驳或针锋相对。但有些时候，对同一对象的认识不同可能更能反映用户间的差异，而不是共同之处，这种情形下，再把原本反映用户差异的重合联系作为用户的同类聚类分析就不适合了。如基于用户推荐口味最相似的人，基于用户口味相似推荐最感兴趣的信息时，同一经验中的负面经验主体和正面经验主体的兴趣和口味显然不同。

上述问题描述可以一般化和形式化。以社会性书签系统为例，用户 u_i 收藏资源 x_j 时添加了 n 个功能标签 v_{k1}，v_{k2}，…，v_{kn}，表示用户 u_i 基于 v_{k1}，v_{k2}，…，v_{kn} 的认识收藏 x_j；另外一个用户 $u_{i'}$ 收藏资源 x_j 时添加了 m 个功能标签 $v_{k'1}$，$v_{k'2}$，…，$v_{k'm}$，表示用户 $u_{i'}$ 基于 $v_{k'1}$，$v_{k'2}$，…，$v_{k'm}$ 的认识收藏 x_j；因此可以把 v_{k1}，v_{k2}，…，v_{kn} 和 $v_{k'1}$，$v_{k'2}$，…，$v_{k'm}$ 分别看做 u_i 和 x_j 关系的属性说明及 $u_{i'}$ 和 x_j 关系的属性说明。只有这两个关系的属性说明 v_{k1}，v_{k2}，…，v_{kn} 和 $v_{k'1}$，$v_{k'2}$，…，$v_{k'm}$ 有交集时，才能说明两个用户对 x_j 的兴趣具有相同之处。对于内容主体来说，其中可能包含很丰富的内容，而不同用户真正感兴趣的焦点或看待该内容的角度并不一定有重合。

对上述问题的解决方法是把操作3模式网络中的操作结点分别与其有关联的主体结点和对象结点合并，得到2个2模式网络（UV，X，$R_{uv,x}$，$w_{u,x}$）、（U，VX，$R_{uv,x}$，$w_{u,x}$），其中 UV 对应的是操作3模式网络中“主体-操作-客体”三元组中前二元的组合，VX 对应的是后二元的组合。把2模式网络（UV，X，$R_{uv,x}$，$w_{u,x}$）按 X 拆分得到 X 关联网，其中两个对象被同一用户使用同一操作标记时，才具有关联的可能，克服仅仅因为被同一用户操作，而不管是何种操作就建立关联的非严谨性；使用同一操作，标记它们的用户越多，两者关联度越高。把（U，VX，$R_{uv,x}$，$w_{u,x}$）按 U 拆分得到 U 关联网。其中两个用户对同一对象使用同一操作标记时，才具有关联的可能，克服仅仅因为有重合的操作对象，而不管他们对这些对象的操作是否相同就建立起关联的非严谨性；使用同一标记的重合对象越多，两用户的关联程度越紧密。这种策略称为限制操作的合并分析策略。

考虑到关联性质的多样性，3 模式网络还可以有多元化分析策略。关联性质的多样性是指同类主体间可以形成不同性质的联系。比如，现实中每个人都有多样化的兴趣，人们可以基于这些兴趣发展出各种朋友圈，但朋友的朋友并非一定都可以成为朋友，是否属于同一种关系性质的朋友是这种友朋关系能否传递的关键（棋友的棋友可以成为棋友，但棋友的球友却不一定可以成为朋友）；又如同一论文涉及多方面问题或主题，每一问题和主题都有相关的同类论文，但这些相关论文间并不一定有重合的主题或问题。

多元化分析策略是分别对不同的操作标记（功能主体），把 3 模式网络分解为多个（数目为功能主体集合的秩）用户-内容的 2 模式网络。对这些 2 模式网络分别进行拆分，得到多组用户 1 模式关系网和内容 1 模式关系网，然后再按照功能主体间的关联系数决定是否加权合并。功能主体之间的关联是依据用户-功能和功能-内容主体两个 2 模式网络拆分后，对得到的两个功能主体的 1 模式网络加权，从而得到功能主体邻接关系网。对这个网络进行分析，得到功能主体间两两的距离，距离的倒数表示功能主体间的关联程度。多元化分析策略的实质在于把对功能的分析抽取出来，也正是把人和兴趣对象之间的关系性质抽取出来单独分析，从而可以分析出多个同质的用户社会关系网络和多个同质的资源关联网络。这些用户社会关系网络之间、资源关联网络之间是并存的，不可跨网络传递。这种分析的意义在于对用户-资源之间的关系进行进一步细分，把可传递的关系和不可传递的关系区分开来，从而能促进用户间有效的协作和内容的推荐。这种基于兴趣的用户关系网络划分和基于分类的资源关系网络划分与综合性的用户关系网络和资源关系网络并不矛盾，仍然可以在得到多个划分后，再加权得到一个没有划分的综合性的关系网。这种综合性的关系网在寻求兴趣最相似的朋友、用户认知最相似的资源等时也有价值。

操作 3 模式网络的应用并不限于社会性标签系统的设计。如果两类主体间的联系可以有不同的分类，且对两类主体来说都可以有多种联系分类的情形下，都可以构成操作 3 模式网络。如教师和学生关系网络中，如果加上专业或课程关系，则可以构成教师-课程-学生操作 3 模式网络，3 模式网络还可以是咨询网络中咨客-咨询问题-咨询师、供应商-商品-销售商。对应数据库系统中的三元组，构成操作 3 模式网络的三元组必须是主键或主键的一部分，也就是说其中在三元变量间不能有依赖蕴涵关系。当然，也并非所有满足这个条件的三元组构成的操作 3 模式网络都有分析意义。

在一些社会性评价系统中，比如，对软件或服务的评分系统，可以把用户对对象的评分（量化）作为功能主体，这样既可以作为3模式网络分析（其中评分结点是数字结点），也可以作为2模式加权网分析（评分作为用户和对象关系的权值）。在实际系统中，如果希望得到的关系具有时效性，比如，时事、新闻之间的关联、历史知识的关联、用户兴趣之间的关联、用户计划和目标的关联等，有些具有时效性，分析计算时要限制不同时间的有效性（如豆瓣系统中设计的正在阅读和已经阅读的区分），有些需要考虑事件发生的间隔时间，间隔不同会对关系权重形成影响。因此，除需要在系统设计时记录各种关系发生的时间外，还需要对具体关系的性质进行分析和处理。

从以上分析可以看出，3模式网络都可以转化为2模式网络，只是对于不同情形需要对拆分的策略进行具体分析。对于3模式网络来说，并不存在客观上的全局最优解。比如，在两个不同的网络合并时，拆分后合并的策略如何确定用户-标签网中生成的用户关系网中的关系权重大，还是用户-资源网中生成的用户关系网中的关系权重大？合并后拆分的策略中如何确定用户-标签的频次和用户-资源的权重在合并新2模式网络时权重的标准量化（频次和原权重是不同的指标体系）？对不同的系统、不同的用户群体、同一用户群体中不同操作习惯的用户（比如，有人习惯频繁地使用少数几个标签，有人习惯对同一个对象加许多标签，有人习惯于对一个对象只加一个标签，甚至有人虽然收藏但没有加标签的习惯），这两个网络中的权重的分配可能都不相同。对于系统来说，拆分聚类的目的是让用户满意，这是一个多目标优化问题，且目标都带有主观性，对人聚类分析时聚类对象还具有主观反应性——聚类结果的反馈会影响主体的兴趣走势，这使得对网络聚类策略的分析不能用传统的算法比较方法进行客观比较。在下一节里，我们在实现各种网络聚类算法的基础上，根据一个实际系统中挖掘出的数据，提出一种不同网络聚类算法的分析比较方法，对本节提出的网络拆分和聚类算法进行了实证分析和验证。在下一章，将用另外一种方法解答算法策略的评价问题。

4.3 复杂网络分析与复杂适应信息系统的架构设计

多用户信息系统都可以通过嵌入用户行为的网络分析，把系统内的用户、功能和内容按照网络分析的方法促进分类聚合，形成自组织，从而让系统在应用中不断适应性地改进。下面给出在信息系统设计嵌入复杂网络分析，把信息系统转化为复杂适应信息系统的一般框架。

目前大多数的系统或者没有记录用户的行为数据，或者即使记录了行为数据也没有处理，这样设计出的系统中任意两次用户行为之间互相没有影响，不仅不同用户行为之间没有影响，同一用户的过去历史行为也不影响当前的操作方式。

也就是说，系统没有依据用户历史行为进行用户偏好的系统分析，也没有依据所有用户的集体行为对系统内信息单元进行聚类分析，或者虽然有分析但只呈交给管理员参考而没有反馈到影响用户行为的系统功能。这种先后两次操作之间不发生任何关系的系统，称为线性信息系统（或平行行为系统），表示群体操作行为的结果集是单个操作行为的结果集合的简单线性叠加，与操作行为顺序无关。线性信息系统的用户操作行为示意图如图 4-2 所示。

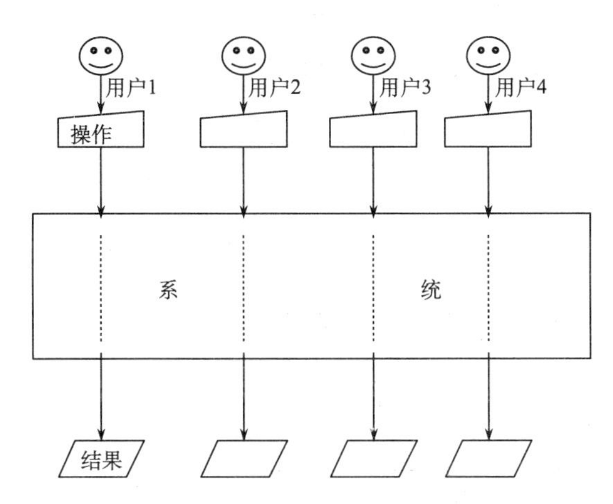

图 4-2　线性信息系统用户操作行为示意图

在线性信息系统中，同一用户不同会话之间彼此不相关，不同用户行为之间也不相关。对于这样一个系统，由于不能从用户中学习，也不能让用户彼此之间学习，这样是非适应性信息系统，不能在使用过程中进化。

线性信息系统可以通过以下步骤改进，转化为具有适应性的信息系统。

第一步，通过记录用户行为日志，把用户、操作和结果间的关系表示在系统中，构建出公开透明的 3 模式网络。操作可以是点击、查询输入的关键词，收藏、添加的标签等，结果可以对应为点击的数据项、查询输出项、收藏的对象、标签的对象等，公开透明是让任一用户都能够利用这个网络图获得必要的信息，作为自己浏览遍历的参考路线。每次用户的操作结果都反馈到系统，影响了系统内的 3 模式网络，从而可能会对后续操作和其他用户的操作产生影响，示意图如图 4-3 所示。

第二步，对系统内的 3 模式网络进行拆分，并通过网络聚类分析，得到用户关系子网、功能关系子网和内容关系子网，并为每个用户主体、功能主体和内容主体提供其在关系网络上的友邻列表，方便检索遍历，如图 4-4 所示。

第三步，在系统内对 3 模式网络进行拆分聚类，得到用户分类关联网、功能分类关联网和内容分类关联网。根据用户分类，对用户的集体行为分类汇总，得

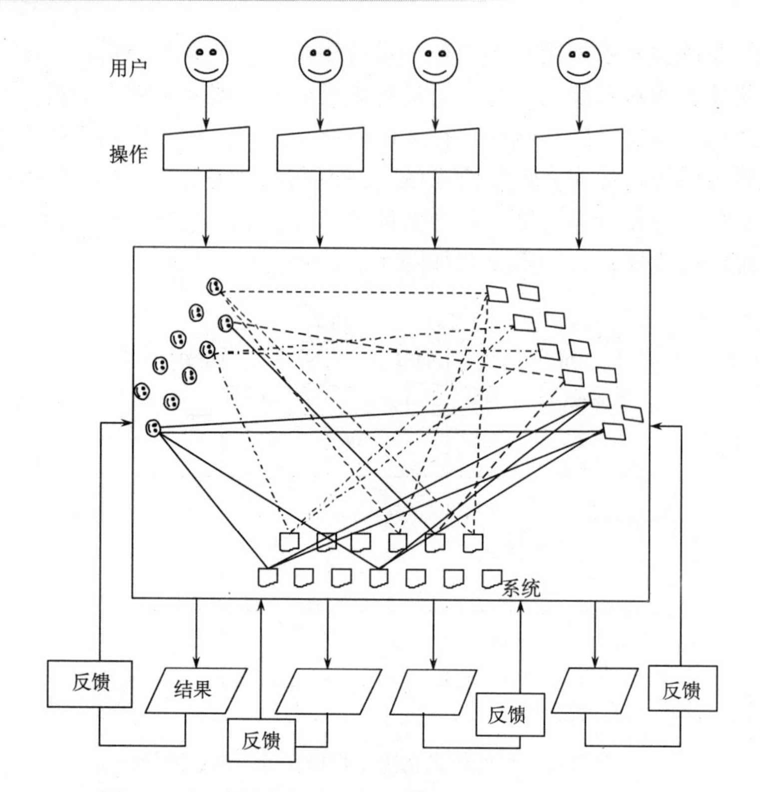

图 4-3 记录用户行为、在系统内形成操作 3 模式网络

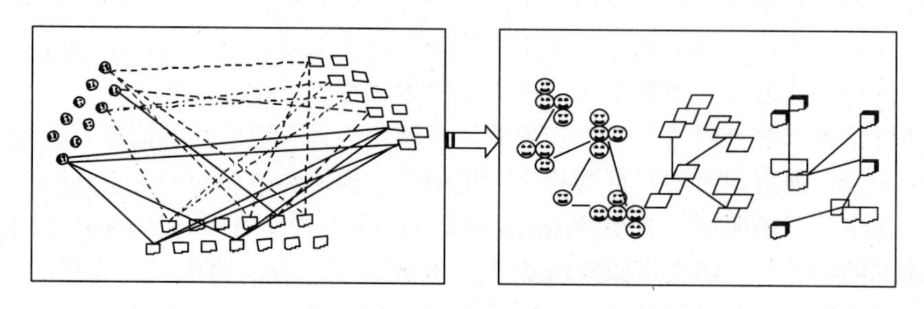

图 4-4 在系统内对 3 模式网络进行拆分聚类

到基于用户分类的用户行为模式，把系统分解为适合不同用户行为模式的多种功能组合子集，并分别依据功能和内容的分类重新组织系统的功能及内容的呈现方式与关联布局。用户在进入系统时，系统先识别其所属的类别，再引导到对应的操作界面中去。这样，用户以前的操作行为（系统会话）决定了用户所属的分类，影响了当前的操作，其他用户的历史操作行为影响了用户群的划分和对象内的聚类，也对当前用户的行为产生了影响；同一用户不同操作会话之间和不同用户的行为之间发生非线性干扰（非线性关系是耗散结构和自组织形成的基

础[89]），这样的系统称为非线性信息系统。非线性机制促进了系统内的用户自组织和信息自组织，用户使用得越多，系统内形成的网络越密集，自组织就越理想，用户就会感觉越用越好用。

第四步，为每个用户计算系统推荐的功能组合（系统内容推荐的原理与功能推荐相同）。系统内的 2 模式网络为（U，V，R，w）（可从 3 模式网络简化得到），L_{u_i} 表示与 u_i 连接的 V 类结点集合，$L_{u_i}(v_j)=1$ 表示 u_i 与 v_j 有连接，$L_{u_i}(v_j)=0$ 则表示无连接。在有权网中，有连接的 $L_{u_i}(v_j)=w$。对于任意一个对象 v_j，系统判断是否需要向用户 u_i 推荐。

基于用户相关的推荐（user based）判断公式为

$$\mathrm{RSV}u_i(v_j)=\sum_{\text{网络上最直接相邻的权重最高的}N\text{个}u_b} S_u(u_i,u_b)L_{u_b}(v_j)$$

基于功能对象关系的推荐（item based）判断公式为

$$\mathrm{RSV}u_i(v_j)=\sum_{\forall v_b:v_b\in L_{u_i}} S_v(v_j,v_b)$$

其中，S_u（u_i，u_b）、S_v（v_j，v_b）分别为用户网中和功能网中相邻关系的权值，与不同的拆分策略和拆分算法有关，在无权值的网络中对应的是聚类小组内结点间距离的倒数。

这两个公式参考了 Wang Jun 和 Arjen P. de Vries 等提出的基于用户和基于对象推荐的公式[73]，但其中子项的计算与该文献中的方法不同（他们采用的是传统的关联聚类方法）。

第五步，增加用户自主性，把自主的社会关系引入系统内。系统针对每个用户显示出与其最相关的同类用户，用户可以从其中（但不限于系统的推荐）挑选用户作为自己的友邻，从而可以关注这些友邻的行为，作为自己的行为参考依据。这在用户刚进入系统、还没有什么行为发生时特别有用，因为此时系统还无法判断用户的行为模式，无法推荐最相关的用户。此外，这也是对系统计算智能的补充，把用户的判断智能和系统的计算智能综合起来。

第六步，增加用户反馈。在系统推荐之后增加用户的反馈（接受或拒绝），系统根据用户的后续行为，对推荐策略进行反馈调整。用户反馈是在系统推荐中增加是否感兴趣的反馈，可以在系统内并行采用多种策略和算法，并把不同策略的计算结果一并列出，通过收集用户的反馈信息，得到不同策略和不同用户之间的适合匹配关系，记录下来，在下次计算推荐时针对不同用户进行算法和策略的调整。

增加用户自主发展社会关系网和增加反馈设计让系统的优化演进成为一个自洽的过程，系统自身可以根据用户的反馈，调整、优化自己的算法。

在第 3 章介绍 CAS 理论时，曾提到 CAS 中的信息流，信息流流转是否通畅、周转是否迅速，决定了系统的适应性。在上述系列步骤下，系统内的用户主体和对象主体（功能或内容）构成的网络结构发生了改变，也改变了系统内的信息流。如图4-5所示。从用户视角来看，这是一个逐渐缩短用户及潜在对象目标间信息流路径的过程。在图4-5（a）中，各个用户并行，用户访问的行为日志没有记录，即使两个用户在某次行为中与同一对象发生了关联，但他们的行为彼此独立，且这种关联没能记录下来（虚线表示），并不能发生关联。因此，用户间无法协同，也不能进行聚类和系统推荐。在图4-5（b）中，各个用户的行为被记录下来，并对其他用户公开，在系统内形成了用户-对象构成的2模式网络；用户因此可以通过这个网络漫游。比如，查看与自己有共同对象关联的其他用户的其他关联的对象，基于网络的可传递性（有相似关联的用户彼此可能还会有更多的对象关联），为用户和潜在的目标对象之间建立了路径："用户"—"关联对象"—"其他用户"—"目标对象"，从用户到潜在目标对象之间的网络距离为3。图4-5（c）是在记录并公开用户行为，让用户彼此能够协作的基础上，系统对用户-对象构成的2模式网络进行拆分，并分别按照用户和对象进行聚类，建立起用户关联和对象关联；这样用户和潜在的目标对象之间具有两条可能的路径："用户"—"相关用户"—"目标对象"和"用户"—"关联对象"—（相关的）"目标对象"，从用户到潜在目标对象之间的网络距离缩短为2。此外，由于引起用户自主性，用户也可以自主地建立起与其他用户之间的协作关系，或自主地在自己所熟悉的目标对象间建立起关联，也同样缩短了用户到潜在目标对象之间的距离。进一步通过对由系统拆分计算出的或由用户自主发展得出的用户关

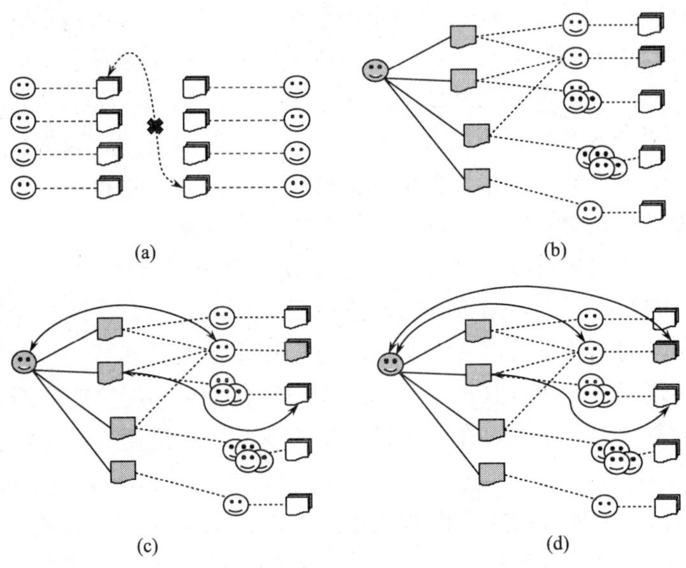

图4-5 从线性信息系统到CAIS系统，系统内网络结构示意图

联网和资源关联网进行聚类分析，为每个用户计算推荐的对象，让用户和具有潜在关联可能的目标对象之间的网络距离缩短为 1，如图 4-5（d）所示。

在 CAIS 中，图 4-5 中各种可能的路径都同时存在，因此用户可以自主地选择任意一条路径遍历系统。这一点与传统的协同过滤系统不同，传统过滤系统中只保留了图 4-5（d）中的系统推荐，不利于用户自主地发展协同关系和系统内的各种关系网络。在简化的 CAIS 中，协同过滤的算法推荐甚至不必要，典型的如 del. icio. us 系统，就没有协同过滤的算法推荐，只有图 4-5（b）构成的网络。

除复杂网络分析计算的聚类方法外，对数据进行挖掘和聚类分析还有以下几种常用方法。

遗传算法 类比生物进化过程，每一代同时存在许多不同的种群个体（染色体）。这些染色体的适应性以适应性函数 $f(x)$ 表征，染色体的保留与淘汰取决于它们对环境的适应能力，优胜劣汰。适应性函数 $f(x)$ 的构成与目标函数密切相关，往往是目标函数的变种。遗传算子主要有三种：选择（复制）算子、交叉（重组）算子和变异（突变）算子。遗传算法可起到产生优良后代的作用，经过若干代遗传，将会得到满足要求的后代（问题的解）。

粗集方法 将数据库中的行元素看成对象，将列元素看成属性。设 R 为等价关系，定义为不同对象在某个（或几个）属性上取值相同。那些满足等价关系的对象构成集合，称为该等价关系 R 的等价类。设 E 为条件属性上的等价类，设 Y 为决策属性上的等价类，则 E 和 Y 存在三种情况：Y 包含 E 称为下近似；Y 与 E 的交非空，称为上近似；Y 与 E 的交为空，称为无关。对下近似建立确定性规则，对上近似建立不确定规则（含可信度），对无关情况则不存在规则。

决策树方法 以信息论原理为基础，利用信息论中互信息[①]理论寻找数据库中具有最大信息量的字段，建立决策树的一个结点。然后再根据字段的不同取值建立树的分支，在每个分支集中重复建立树的下层结点和分支。这种方法实际上是依循信息论原理对数据库中存在的大量数据进行信息量分析，在计算数据特征的互信息或信道容量的基础上提取出反映类别的重要特征。

神经网络方法 模拟人脑的神经元结构，以 MP 模型和 Hebb 学习规则建立前馈式网络、反馈式网络和自组织网络三大类多种神经网络模型。基于神经网络的数据挖掘工具对于非线性数据具有快速建模能力，其挖掘的基本过程是先将数据聚类，然后分类计算权值，神经网络的知识体现在网络连接的权值上。神经网络方法用于非线性数据和含噪声的数据时具有更大的优越性。

在 CAIS 系统内嵌入复杂网络算法分析的聚类方法与一般聚类方法存在以下

---

① 互信息（mutual information）指两个事件集合之间的相关性，两个事件 X 和 Y 的互信息定义为：$I(X, Y) = H(X) + H(Y) - H(X, Y)$。

区别：

第一，传统聚类分析方法没有考虑聚类处理对象的自适应性。传统聚类分析方法把处理过程与处理数据的收集过程分开，处理的对象（数据）没有主动适应性，没有处理对象对处理过程和处理结果的直接反馈，即处理过程和处理结果不会影响数据的表现。而在CAIS中，聚类不仅为用户服务，因为无论是人类主体（用户）还是信息主体，都可以自主地调整与系统内其他同类主体、异类主体间的关系。用户可以自主地选择协同过滤的伙伴，或把真实的社会关系网络引入系统之中；信息主体中附加一个最相关的推荐列表，除推荐最相关的别的信息主体，还附加一个最相关的功能主体列表，如应用最多的标签等；功能主体中也附加一个最相关的功能列表，如在每个标签中，附加一个使用该标签的人通常还使用另外哪些标签的列表。

第二，局部的处理方法难以处理稀疏矩阵的聚类问题[73]。在处理开放的众多用户与开放的海量信息的关联聚类分析时，处理的数据是一个稀疏矩阵或稀疏网络。稀疏矩阵中用来表示属性的选项非常大，但有属性值的却很少。以M个用户和N个评价对象构成的数据来看，每个用户可以根据是否有相关对象的评论给出N个属性值，每个评价对象也可以根据用户评价情况形成M个属性值。在这种开放用户海量数据中，没有值的属性并非不存在关联，不能简单地以0或插值法填充。在属性值是标签等非数值的操作对象时，涉及用户-操作-对象三个维度的聚类分析，每两维度间都构成稀疏矩阵，传统基于稀疏矩阵的聚类研究没能考虑和处理这种特殊的三维立体稀疏矩阵的聚类分析问题。

第三，复杂网络聚类方法是多重聚类方法的有机综合。传统的聚类大部分局限于某一类关系进行聚类，比如，只针对用户和资源间的关系对用户聚类和资源聚类，而没有考虑对用户和用户本身存在的社会关系进行聚类（用户自主发展或从现实中引入的社会关系网络）；只考虑从用户行为表现中获取聚类依据，而没有考虑从用户隐性知识中挖掘聚类依据（用户自己对收藏的资源的分类知识）等。复杂网络聚类方法把不同的关系表示在同一网络数据结构中进行整体综合分析；而传统聚类方法很难处理多重关系聚类之间的关联，通常用还原思维方式，分解为不同渠道的聚类，然后加权汇总，在这个过程中失去了对各种聚类间的非线性关系。从聚类的目标来看，CAIS中进行聚类分析的目标是能够针对每个用户进行最合适的功能推荐或信息推荐，由于用户主体在系统中的行为模式不同（不同行为模式造成用户在各种行为日志的数据中表现不同），并存在主观差异性，因此并不假设存在一个全局的、统一的优化算法，而只针对不同用户群体设计尽可能令最大多数的满意算法。这个过程是一个多目标优化过程，传统数理方法在处理这种多目标优化时，效果并不理想。而通过增加CAIS中各主体的适应性和反馈调整机制，却可以比较好地针对不同类型的主体分别进行优化。

第四，传统方法除粗集方法外，没有考虑聚类内对象间关系的方向性，只把对象分类，而没有考虑以每个对象为中心的分类。只有两个数据是否属于同一类的判断，而没有考虑可能对数据 a 来说，数据 b 是其最相关的、值得推荐的，但对于数据 b 来说却不成立的情形。

此外，在针对特定网络拓扑（或者相对稳定的网络、增长变化不剧烈的网络）寻找最优化的拆分分析方法时，可以应用神经网络和遗传算法的方法，但如何把它们应用到复杂网络的分析中，则是一个值得探索的研究领域。

4.4　本章小结

在内嵌网络聚类分析的适应性信息系统中，不仅聚类结果依赖于聚类处理对象数据间的关联，而且聚类结果还被用来反馈和影响聚类处理的对象数据，以指导对象数据建立和发展新的关联。这构成一个因果循环：聚类结果影响了对象间的关联网，关联网的聚类存在，又影响了新关联的形成。在一个开放式的信息系统中，聚类处理的对象是动态增长的，先进入系统的对象间构成的网络对后进入系统的对象建立关联有影响作用，这种动态增长的网络一般还伴随有择优选择原则，从而形成对象度数的幂律分布。这是一个初始条件敏感和路径依赖的问题，一个看上去不好的分类方法，最初的分类也许很糟糕，但却可以在后续行为中被强化，并促成更多的处理对象主动去适应这种分类，让这种分类变得名副其实起来。这种类似社会科学中才有的皮格马力翁效应[①]在主体参与式架构的 CAIS 中的存在，使得信息系统中的算法研究不再是纯粹的工程技术和数理统计，而理所当然成为工程技术、数学与社会科学统一的系统科学的范畴。即使是同一系统、同样的系统设计目标，对于不同用户人群或同一用户群中的不同用户，同一算法的效果都不一样，都可能有各自最适合的系统算法，因而不同的聚类策略效果并没有一个客观评价的标准。如何让系统在适应性聚类算法上也能进行适应性选择？第 5 章我们将提出一种多主体建模的方法来解决 CAIS 中网络聚类算法的测试评价问题。

---

① 皮格马力翁效应是指心理学实验人群朝实验者期望的方向发展的效应。

第5章

复杂适应信息系统的动态原型与建模

复杂性产生于一些由经过适当选择的规则定义的系统，当观察涌现现象时，我们应致力于发现产生涌现现象的规则，关键是需要找到产生涌现现象的受限生成过程，通过这一过程，就能够把对涌现的繁杂的预测还原为一些简单机制的相互作用……建立有效的涌现理论，需要（对各种涌现产生的机制）进行深入的了解，这些深入的了解只能借助于计算机探索得到。

——约翰·霍兰（《涌现——从混沌到有序》[90]）

复杂适应信息系统是一种社会-技术混合的复杂适应系统。主体参与式架构设计①让系统内存在着大量的用户行为代理，这是一类特殊的适应性主体，主体的适应性是现实中用户适应性的转借；除行为代理外，系统内还存在大量的系统功能主体和内容主体（信息主体）等②。因此，CAIS 本质上是一个多主体系统，系统内大量主体间行为相互影响，在系统内形成大量非线性关系，并产生许多不可预期的涌现特征，这增加了信息系统设计与计划的难度。在第 2 章中，我们分析提到“一些简单的交互机制的设计在系统获得大量应用后会产生设计者预期之外的结果”。为了增加 CAIS 设计的可控性，预先把握所设计出的某种交互机制在大量应用后的发展前景，预先把握系统在运行过程中可能会产生的种种涌现现象等，有必要采用 CAS 的模型研究方法，在设计真实系统之前或在系统广泛推广应用之前，对各类设计进行模型研究。

CAIS 的复杂适应性还表现为开放式架构设计产生的各种跨系统的非线性协作与交互机制。一些简单的跨系统交互机制的设计，在系统被大范围、高频次重复应用后，构成一个更高层次的 CAS，在这个更高层次的 CAS 内适应性主体是一个个的 CAIS。大量重复的 CAIS 系统间交互产生了许多新的小生境(Niche③)，并因此不断产生新的 CAIS 形态，让 CAIS 世界的发展演化具有不确

---

① 参见第 2.3.1 节的定义。

② 系统主体都按照适应性主体设计，内嵌行为规则，能够按照行为规则程序化地改变内部状态和自主行动。

③ 参见第 3 章中关于 CAS 理论的介绍。

定性和复杂性。为了能够对 CAIS 演化的规律和机制进行研究，也很有必要应用 CAS 动态建模常用的多主体模型方法。

在系统内和系统外引入社会交互机制，让 CAIS 具有了社会系统和信息系统的双重复杂性，因此不能简单地用纯粹的工程技术来研究。在第 2 章中，对各类系统交互机制分析时，提出一些简单的交互设计有助于系统的整体优化问题；在第 4 章中，在对 CAIS 系统嵌入复杂网络分析设计进行讨论时，提出了 CAIS 系统设计中聚类算法评价的不确定性问题。这些问题在传统的系统原型法设计或算法评价研究中或者难以解决，或者难以动态直观，很难表现系统在应用中演化发展出的形态多样性和初始条件敏感性等特征。多主体建模可以为研究这些问题提供另外一种研究思路：通过动态仿真、重复运行模型的方式，可以模拟大量用户参与下的实际系统在使用过程中的演化，这种演化在实际系统中需要大量用户的群体参与和很长的时间周期，但在模拟系统中，可以在较短的时间内完成，从而能够对适应性系统的动态演化机制进行研究。本章 5.1 节先简单介绍了多主体建模方法，对多主体建模方法切入 CAIS 研究进行了概要描述；然后在 5.2 节和 5.3 节分别针对 CAIS 研究设计中的两个具体问题进行多主体建模研究；最后，对本章研究及创新点进行了总结。

5.1　多主体建模与 CAIS 的动态原型概述

5.1.1　多主体系统及多主体建模

在计算机科学领域内，狭义的多主体系统特指一种信息系统形态，这种信息系统由多个自主执行的主体组成，主体一般都有一个或多个特征值，并能够修改自身的特征值。它的发展源自人工智能领域的一个分支学科：分布式人工智能 (distributed artificial intelligent，DAI)，多主体系统解决问题的方法是把问题分解为多个程序片段或主体，每个程序片段或主体拥有各自独立的知识或专业经验，通过联合或群集的方式，让主体群找到比单个主体更优的解决策略，因此又通常被称为群智研究（swarm intelligence)[91]。

广义的多主体系统是由类型多样与数量巨大的主体组成的复杂系统。社会、经济、生物生态都是多主体系统，其中能够自主行为的主体称为活动主体；主体之间能够进行交互，通过与其他主体的交互，让系统整体涌现出宏观的规律——系统结构的不断组合、分解与演进，正是各个主体独立从自我出发、单独行为的宏观效果。由于计算机多主体系统可以非常好地表征一个个独立的主体，因此很方便对有大量主体的各类复杂非线性系统进行模型研究。应用多主体系统对生物、生态和社会、经济、社会-技术系统（如信息系统）等复杂系统建立动态模型研究的方法，被称为基于多主体系统的建模方法（multi-agent based modeling)，所建立的系统模型为多主体模型（multi-agent model）[92]。

虽然多主体模型方法是从分布式人工智能多主体系统得到启发而发展出来的，但多主体模型与多主体系统并不相同。多主体模型中的主体是仿真主体，有现实的参照对象，比如，模仿现实中的人、动物、社会经济活动的主体，模仿信息系统、信息系统中的功能主体和适应性的内容主体等，仿真主体和参照对象之间存在对应性；而多主体系统中的主体是为实现特定的任务而设计的智能主体，并不必须有现实中的参照对象。多主体系统设计是借鉴生物智能系统的原理来提高系统的智能，以解决现实问题；多主体模型研究的目的是仿真研究现实系统，设计的目标不是让整个系统具有智能性，而是能够抽象地描绘出真实系统中各种主要的局部交互机制，并能够观察到对应真实系统中发生的各种涌现出的宏观现象，从而把难以控制实验的真实系统纳入计算机构建的虚拟世界中，成为可控的研究对象。

CAS为研究和描述多主体系统提供了理论分析框架，而基于主体的计算机建模则为研究多主体系统的动态行为、系统动力学机制提供了具体的方法。CAS中各主体的相互作用，让系统整体表现出单个主体所不具备的特征，从而使整体表现优于个体的简单加总（这个过程就是前文多次提到的、复杂系统主要研究的涌现现象）。系统整体的适应性表现为在主体动态交互中系统结构的动态调整，系统复杂性则表现在系统演化过程中发展出的形态多样性和动态交互行为的非线性方面。

随着系统复杂性研究在各门具体学科中的广泛应用，多主体建模方法和工具都有了长足的发展，一些专门的多主体建模工具被开发出来，如Swarm、Repast、Startlogo、Netlogo、Mason、Echo、AgentSheet、Abode等。这些工具的发展大大方便了CAS的多主体建模研究[92]。

5.1.2 多主体模型的原理及特点

与其他计算机仿真建模研究一样，多主体模型的原理之一在于简化了现实系统，以转换时空的方式把需要长时间观察统计才能描述的、复杂系统的适应性演化现象，转化为仿真系统的运行，从而为短时间内了解复杂系统的动态特征提供了方便[93]。

多主体模型的原理之二在于以抽象的、可严格控制的用户行为模型代替了具体的、难以控制的真实用户行为，从而为复杂系统提供了可控制实验研究的可能。在真实的复杂系统中，当系统涉及人类主体参与时，由于无法用完全相同的两个用户集合进行比较参照实验（同一个用户集合参加实验的先后也发生了改变），很难进行严格的可重复实验，也很难考察系统宏观和微观间的互动因果关系，如社会经济系统中宏观政策对个人交互行为的影响等；在本书中对应的是信息系统各个层次设计之间产生的影响，如用户行为规则和群体行为涌现出的系统特征之间的关系，系统整体设计的某种机制对具体的用户个人行为方式的影响，等等。此外，真实实验增加各种实验性控制条件时，由于控制对象是人，不仅难以控制，实验成本也过于高昂[94]。

多主体模型的原理之三在于以随机数的方式模拟现实中的种种随机因素影响、模拟随机行为模式、模拟服从某些随机分布的差异化特征数据等，通过大量重复运行，可以观察不同随机因素影响下系统稳定的特征表现[92]。

多主体模型的原理之四在于以“伪并发”的方式模拟了现实世界中（在本书中对应为实际信息系统中）各种非线性因果关系。因果关系是时间上先后发生的事件间的一种联系，不能描述同时性并发事件之间的关系（与因果律对应的是空间同步律或事件之间同时性关系，系统思维不仅考虑因果律还要考虑空间同步律，即对同时发生的事件之间存在的非因果关系的考察[95]）。现实世界中各个主体独立采取行动，有许多并发发生的事件，线性设计的程序很难表征并发事件之间的关系。系统中各主体针对相关（相邻）主体的状态采取某种行动，在行动中改变自己的状态，在并发情形下，相关主体依据同一个系统状态下其他主体的状态作行为决策，主体之间的关系互为因果的关系，用数学方式可表示为：$A_{i+1}=f(B_i)$，$B_{i+1}=f(A_i)$（A_i、B_i 是系统在 i 时刻的两个主体的某个状态），因此很难用简单的线性因果来描述主体之间的影响关系。“伪并发”是系统在每一个时间步结束后，全面扫描并保存下系统内各主体的状态（即 A_i、B_i），在下一个时间步中，各个主体依照上一个时间步保存的其他主体的状态改变自己，从而实现了对独立行为的并发主体间存在的非线性因果关系的模拟。

与别的计算机仿真模型（如系统动力学模型、微观仿真模型等）相比，多主体模型还具有以下四个鲜明的特点。①主体是自主行为的主体。每个活动主体自主地依据自己的目标和对环境的感知行动，每个主体有自己的特征值、目标和行为依据；这点与人很相似，因此很方便地用于经济、社会、生态、信息系统等社会-技术复杂系统等研究中。②在模型中，主体与环境（包括主体之间）的相互影响、相互作用，是系统演变和进化的主要动力。传统的一些建模方法往往把个体本身的内部属性放在主要位置，而没有对主体间、主体与环境间的相互作用给予足够的重视。③这种建模方法不像许多其他的方法那样把宏观和微观截然分开，而是把它们有机地联系起来。多主体建模过程是“自底而上”的，反映了复杂系统的典型特点：主体间的相互作用与交互是局域的、分散的，每个主体的行动都与其他一些主体的行动相关；对于整个系统来说，宏观上的表现由这些主体共同产生，在系统中没有集中的控制者，通过主体和环境的相互作用，使得个体的变化成为系统整体演变的基础。④多主体建模中对主体特性和主体的行为引进了随机因素的作用，从而具有了更强的表达描述能力[92]。

多主体建模本身也需要实现一个信息系统，可以借用多主体系统的开发方法，如面向行为的设计（behavior oriented design，BOD）[96]、面向主体的开发（agent oriented programming，AOP）以及 AUML（面向主体开发的统一建模语言）等[97]。通过专门的工具软件支持，可以把研究的重心集中在对行为规则的设计和实验方面，在真实系统设计实施之前，快速检验各种交互行为及规则的设计。

5.1.3 两种层次的CAIS动态建模

应用多主体系统的原理和方法，把CAIS看做一个由多种主体（用户主体、内容主体、功能主体）交互协作组成的多主体系统，从而把对CAIS的建模分解为对系统内各类行为主体的建模。这样建立起的系统模型，就是基于多主体系统的CAIS原型系统。

应用多主体系统的原理和方法，把CAIS看做一个活动主体，在系统中模拟大量同质或异质的CAIS系统间的群体交互与协作，以观察和研究系统在大量重复应用与协同交互中，在宏观层面上涌现出的现象和趋势。这样建立起的系统模型，属于多主体建模的CAIS生态研究。

1. CAIS内部演化的动态原型

CAIS是一个在应用中不断进化发展的系统，系统的一些功能特性伴随着大量用户的参与活动才得以逐步表现，在用户体验上表现为越用越好用。比如，分众分类（参见第2章定义），就是在用户使用过程中发展出来的，并且会持续不断地逐步改进；在自衍生架构体系（参见第2章定义）中，系统功能的搭配组合、新功能的增长也都会随着应用不断优化。与所有复杂适应系统一样，CAIS的演化过程与具体的应用情境（环境）有关，也与不同的用户群体有关；CAIS同样具有非线性系统所共有的初始条件敏感、路径依赖等特征：早期系统的变化在后续使用中或被积累沉淀（即转化为系统的内禀特征），或被多重继承，或被反馈放大，最初的用户行为对系统演化的影响要大于系统发展中陆续加入的用户行为，系统早期发展中的变化对整个系统的影响要大于后期变化的影响，等等。比如，早期用户的行为模式更容易被其他用户所模仿，即便这种行为模式开始很个性化、很独特，也会因为被大量模仿而发展成为系统的特征。举一个具体的例子，在某个社会性标签系统中，一个用户别出心裁地用地区邮编作为标签，结果被大量模仿，最终导致系统内形成了一个近乎完整的邮编分类系统；通过标签间关联的聚类分析，甚至可以把邮编和地址名称乃至电话区号等关联起来。

CAIS功能和性能的动态演化特征给CAIS的设计与规划带来很大困难。系统的功能不仅在设计时无法确定，且其演化与具体的应用情景有关（依赖于不同的用户群）。因此，无法在一开始就能预先描述系统的功能，预先确定系统的性能等设计目标，也难以在设计完成后进行常规的可用性测试[①]。由于系统的性能与群体用户的累积行为有关、与用户群体中各个体用户的行为习惯有关，也无法通过普通方法进行系统的性能测试，普通信息系统测试的预设“系统功能的稳定性、可靠性”在这里不复存在！CAIS必然是因人而异，且每次使用都有所不同的。这给性能测试和可用性测试（或用户体验测试）带来的困难在于：即便用同一测试用户群体，对同一系统也很难进行重复测试，因为用户一旦参与某次试验，用户的记忆就会对下一次测试中的行为构成影响，多次重复测试的结果间丧失了客观可比性。

CAIS系统本身就是一个多主体系统，其中用户主体是人件-系统件混合组成的特殊类主体，用户主体的参与是CAIS演化发展的动力机制。为了对系统的演化机制进行研究（辅助设计），也为了测试和功能演示的方便，把真实用户行为纳入系统之内，以纯粹的计算主体来替代，设计出CAIS仿真原型，即CAIS的动态原型。

图5-1是CAIS动态原型和CAIS系统之间的关系图，图中CAIS系统的用户主体（人件和系统件中的用户行为代理人混合组成的主体）对应原型系统中的主动活动主体，主动活动主体不仅模拟人件（用户）的行为，还要模拟真实系统中用户代理主体在系统中与其他主体之间的交互行为。与真实系统中的代理主体只在人件操作下交互不同，原型系统中的主动活动主体是依据模仿设计的用户行为规则，自主参与系统内的各种交互。真实系统的其他功能主体和数据主体则在原型中被高度抽象，只抽取主体间的交互方式以及因为交互而发生变化的内部状态，那些与交互无关的行为和特性一般不纳入原型系统的设计（对特定功能的原型设计可用普通系统原型法单独设计，以考察单个功能模块在单用户情形下的用例模式及操作时序图等）。

从图5-1可以看出，CAIS系统及原型系统都是多主体系统，原型系统是纯粹的计算机程序实现的多主体系统，而CAIS系统则是一个社会系统和信息系统混合的多主体系统。

2. CAIS外部交互、协同进化的动态原型

多主体模型在CAIS原型设计中可用来考察系统内的动态演化机制，对

---

① 复杂适应信息系统在运行使用之初，在没有大量用户使用之前，一般看上去都很简单，用户初使用时甚至也没有什么特别的体验。但伴随着使用的增多，系统从用户群体智慧中不断学习，系统的性能和功能都会发展得越来越好。对每个用户来说，参与得越多，系统针对个性化的适应性调整就能够越准确，用户因此获得的体验也越好。适应性信息系统的这个特征给其评价和认识都带来了困难，因为很难通过一时一次的使用体验获得对系统的全面了解，许多功能只有当用户持续使用过一段时间，系统演化积累到一定程度时，才能表现和逐步完善起来。系统不断完善与改进的特征被Tim O'relly在Web 2.0中总结为永远的测试版（参见第2章“社会性软件和Web 2.0”）。

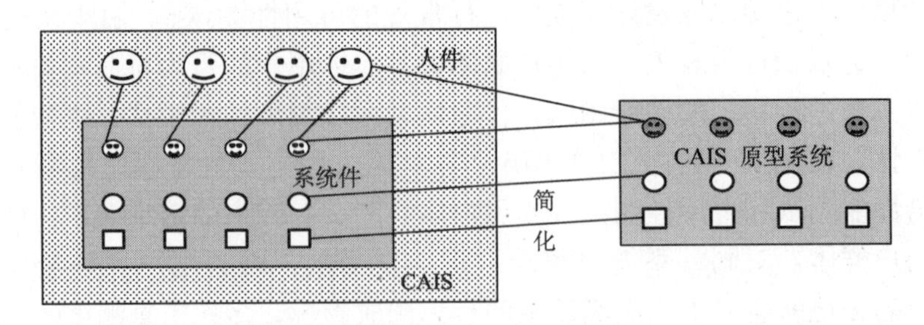

图 5-1　CAIS 系统及动态原型对应关系

CAIS 系统间协同与交互机制的研究同样也可以用多主体建模。在这类模型中，一个 CAIS 系统作为一个主体，每个主体是对应的真实 CAIS 系统的高度抽象，只抽象出 CAIS 面向其他系统的、对外交互的功能机制。这类研究系统间协同与交互的多主体模型，属于 CAIS 生态研究的一种方法。关于 CAIS 生态研究，下一章还会专门阐述。

建立 CAIS 系统间协同与交互的多主体模型的意义在于从宏观整体上、从动态发展趋势中，研究考察系统间一些简单的、标准化的交互技术对大量信息系统群体构成的信息生态的影响。比如，RSS 对于万维网上信息秩序与知识扩散的影响机制、Ping 和 TrackBack 对万维网拓扑结构的影响机制、社会性标签对用户群和信息的分类聚集的影响机制等。随着跨系统信息交互标准的增多，如何在一些相互之间存在竞争的、可替代的标准之间进行抉择（比如，同是为了自动建立用户社会关系网络的 FOAF 标准和 XNF 标准的比较，各类 RSS 标准和新的 SSE 标准之间的比较问题等）？由于涉及大量系统间协同的问题，传统的基于一个系统原型的方法难以对这些标准化的交互机制进行科学的分析，而多主体模型则以抽象简化和大量重复模拟的方式为这类问题提供了一种新的研究渠道。

5.2　CAIS 建模实例

适应性信息系统中有大量自适应的行为主体，主体的行为规则和适应性策略的设计不同，主体间交互的方式也就不同，系统整体因此表现出各种不同的涌现特征。如何设计适应性主体的行为规则，以引导系统整体朝既定的方向演进，是适应性信息系统建模要解决的一类问题；这类问题主要考察微观机制的设计对系统整体宏观现象的影响。在系统中有一些全局的系统设计，这些设计虽然不直接规定具体主体在具体情景下的行为，但也会对各个主体的行为产生间接的影响。如何在全局层次上设计或设置系统，以规范系统内特定的适应性主体的行为方式，引导它们朝期望的方向发展，是适应性信息系统建模研究的另一类问题，这类问题考察的是系统全局设置对微观主体的行为影响。

无论是一个 Web 信息系统，还是多个 Web 信息系统构成的网络，都可以看做是内容页面互联构成的网络系统。本节先以适应性页面网络系统建模为例，介绍适应性系统建模的具体过程。模型的目的是考察适应性网页行为规则对系统的整体影响，以找出合适的行为规则，辅助适应性 Web 信息系统的设计。然后，在对模型结果分析的基础上，对模型的应用作一般性拓展（应用到各种适应性系统原型设计中去）。

5.2.1 实例 1：适应性与非适应性页面

在第 2 章分析 Blog 时，提到 Blog 中的一些设计是为了提高 Blog 页面对于其他页面的适应性（如 Ping、TrackBack、Permalink 等），从而增加 Blog 页面结点在万维网中的竞争力。下面我们建立一个万维网及用户行为的多主体模型，模拟在用户行为的交互下，万维网中各页面结点的竞争比较关系的变化发展过程。这个模型主要考察不同页面的设计与其竞争力的关系，其中适应性页面是能够在访问中根据用户的行为自主调整和修改页面内链出超链的页面，非适应性页面的链出只能由其管理员调整。

整个模型分初始网络建立过程、用户主体行为建模及过程、结点行为建模及过程和统计输出四个部分。下面是具体过程。

1. 建立初始网络

与真实万维网中的情形相对应，初始网络中只有非适应性结点，后来随机地产生适应性结点和非适应性结点；我们把与适应性结点同一时期产生的非适应性结点作为对照结点，把开始网络中的非适应性结点称为老结点（注：老结点与对照结点行为上没有差异，只是先加入网络，占有先发优势）。系统模拟的目的是比较适应性结点与非适应性结点在网络演化中表现出的竞争力发展趋势的差异。

所有结点新产生时，都以择优链接的方式加入系统，即根据现有系统中结点的入度分布，优先选择高入度的结点作为链入对象；在择优时还增加了随机概率，以避免形成星形网络。因此，在适应性结点产生以前，网络中的老结点已经在入度分布上占有优先发展带来的优势。新的结点（适应性和非适应性对照结点）产生时在全局范围内择优链入，这更加强了老结点的入度优势。网络生成过程参考了 Krapivsky 和 Redner 提出的重定向增长网络模型①，择优算法参考了 Netlogo 中偏好网络模型的算法[98]。

① 参见 2.1.1 节对 Blog 的整体分析。

算法 5-1 按入度偏好随机选择结点算法

1. 计算网络中结点入度的总和：sum-in-degree；

2. 在 0 和 sum-in-degree 之间产生一个随机数：Ticket；

3. 随机选择一个结点，对每个结点判断该结点的入度是否大于 Ticket；如果大于就返回该结点；如果不大于，则从 Ticket 中减去该结点的入度，然后随机选择下一个结点。

动态增长和择优偏好链接是尺度无关的网络（scale-free network）产生的充分条件[16]，所以，我们得到一个与万维网结构类似尺度无关的初始网络。图 5-2 所示是一个 302 个结点的初始网络（标号<=102 的是老结点，多数“权威结点”① 都是老结点）。

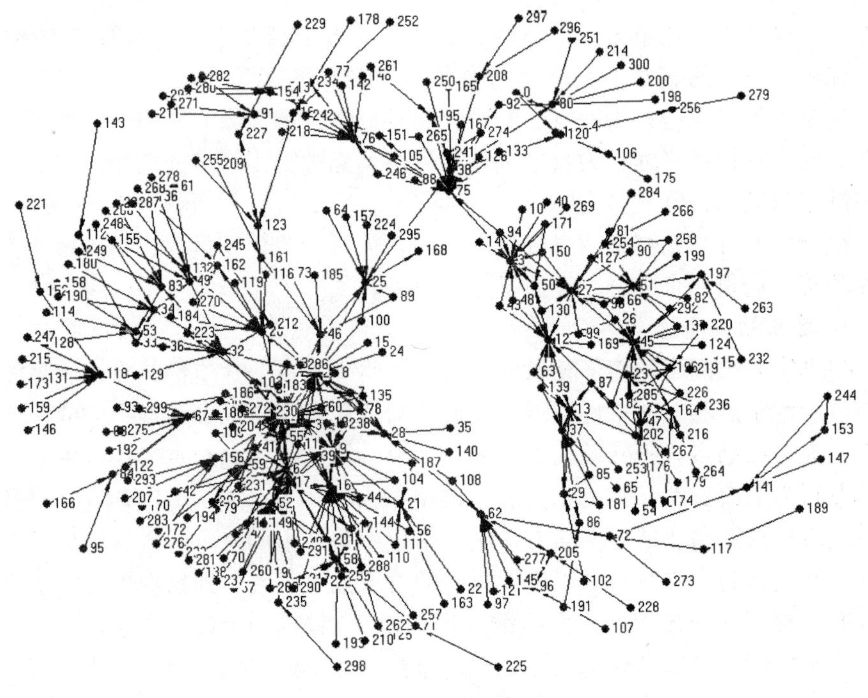

图 5-2 网络初始结构

图 5-2 的网络其度数分布统计如图 5-3 所示，是典型的长尾分布。

① 权威结点（authority node）指网络中有很多链入的结点。集线器结点（hub node）指网络中有很多链出的结点，在初始化网络时，模型中结点的标号随结点产生的顺序增长，标号越小的结点，年龄越老，越有可能是权威结点。

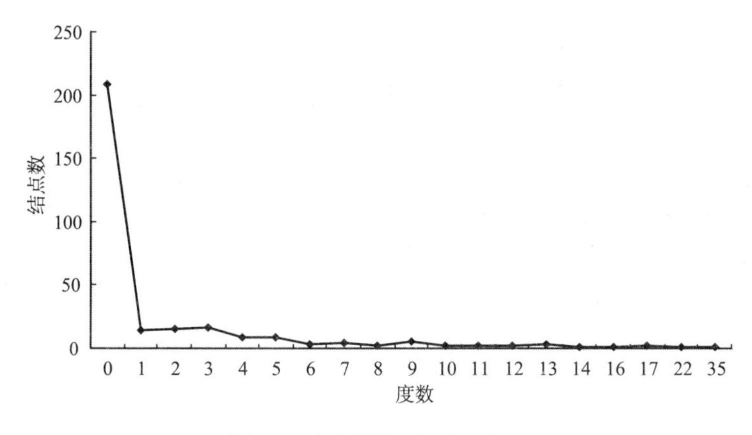

图 5-3　初始网络的度数分布

2. 用户行为模型及过程

模拟用户分普通访问用户和管理员用户，管理员用户能够修改普通页面的链接。

循环模拟用户每次访问万维网随机产生一个用户，其中管理员用户的概率为 p（admin）、普通用户的概率为 p（user）。用户随机选择一个结点为访问起始结点，以随机步长的深度，按照有向边访问起始结点的邻接结点和邻接结点的邻接结点（按照一定的几率选择确定是否访问），这个过程模拟了用户在万维网上“网络漫游”的冲浪行为；在按照网络结构浏览一定的页面后，再随机选择下一个结点为访问起始结点。每访问一个结点时，就增加该结点的访问量。普通用户选择初始结点的依据是结点现在积累的访问量，择优选择访问大众热门结点，择优算法与结点加入时择优算法一致。管理员用户选择初始结点时以 1/2 的概率按照结点的现有访问量择优选择，以 1/2 的概率按结点的当前入度择优选择。

在模型的每次访问循环中，用户主体实际访问了两个结点序列，每个序列具有不同的初始访问结点。之所以用两个序列，是为了增加不同序列之间发生链接的可能性；如果只用一个序列，就只能局限在现有结构中存在的序列，对已存在的单向链接作双向链接的增强，而不能在没有任何联系的结点间发展新的联系。两个序列对应的是现实中网民冲浪选择两个无关网站作为起点的系列访问跳转。

3. 结点行为模型及过程

结点行为大部分由用户行为引起，因此集成在用户访问循环的过程中。在用户先后访问的两个结点间，如果后一个结点没有指向前一个结点的链接，以 p 为概率增加该链接。对普通结点来说，p 等于用户主体中系统管理员用户的概率与管理修改页面概率的乘积；对适应性页面结点来说，由于普通用户访问该结点时，留下的来源网址信息被系统自动反馈，增加到页面的链出表中，p 等于普通用户访问页面的概率与普通页面结点增加链出的概率的乘积与系统管理员用户的概率与管理修改页面概率的乘积之和。

适应性结点还定期对链出的结点进行回访检验，如果发现链出指向的结点没有指向自己的链接，则以一定的概率删除该结点。这个规则与实际万维网中一些适应性页面能够根据来源网址统计排名，定期更新自己的链出列表相对应，即适应性结点链出的超链并非永久的。

4. 统计输出

在循环访问过程中，我们选择一个数字作为系统统计的周期，比如，在用户访问循环 600 次后，对网络中各类结点的访问量和入度进行一次统计，输出到文件中，并保存一次网络的拓扑（这些数据可在模型运行结束后用专门的网络分析软件进行分析）。

我们依然用 Python 在 Networkx① 包的基础上设计该模型，并分别对规模为 30、100、300、600、900 个结点的网络演化进行多次重复仿真运行。运行结果显示：尽管适应性结点并不能自主地增加自己的入度，在随机选择被链入和被访问方面也没有任何优先权，但适应性结点总能很快地在结点入度和访问量上把对照组抛在后面；尽管老结点的初始入度和访问量都远高于适应性结点，且用户选择初始访问结点和选择添加新链接时，总是按访问量和入度优先选择，用户访问累计到一定量后，适应性结点也总能赶上和超越原来占有先发优势的老结点。

我们主要考察了 300 个结点规模的网络演化情形（老结点增长到 100 个后，才开始增加适应性结点和对照组结点，两类结点以 0.5 的生成概率，因此总数基本持平）。在整个网络的用户访问总量达到 10 000 次左右后，适应性结点的平均入度和平均访问量都会超越老结点。虽然在开始很长一段时间内，在这两项指标上老结点一直遥遥领先。

图 5-4 和图 5-5 是三类结点的平均入度和平均访问量随着网络演化的变化（网络演化是由用户持续访问网络造成的）。统计显示，尽管随着网络的发展，各类结点的访问量都在加速增长，但适应性结点增长的加速度会慢慢增大，最后赶上和超越老结点，表现出良好的竞争力优势。模型中设定适应性结点访问量超越老结点作为运行中止的一个条件，所以两个统计图显示的都是从开始到适应性结点追上老结点访问量这一过程中发生的统计数据。

通过 Ucinet 对最终形成的网络结构进行分析，并把网络按照不同类型的结点分成两个网络分别分析，可以发现多数适应性结点能形成一个高聚簇的子网。在上述统计的实验中，适应性结点构成了 9-core 子网和 8-core 子网，老结点和

---

① 参见第 4 章的介绍。

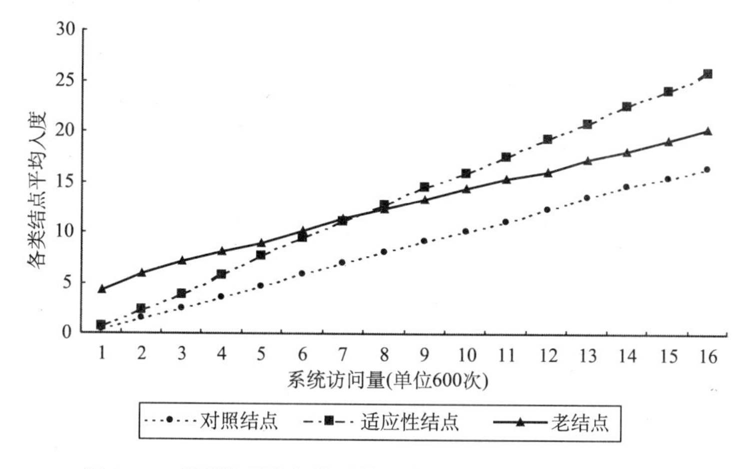

图 5-4　不同类型结点的平均入度随网络演化的发展变化

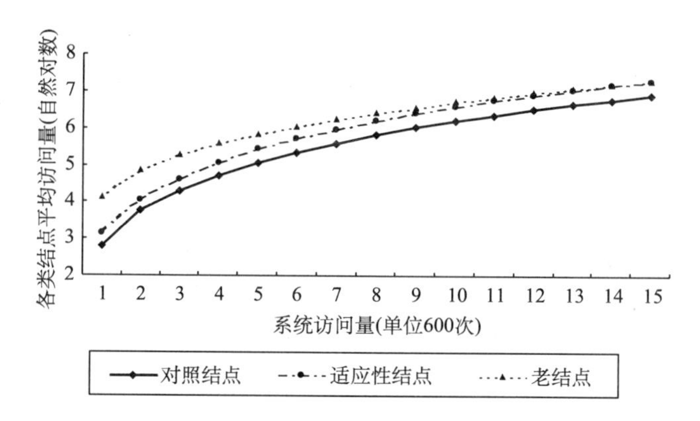

图 5-5　不同类型结点的平均访问量随网络演化的发展变化

注：平均访问量增长很快，纵坐标是对平均访问量取自然对数

对照组结点形成的最大子网是 5-core网络，未区分的整个网络的最大子网是 13-core[①]（虽然每次模型运行的结果都不雷同，但适应性结点构成的子网密集程度都显著超过老结点与对照组结点）。由此可见，增加结点的主动适应性（让结点更开放，能更多地添加指向其他结点的链接），这种相对于竞争比较的普通结点来说是纯粹的利他行为，因为这样能更容易和自己同类的结点形成合作，所以更容易形成大的“互助团体”，从而提高适应性结点群体的整体竞争力。在“互

① *K*-core（*K* 核心组）是网络子网的一种划分，划分为 *K*-core 子网中的每个结点必须与组内 *K* 个以上（含 *K* 个）的结点有联系。*K* 值越小，*K* 核心组越松散；*K* 值越大、*K* 核心组越紧密。参见 4.1.1 节。

助团体”内，只要访问了其中一个结点，后续的“网络漫游”序列访问总是会落在这个团体网络内（访问序列长度在模型中限制为一次访问循环的遍历长度；在网络拓扑结构上，互助团体表现为结点之间存在双向链接的高聚簇子网，通过对除掉单向链接生成的完全双向网进行子网聚类分析，可以找出网络中存在的各个互助团体）。这种合作形成的竞争力甚至突破了穷者越穷、富者越富的马太效应——虽然模型依然是根据当前的统计表现择优链入和择优选择一个结点访问，在这个规则下一般都会形成穷者越穷、富者越富的现象，但适应性结点合力竞争的结果，在整体平均水平上超越了早期占有很大的先发优势的老结点，这也正验证了那句“团结起来力量大”的老生常谈。

5.2.2　实例 2：适应性规则

下面我们在实例 1 模型的基础上，考虑不同行为规则的适应性页面之间竞争力的比较，增加设计不同适应行为的页面主体，表 5-1 是各类结点及其行为规则。在这个模型中，同样先生成一些非适应性结点，然后再生成各类行为规则的适应性结点。

表 5-1　不同适应性结点及其适应性规则

结点类型	行为规则	结点特征总结
非适应性结点（老结点） 标记：node	很封闭：以 1/9 的概率开放链接到前一随机访问的页面 不具有适应性 对链出链接不作回访检验	非适应性，增加链出的权限被动地掌握在网页编辑者手中
第 0 类适应结点 标记：node 0	比较封闭：以 1/4 的概率自动增加链出到前一随机访问的页面 具有适应性：以 1/9 的概率增加链接到上一个链到自己的页面 对链出链接回访检验非常严格：一旦链出方没有对应的链入则百分之百予以删除	具有适应性，但比较封闭、吝啬，对链出结点检验严格
第 1 类适应结点 标记：node1	比较开放：以 1/3 的概率自动增加链出到前一随机访问的页面 具有适应性：以 1/9 的概率增加链接到上一个链到自己的页面 对链出链接回访检验较为宽松，当链出方没有对应的链入时以 1/3 的概率予以删除	具有适应性，但比较开放，对链出结点检验比较宽容

续表

结点类型	行为规则	结点特征总结
第 2 类适应结点 标记：node2	比较开放：以 1/3 的概率自动增加链出到前一随机访问的页面 具有适应性：以 1/9 的概率增加链接到上一个链到自己的页面 对链出链接回访检验较为严格：当链出方没有对应的链入时以 1/2 的概率予以删除	具有适应性，但比较开放，对链出结点检验比较严格
第 3 类适应结点 标记：node3	对随机结点非常封闭：以 1/18 的概率自动增加链出到前一随机访问的页面，但同时又具有定向开放特征：以 1/4 的概率增加链出到间接链接到自己的页面 具有适应性：以 1/9 的概率增加链接到上一个链到自己的页面 对链出链接回访检验非常宽松：当链出方没有对应的链入时以 1/4 的概率予以删除	具有适应性，非常封闭，但具有定向开放性，对链出结点检验非常宽松

表 5-1 中表示结点是否封闭的“前一随机访问的页面”发生在两个访问序列之间，前一序列的末尾结点是后一序列的起始结点的前一随机访问页面，两个结点很可能没有任何联系；“上一个链到自己的页面”是同一访问序列之间前后、结点间业已存在的链接关系。

第 3 类适应结点具有定向开放特征是指：当用户从 A 访问到 B，再访问到 C 时，如果 C 是第 3 类适应性结点，不仅以 1/9 的概率增加到链接 B（每次访问序列中所有的适应性结点都以 1/9 的概率增加链接到前一个来访的结点），还以1/4 的概率增加链接到 A。每次访问序列中随机选择一个第 3 类结点增加指向间接来访的网址，所以实际发生的概率等于 1/4L（L 为访问序列中第 3 类结点平均个数）。

以不同类型结点的平均入度和平均访问量变化趋势作比较，图 5-6 和图 5-7 是规模为 600 个结点的模型运行结果的分析统计（当某一类适应性结点在平均入度和平均访问量两个指标上超越了占先发优势的老结点时，模型终止运行）；图 5-8 和图 5-9 是规模为 300 个结点时模型运行结果的统计分析（当所有适应性结点在平均入度和平均访问量两个指标上超越了占先发优势的老结点时，模型终止运行）。

统计结果表明，各类适应性结点都具有优于非适应性结点的竞争力表现，且其中的第 3 类适应性结点（node3）在整个网络演化过程中具有比其他适应性结点更显著的竞争力优势，因而能更快地超越老结点，并在后续发展中遥遥领先。在实际仿真实验中我们多次运行模型，都可以得到同样的结果。这个结果在模型

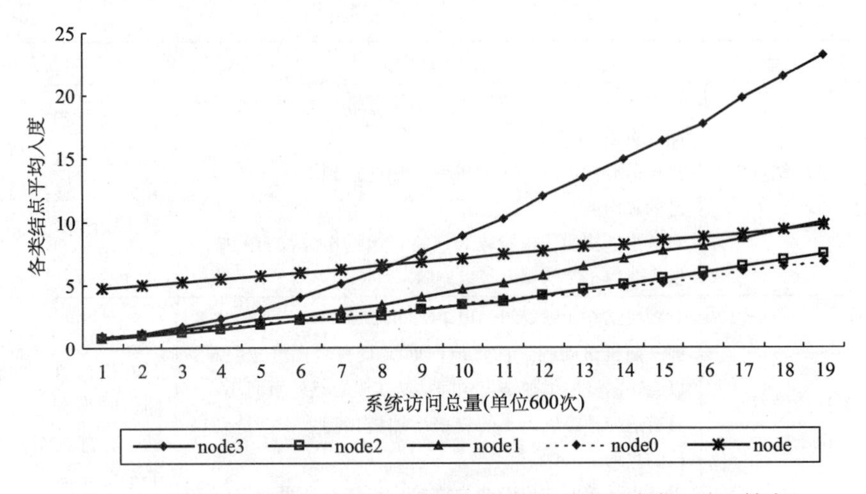

图 5-6 不同类适应结点的平均入度随网络演化的发展变化（600 结点）

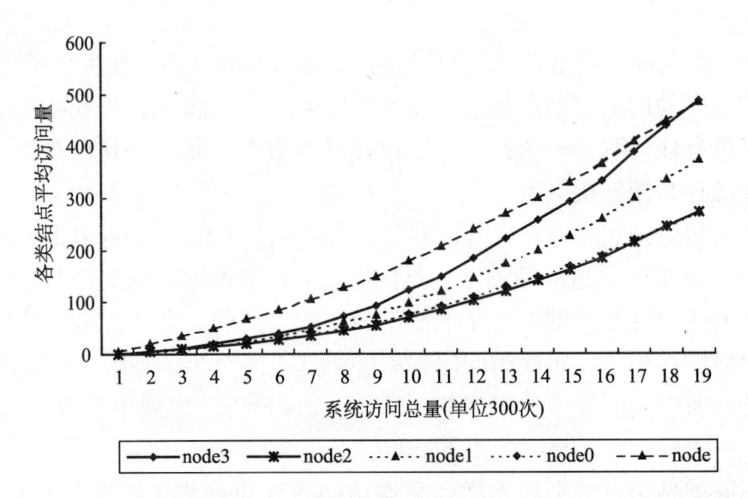

图 5-7 不同类适应结点的平均访问量随网络演化的发展变化（600 结点）

设计之初没能预料到。通过对第 3 类结点行为进行分析发现，这种定向开放，增加了对间接链接到自己结点的链接行为有助于在网络内形成三角形，直接增加了结点的聚簇系数（结点的聚簇系数可以用该结点和直接邻接结点实际构成的三角形个数与所有可能构成的三角形个数之比表示①），从而大大增加了该结点被访问和被链入的概率（虽然其他适应性结点也可以构成三角形，但没有第 3 类结点构成三角形的概率高）。第 3 类结点行为和用户行为示意图如图 5-10 所示，当用

① 在第 2 章我们曾经提到过对网络聚簇系数的两种定义。

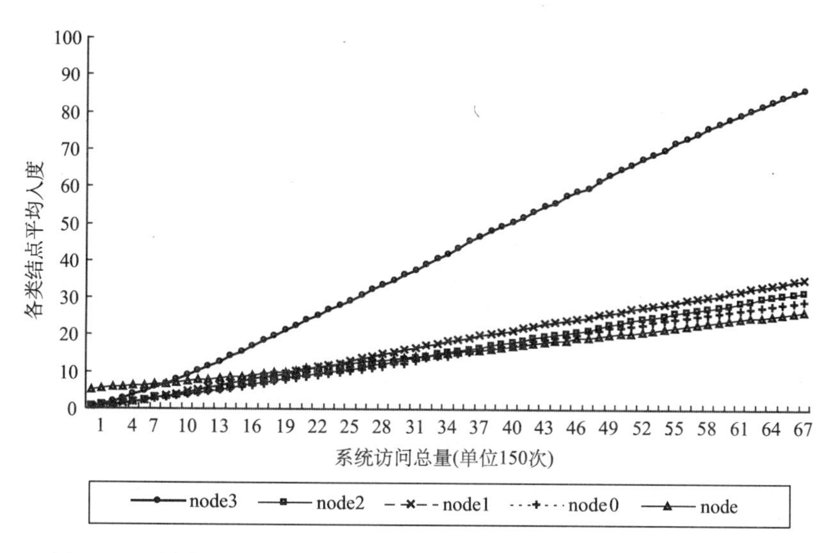

图 5-8　不同类适应结点的平均入度随网络演化的发展变化（300 结点）

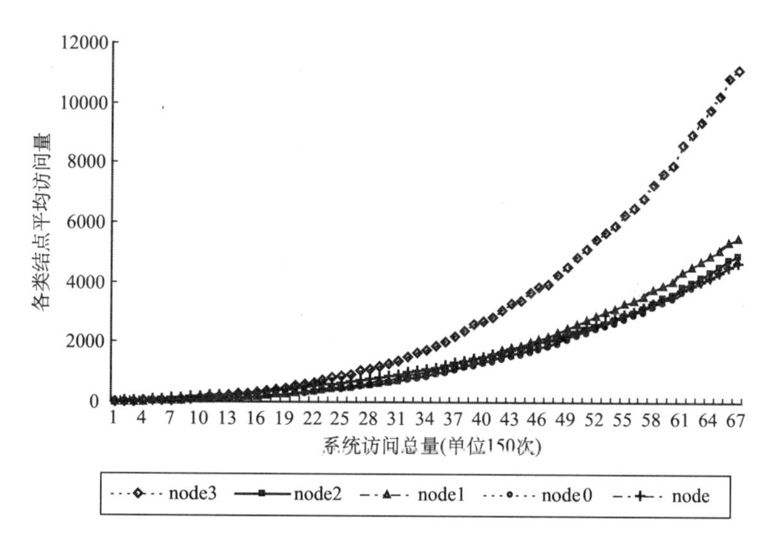

图 5-9　不同类适应结点的平均访问量随网络演化的发展变化（300 结点）

户从结点 1 访问结点 2，再从结点 2 访问到第 3 类结点 3 时，适应性结点 3 增加了到结点 2 和结点 1 的链接（实际过程中都以一定的概率发生），从而构成了三角形。在这个三角形形成后，用户对其中任意一个顶点结点的访问，都可能会访问到另外两个结点，从而增加了三角形三个结点的访问机会。

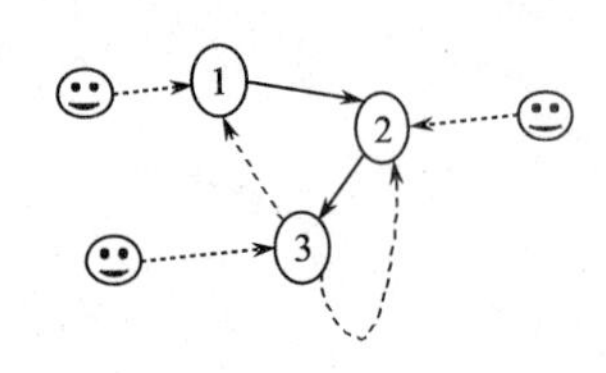

图 5-10 第 3 类结点及用户行为示意图

在一个系统内，通过全局记录下所有的用户行为，不难从各个用户访问序列中找到每个结点的直接来源结点和间接来源结点，因此很容易应用这个研究结论来增强适应性信息系统内的内容聚合。但对不同系统间的结点来说，现有万维网实际应用情境中尚没有间接来源地址记录的支持——图 5-10 中的结点 3 并不能方便地知道从结点 2 前来访问的用户在访问结点 2 之前还访问了结点 1，至于结点 2、结点 3 可以直接用系统记录的来源网址变量（HTTP_REFERER）得到。因此，如果希望在万维网范围内应用结点 3 的行为规则，推动同类结点之间的自组织聚集，图 5-10 中的结点 2 也需要特殊的设计，让每个结点不仅把自己的网址传给下一个结点，还把同一用户的来源网址传给下一个结点，只有支持这类特殊设计的结点，才能够支持结点 3 定向开放的行为规则的顺利实现。这个问题可以在实现第 3 类适应性结点时，增加一个传递和接收间接来源网址的特殊设计；还可以用中介服务的方式记录各个结点的访问情形，为应用这种中介服务的结点提供这种服务。比如，在现有的、支持第三方结点嵌入 Javascript 代码的中介服务系统中①增加对访问序列的分析，帮助第 3 类结点找到自己的间接来源网址等（这可以发展出一种新的吸引用户的电子商务服务，为需要增加竞争力增加搜索排名的网站服务）。这两种方式都限制了第 3 类结点的行为规则，因此需要对模型进行修改，只有当直接来源结点也是第 3 类适应性结点时，才可以增加第 3 类适应性结点到间接来源网址的链接。表 5-2 是第 3 类适应性结点修正后的行为规则。

表 5-2 第 3 类适应性结点修正后的适应性规则

第 3 类适应结点 标记：node3	支持系统间传递间接来源网址变量：记录访问的来源网址，并与一个会话内的用户相关联，当该用户访问页面跳转时，传递一个特殊变量，把在本结点记录下的该用户的来源网址传递给下一个结点 对随机结点非常封闭：以 1/18 的概率自动增加链出到前一随机访问的页面，但同时又具有定向开放特征：当前一访问页面属于第 3 类适应结点时，尝试取间接来源网址变量，如果间接来源网址变量非空，以 1/4 的概率增加链出到间接链接到自己的结点 具有适应性：以 1/9 的概率增加链接到上一个链到自己的页面 对链出链接回访检验非常宽松：当链出方没有对应的链入时以 1/4 的概率予以删除	具有适应性，非常封闭，但具有定向开放性，对链出结点检验非常宽松

① 如第三方网站页面统计与计数系统（通过嵌入脚本的方式为其他网站提供统计服务），如果增强这种设计有助于帮助用户提高网站的竞争力，从而提高用户吸引力。

修改后模型运行统计结果如图 5-11 和图 5-12 所示。相对于前一个模型，这个模型对万维网来说更具有现实意义，因为它不必要求全局系统都支持间接来源网址的传递。多次重复运行结果表明（分别对 100 结点、120 结点、300 结点和 600 结点规模的模型作重复模拟实验），第 3 类适应性结点依然具有较其他类结点更好的竞争力（模拟实验中偶尔还会出现第 1 类或第 2 类在网络演化的中期率先超越老结点，并持续领先第 3 类结点一段时间的情形，但在模型继续运行后，依然都会被第 3 类结点所超越）。

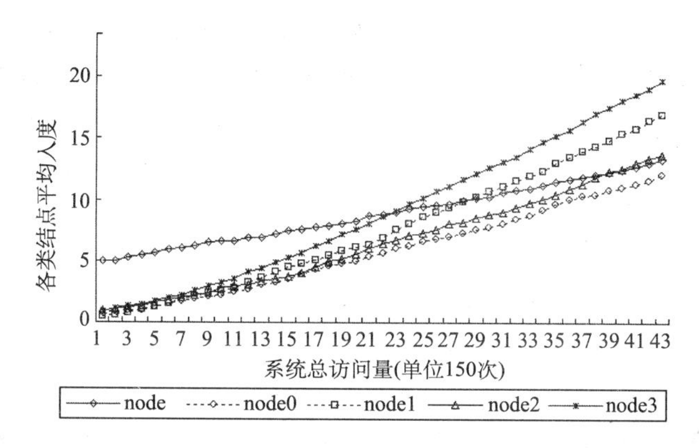

图 5-11　修改设计后的不同类适应结点平均入度随网络演化的发展变化图

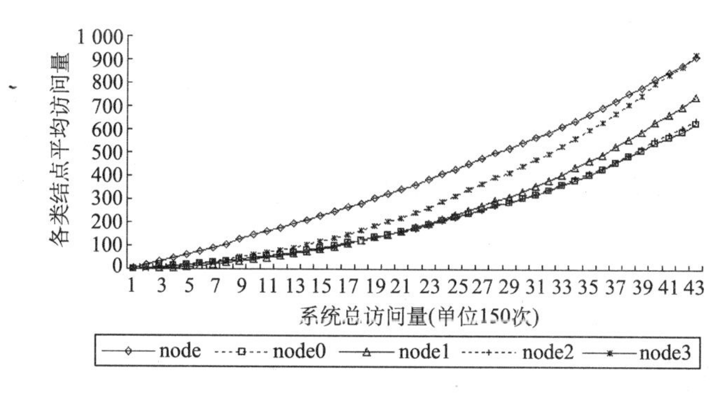

图 5-12　修改设计后的不同类适应结点平均访问量随网络演化的发展变化图

模拟实验中，我们还发现：第 3 类结点适应性的表现与网络中第 3 类结点所占的比例有关，当第 3 类结点所占比例很少时，其整体竞争优势或者需要非常长的时间才能表现出来，或者根本无法表现出来。这很容易得到解释：在随机选择两个结点同时是第 3 类结点的概率非常小的情形下，或更极端的、网络中只有一个第 3 类结点时，第 3 类结点的定向开放的行为规则就形同虚设，第 3 类结点也因此蜕化为比第 0 类结点更封闭的结点，从而难以表现出其特殊竞争力。这也说明第3类适应性结点的竞争力必须是一种同类互助的群体行为，其整体表现出的竞争优势也是群体协作的一种涌现；虽然与每个结点的行为规则有关，但整体大于部分之和，涌现出个体所不具有的新特征，即协作带来的优势竞争力。

此外，修改设计后的第3类结点还可启发我们对万维网内基于信任的传递机制的思考，定向开放的行为规则相当于只接受可信任结点的推荐（当直接访问结点同属于同类结点，即可信任结点时，其传递来的间接来源网址相当于可信任结点的推荐），这一点不仅有助于提高同类结点的协同竞争力，还有助于协同防止Spam（Spam：一些利用适应性结点能够主动回显对方网址的功能，采用机器方式大量散播垃圾链接，以获得更多链入的恶意网站）。如果以前文提到的中介方式提高对第3类适应性结点找到间接来源网址的服务，则可以把各个结点防止Spam的行为集中到中介系统中来，从而集体形成一个防御Spam的结点同盟，把没有经过检验的恶意网站排斥在服务范围之外，让经过检验的内容相关网站形成更紧密的联盟。这方面可以与Zolt′an Gyöngyi等的基于信任机制的万维网页面排名研究结合起来[99]，他们在该研究中提出一种基于信任的网页声誉排名：Trust Rank，以取代传统的Page Rank算法①；通过在适应性结点的行为规则——检验链出目标结点规则中，增加对链接目标结点的“Trust Rank”验证，让具有一定信任度的结点才能通过检验。这样就可以做到既有利于信任度高的优质页面的分类聚集，又不给有不轨企图的恶意网站可乘之机②。

5.2.3 模型结论的应用推广

前两节以适应性页面系统为例建立多主体模型，得出适应性结点在竞争更多的链入和更多的访问中表现出更好的竞争力，并发现了一类特殊的适应性行为规则比一般的适应性结点在竞争力上表现得更为突出。这一结论不仅可以启发电子商务网站系统的设计，还可以推广到更一般的CAIS的设计中（包括非Web信息系统）。

在一般的CAIS中增加主体的适应性行为，可以采取以下几个步骤：

第一步，需要为系统内各类主体（用户代理主体、功能主体和内容主体等，可只选择部分必要的主体）建立一个列表，用来记录本主体的相关主体（链出）。

第二步，建立一个系统全局表，记录下用户在同一类主体上的行为序列，比

---

① 具体做法是选择少量一些种子结点，进行人工验证，确定其信任度（trust rank），通过其他结点与这些种子结点的链接情况，计算整个网络的信任度。其原理是严格控制的高质量的网站（人工验证可以确定少数这样的种子网站）不会链接到垃圾网站，其他链接到信任度高的结点同样具有高的信任度，链接到信任记录不好的结点也会因此损害其信任度。

② 这个模型结果还可以启发对传统Web服务器的改良设计，当有大量系统希望支持第3类适应性行为规则时，内嵌支持间接来源网址传递的Web服务器系统可能会赢得更多的用户。

如，某一类功能主体上的先后使用序列、某一类内容主体上的先后访问序列、某一类内容主体的先后收藏序列，等等。

第三步，在系统记录的全局表的基础上根据第 4 章提到的系统聚类分析算法，计算每个主体的相关主体，填充到第一步建立的链出表中（以后可再次进行聚类分析并修正该表）。系统中每个主体的链出表显示在主体的表现窗口或表现页面的内容布局上。

第四步，让每个主体根据用户行为，按照适应性规则动态调整自己的链出表，系统实时更新对应主体的布局显示。在系统运行一定周期后，回到第三步。这样系统内主体构成的网络就可以实时更新，而不需要实时对系统全面聚类分析。后者需要大量的计算量，可以采取一定时间间隔发生一次的方式进行（或者在系统空闲时进行）。

与通过全面系统的网络聚类分析来改善系统内主体之间构成的各种网络方法相比（第 4 章介绍的复杂网络分析嵌入系统设计相比），这种方法是自底向上地构成主体网络、自底向上地更新主体网络，而复杂网络分析方法是以全局的方式，在整体上重构各主体网络（也反映在每个主体结点的链接上）。两种方法相互补充，共同促进系统内各主体网络朝更符合用户需要的方向发展。这是一个物以类聚、人以群分的、不断精练的过程，其中“类”和“群”的发展越来越同质化，“类”和“群”内的对象相关程度也越来越高。

5.3　多主体建模在 CAIS 算法测试中的应用

CAIS 是一个在应用中不断进化发展的系统，系统的功能和性能随着用户的参与而逐步改善，无法在一开始就能预先描述系统的功能，预先确定系统的性能等设计目标，也难以在设计后进行常规的可用性测试。第 4 章提出的各种网络聚类算法时，指出 CAIS 中不同的网络聚类算法的评价既是一个非线性的过程：网络聚类影响了用户的行为，从而影响了再次聚类的依据，一个也许不是很恰当的分类在后续发展中变得名符其实起来；同时也是一个多目标优化问题，不同行为方式的用户，其产生的用来聚类的数据也不同，因此有不同的最佳匹配算法（如没有加标签习惯的用户就无法依据标签聚类），不同用户对系统推荐结果的要求不同，所以对不同的用户有不同的算法优化目标。因此，CAIS 中的网络聚类算法是一个非确定性问题，是一个依赖于具体应用情形和特定用户群体的问题，难以用传统的算法效率评价或实施传统的用户可用性测试。用多主体建模法设计出 CAIS 的系统原型，把用户行为模式纳入模型设计之中，这样就可以重复实验，并方便地控制模拟各种用户行为模式下系统的动态演化表现，从而可以对特定用户行为模式下的系统表现进行比较分析，为 CAIS 中网络聚类算法提供一种客观评价和比较的方法。

为了比较在第 4 章实现的各种网络拆分和聚类算法，下面我们介绍一个基于多主体的模型框架的具体设计。在这个模型中集成了多种算法构成的 CAIS 模拟，实际上构成了一个专门的 CAIS 测试环境，可用来对各种 CAIS 系统设计及其和用户行为之间的关系进行比较研究。

5.3.1 模型设计

模型框架分为用户主体设计和并发控制部分、CAIS 模拟部分、模型控制部分、实验数据输出部分。

用户主体设计部分生成一定规模的用户集合，每个用户随机给一些随机数作为用户的内禀兴趣。并发控制部分是在模型循环运行中，每次循环的开始随机生成一个用户的序列，按照随机序列遍历用户，调用用户的行为函数。

CAIS 模拟部分包含资源数据、用户行为日志记录、系统聚类分析函数、聚类中间数据、推荐策略，数据是随机生成一些资源，每个资源也随机给一些随机数作为其内禀特征分类，随机数选取的集合和表示用户内禀兴趣的随机数共用同一集合（随机数模拟对应于真实社会性标签系统中的标签）。系统函数则是 CAIS 中对用户行为日志分析处理的函数，这里主要用到的是第 4 章介绍的各种网络拆分和聚类函数。

在模型中，用户行为函数与 CAIS 模拟部分采用的系统聚类策略有关，只有 CAIS 模拟部分提供了某种聚类算法。比如。生成了用户关联表，用户主体才能够调用那些根据用户关联表决定自己行为的函数。

模型控制部分主要用来控制模型重新启动（resume）、初始化（生成一些随机用户数据和随机资源数据）、模型运行控制（step、play、pause、unPause 等）等。

实验数据输出部分包括用来对模拟过程中产生的各种统计数据记录以及调试输出的信息。统计记录数据包括一定时间间隔内记录下的每个用户检索的命中记录数、中间各种数据表（用来方便暂停模型的控制，也可以用来对模型中生成的各种图的动态演化进行分析）、自动统计得到的每个用户的命中率（命中记录/访问的资源总数）等。在数据输出部分还设计了一个生成 SAS 统计脚本程序的专用模块，直接把生成的数据送往 SAS 统计分析软件中进行统计比较分析。

整个模型全部用 Python 设计实现，目前还没有设计可视化的界面，一些参数的设置和多种模拟的进行可以通过简单地修改程序中的模型参数来完成。

在现实世界中，用户的兴趣不确定，随时间和环境的变化而变化，因此，在实际系统中，用户开始也不能确定自己的兴趣，只有看到某个资源时，或者看到某个感兴趣的朋友的行为时，才表现出某种特殊的兴趣，并不存在确定的人的内禀兴趣。同样地，对资源来说，也不存在内禀的、客观的分类；对同一资源，不同人的认知角度不同，主观上界定的分类也就不同。然而在模型中，设计者可以充当上帝，预先安排各个用户的内禀兴趣、各个资源内禀的属性分类，并使用同一随机数集合中的随机数来标记；每个人有多种兴趣，每个资源可以从属于多种分类，因此各个用户的内禀兴趣和各个资源的内禀分类都用标签（随机数）集合来描述。当然，对模型中模拟的 CAIS 模块来说，这些内禀的用户兴趣和资源分类不可见（与真实情景一样），只有当用户主体遇到资源主体进行判别时，模拟的用户主体才知道是否对该模拟的资源主体是否感兴趣（依据内禀特征与分类的重叠性分析比较），而模拟的 CAIS 模块则只有在记录下用户行为后，才知道一部分用户表现出的兴趣和资源被加注后的分类；模拟的 CAIS 模块中用于聚类分析计算的依据也只能是用户行为日志记录中表现出的数据（下面还会具体解释这一过程）。

模型的逻辑示意图如图 5-13 所示，中间是模型程序流程图，周围几个表格是模型中产生的数据表。

在系统初始状态，我们随机生成每个用户的内禀兴趣列表和每个资源的内禀分类列表，并保存下来方便重复模拟实验。当用户遇到特定资源，需要作出行为判断时，判断该资源的内禀分类集合与用户的内禀兴趣集合是否有交集，以及交集集合的大小是否满足模型设定的兴趣阈限（即当交集集合大小大于这个阈限值时认为该用户对该资源感兴趣）。如果是，则添加几条记录到用户行为日志表中去 {用户 ID、标签 IDs、资源 ID}，记录数为交集中标签的个数。在上述第三步中，用户选择某个资源与用户的行为方式有关，也与系统内形成的各种网络有关，用户可以率先从友邻收藏中选择，也可以从自己收藏资源的相关资源中选择。在第五步中，添加用户行为日志时，也与用户的行为方式有关，有些用户没有使用标签的习惯，有些用户习惯于只使用一个标签，有些用户习惯使用多个标签等（在模型中，只有资源分类和兴趣有多个重合时才可能添加多个标签）。通过这张初始为空的行为日志表进行统计分析，可以得到用户兴趣表现表和资源特征表现表：用户使用最多的标签代表用户表现出显著的兴趣，资源被使用最多的标签代表资源表现出显著的特征。每个用户表现出的兴趣随着模型模拟用户使用系统的过程逐步丰富起来，是其内禀兴趣集合的子集；每个资源表现出的分类也同样是不断发展出来的，是其内禀分类的子集。第六步中的网络聚类可以采用不同的聚类算法，依据用户行为日志中表现出的用户兴趣和资源分类进行分析，分析得到用户关联子网、资源关联了网和标签关联子网。模型目前只集成我们在第 4 章提出的一些聚类算法，但也可以集成第三方提供的算法，并不影响整个模型的框架；这实际上为不同算法的平行测试提供了可能，可以用同一用户数据集合和资源数据集合对不同的算法按照同一标准进行测试比较，而传统测试方法受特

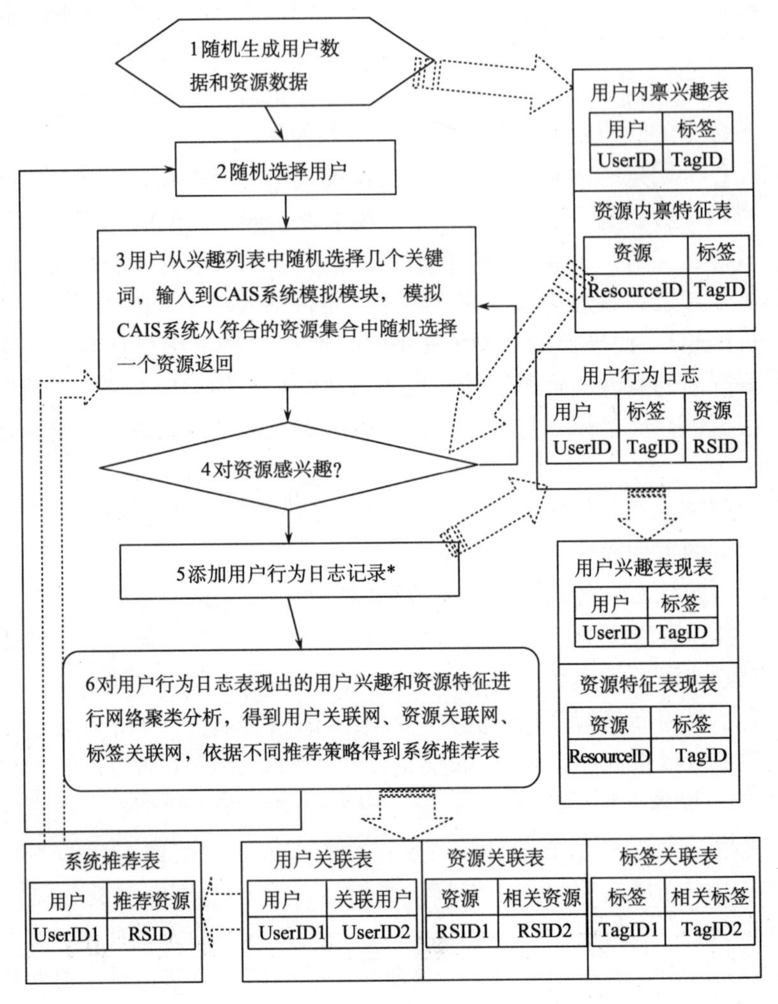

图 5-13　CAIS 网络聚类算法与用户行为模型逻辑

定的用户群和特定的资源内容的影响，因此无法就算法本身作客观的比较。

模型中的模拟系统①分为以下四类（图 5-14）：

（1）简单关键词检索。随机选择 1～3 个兴趣标签，选出所有命中的资源，逐个判断是否满足感兴趣的条件（资源标签和用户的兴趣标签重合数达到一定量时，我们才认为用户对该资源有兴趣，这个判断标准对后续几种系统来说都是统一的）。在简单关键词检索中，各用户行为是独立的。如图 5-14（a）所示。

---

① 实际实现中，不同类的模拟系统只对应不同的函数，该函数根据模拟用户输入的关键词按照特定的算法设计计算返回一个与关键词相关的资源 ID。

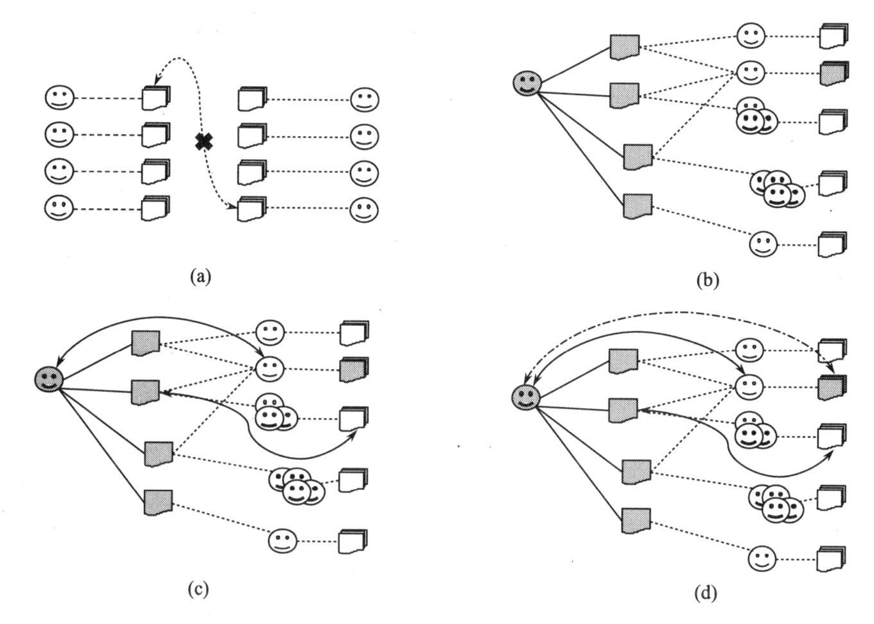

图 5-14　四类模拟系统中用户检索遍历的网络结构

注：该图在第 4 章被用来描述从线性信息系统到 CAIS 系统演变过程中、系统内的网络结构变化。

(2) 社会性协同检索：用户群不仅随机采用关键词检索，还通过加注标签的方式，把自己的收藏资源公开，可以通过共同收藏的资源发现其他同样对该资源感兴趣的用户。用户检索时首先查看自己的收藏记录中与查询关键词符合的资源，再查询同样收藏这些资源的别的用户的其他与这些关键词相关的收藏。如果没有查到目标，再采用普通关键词检索策略。用户通过图 5-14 (b) 所示的网络结构遍历检索目标。

(3) 社会性协同聚类检索（不同聚类算法）：对系统内用户行为记录进行分析，记录中的“用户-标签-资源”构成了操作 3 模式网络，分别对用户和资源的标签进行统计，得到用户兴趣表现表和资源特征表现表，按照第 4 章提出的各种 3 模式网络分析策略和 2 模式网络拆分及聚类算法，得到用户关联表、资源关联表和标签关联表。每个用户根据这些关联表在最相关的用户的收藏集合中查询与关键词相吻合的资源。如果没有查找到目标，再选择普通社会性软件检索策略。聚类检索中用户检索的遍历网络结构如图 5-14 (c) 所示。

(4) 社会性协同推荐检索（基于不同聚类的不同的推荐策略）。在聚类检索的基础上，系统根据当前用户兴趣表现表和聚类得到的各个关联表，为每个用户推荐一些与查询关键词相关的资源。用户检索时，首先在系统推荐的资源集合中检索。如果没有查找到目标，选择对应的同样聚类算法的聚类检索。推荐检索中用户检索的遍历网络结构如图 5-14（d）所示。

所有模拟中用户行为都是以“伪并发”方式进行（参见 5.1.4 节），系统循环模拟用户的检索行为，每次循环随机地生成一个用户顺序表，按照顺序表每个用户轮流检索。在系统中设计一个目标比例，当用户检索到的结果总数达到系统内符合用户兴趣条件的资源总数的一定比例时，该用户停止检索；当所有用户都停止检索时，系统结束一次模拟。

模型对系统效率比较的标准是统计用户达到一定检索目标数量所需要的步长（检索目标数量因人而异；模型中先统计出系统内符合每个用户内禀兴趣的资源总数，然后按一定的比例设定各个用户的检索目标数量）。所有模型中，每一步都确保返回给尚未达到检索目标的用户一个没有判断过的资源，不同的用户最终达到检索目标所用的时间步长也不同，统一用所有用户所经历过的步长之和作为系统效率评价的指标。需要时间步长多的系统效率低，需要时间步长少的系统效率高。模型还记录了每次模拟中各个阶段的命中率情况，用来考查系统检索效率是否随着用户的使用而得到改善的系统适应性指标。

5.3.2 模拟实验

我们对 200 个用户、4000 种资源、8000 种内禀标签分类的随机数据集合进行了测试，每个用户的内禀兴趣数随机为 30～90 个，每种资源的内禀分类数随机为 40～120 个，用户对某个资源是否感兴趣的判别标准为二者之间重叠标签数在 2 个以上（含 2 个），设定的目标检索数量为每个用户所有潜在可能兴趣的资源总数的 60%（模型根据用户的内禀兴趣和资源的内禀分类可以计算出所有用户和所有资源之间的关系表）。

我们对以上四种方法进行了模拟，统计结果显示，整体上各类社会性协同检索的效率明显高于关键词检索的效率，用 SAS 统计分析比较，二者存在显著性差异（显著性水平大于 97%）。

整体上各类社会性协同检索之间的效率比较、差异并不显著。通过对不同用户进行划分，按照用户表现出的兴趣的多少把用户分为两类，一类是表现出更多兴趣的，另一类是表现出较少兴趣的。再分别进行比较两类用户之间各类社会性协同检索的效率，发现兴趣表现多的用户在不同社会性协同检索中，检索的效率存在显著性差异；表现出较少兴趣规模的用户在社会性协同推荐检索和普通社会性协同检索之间，检索效率存在显著性差异，且均值比较相差很小，但在社会性协同推荐检索和社会性聚类检索以及社会性聚类检索和普通社会性协同检索之间也没有显著性差异。

通过对中间数据（各算法中记录和生成的用户兴趣表现表、资源分类表现表、用户相关表、资源相关表和标签相关表）进行网络分析，可以发现：只有兴趣表现达到一定数量的用户，才出现在用户相关表中；只有分类表现达到一定数量的资源，才出现在资源相关表中；只有部分出现在用户兴趣表现和资源分类表现中的标签，才出现在标签相关表中。在本次统计实验中，用户相关表中的用户数为 27，资源相关表中的资源数为 673，标签相关表中的标签数为 849。这也解释了为什么不同的社会性协同检索的效率改进只对部分用户有效，因为只有部分用户才能利用上系统的推荐功能，才可能从这些聚类产生的表中提高自己的检索效率。

以上模型实验结果符合预期，即当增加系统内各聚类计算，缩短用户和潜在兴趣可能的资源之间的路径长度时，可以改善用户的检索效率（参见第 4 章，以上三类社会性协同检索系统中，用户和潜在兴趣可能资源间路径的最短长度分别为 3、2、1）。从测试结果来看，数据规模越大，不同系统之间的差异表现得越显著。测试模型中，各种聚类算法中参数的设置目前都是统一的，比如，网络拆分算法中统一采用关键威权累计拆分法，设置的参数为关键中介结点的规模是度数小于等于 8 的结点，威权累积大于等于 2 的联系得以保存，作为显著性联系用作聚类和推荐，推荐的范围为最相关的 5 个用户，每个资源最相关的 5 个资源等。对这些算法参数的调整测试都需要大量的计算时间才能够充分验证。

此外，对模拟产生的数据分析比较中，可以进行多用户行为分析，而不仅仅比较用户表现出的兴趣数，还可以考虑用户兴趣的集中程度（每种兴趣对应的资源分布情况等），作进一步细致的比较分析。从中间数据记录下每个阶段的用户命中率情况，可以粗略地发现每个用户在不同阶段的检索效率也呈现出逐渐增加的趋势，即各类社会性协同检索系统都表现出越用越好用的特点，但这也与不同用户行为方式有关。

5.4 本章小结

为复杂系统建立动态原型模型是研究复杂系统动力学机制行之有效的方法。本章介绍一种常用的复杂系统动态建模方法——多主体建模法，它能够很好地通过主体行为的设计来表征局部的系统微观组分间的交互，从而能够推演大量组分构成的系统在宏观上涌现出的种种现象，并能够对宏观调节和系统的全局设置如何影响微观组分单元间的行为进行研究。因此该方法被大量应用到各种社会经济、文化系统和生物生态系统等复杂适应系统研究中，成为系统科学在各门具体学科渗透研究中被广泛应用的方法论。

通常多主体建模研究的目标在于分析与发现某类复杂涌现现象的规律，CAIS 的建模研究的目标则更进一步，不仅要发现微观设计和涌现现象间的规律性对应关系，还要能自觉地利用这种规律，设计出符合期望的涌现机制。作为CAIS范式理论的一部分，本章提出的CAIS动态原型的建模方法属于辅助系统原型设计的具体方法论，可以在系统设计之初，对各种交互机制进行模型研究论证，以设计出最有发展前途的、最好的行为规则和交互机制。

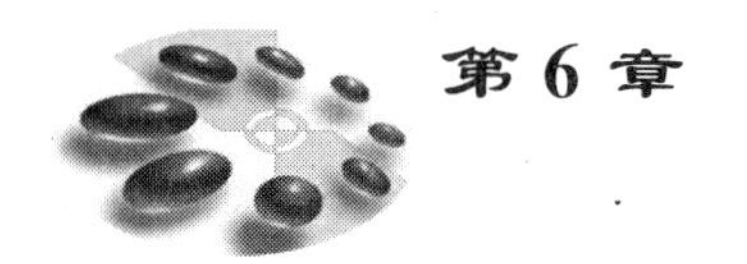

第6章

复杂适应信息系统生态及衍生模式

生物体最成功的地方不仅仅是进化，而是能够在变化的非生物环境下与其他的生物体协同进化。

——考夫曼[100,101]

由于开放体系的设计和系统交互机制的大量增多，复杂适应信息系统间形成了大量多层次的协同、交互、集成、混合或远程调用等关系，这些关系的错综复杂程度，远超过以前信息系统间简单、局部的交互协作关系；如果把一个CAIS看做一个主体，大量CAIS之间的简单交互构成一个更大的多主体系统、一个更高层次的CAS。这个更高层次的CAS，可以看做是CAIS组成的生态系统。

不同的CAIS服务于不同的信息处理需求，就像不同的生物需要不同的食物和环境一样，信息在系统流转中也形成了一些系统依赖关系，如各种RSS订阅服务系统就依赖于大量RSS格式的信息源的存在，这种依赖关系与生物物种之间的食物链关系很类似。对这种复杂关系的认识可以借鉴生物生态学的一些术语和方法。

不同种的CAIS具有不同的功能，能完成不同的任务，并能通过系统间交互协作完成更复杂的任务。在大的协作任务中，负责不同子任务的CAIS担当不同的角色，不同角色的CAIS相当于人类社会中不同角色的社会组织，因此CAIS的演进还可以与社会组织形态作比照研究。与新企业组织在社会中产生的机制一样，新CAIS模式并不是凭空产生的，而是随着整个CAIS种群构成的信息系统环境的发展，被环境变化发展过程中出现的新需求拉动产生。对CAIS系统协同演化的机制研究，可以借鉴组织演化理论、组织生态理论和研究方法。

本章借鉴生态学，主要是组织生态学的方法和理论研究信息系统形态的衍生规则、系统间协同进化的机制等。在信息系统之间交互越来越复杂的趋势下，信息系统项目的成功越来越依赖于外部变化环境，科学地考察信息系统生态环境，对信息系统在信息系统生态中的生态位进行定位，对在生态位上协同关系以及环境变化趋势进行分析，可以增加信息系统项目论证的科学性依据，以增加项目成功的保障，因此属于传统软件工程中项目可行性论证环节的扩展。

在6.1节对用来分析CAIS生态的理论和方法进行了说明，对信息系统生态研究的一些概念进行了界定。在6.2节对CAIS形态的演化机制进行分析，总结出几个系统衍生的模式，并应用系统衍生模式分析发现了几个生态位空缺，并从电子商务和万维网的角度分析了这些空缺的应用实践价值。针对Web中越来越复杂的系统间交互关系，本章在6.3节中用网络分析的方法对Web 2.0间的复杂的协作关系进行分析，这个分析既可以用来把握Web 2.0世界信息系统演化的全局态势，有助于对各种同类系统进行比较，也可以用来发现新系统创生与增长的热点。

6.1 信息系统生态概述

6.1.1 信息系统生态的学缘分析

信息系统生态研究是指用生态学方法研究信息系统之间的协同进化关系，包括信息系统形态的创生与演化，信息系统间的类食物链关系，信息系统的生态位、共生、寄生、繁殖、交叉遗传、变异等类生态现象等。与信息生态或知识生态研究不同，信息生态、知识生态是从组织的角度研究一个组织内信息和知识的复制、模仿、创造、传播过程，或一个具体的信息系统、虚拟社区内的信息与知识的生态现象[102]。与信息时代虚拟组织的生态研究不同，虚拟组织生态研究信息系统内形成的形形色色的用户群体和各种非正式组织间的关系，其研究主体对象的最小基本单位是人的组织，因此一般称为虚拟组织的生态研究或网络社区生态或网络社会研究[103]，仍可划归为组织生态研究的范畴①。在信息系统生态研究中，研究主体对象的最小基本单位是信息系统，虽然信息系统间的交互协作及其形态演化与用户及社群密切相关，但用户社群或者被看做是信息系统的有机组成部分，或者被视为信息系统的生态环境。也正因为信息系统生态既包括各个信息系统，又包括各信息系统相关的各种用户角色形成的组织，系统间的交互协作带有很强的组织交互色彩，因此可以广泛地从组织生态学中借鉴研究思路和研究方法。

信息系统生态与其他学科研究之间的关系如图6-1所示。

组织生态学（organization ecology）是一个运用生态学及其他相关学科的概念、模型、理论和方法来对组织结构及其所受环境影响进行研究的理论，主要研究四类层次递进的组织演化，即组织内演化（intra-organization evolution）、组织演化（organization evolution）、种群演化（population evolution）和群落演化

① 另外一个容易混淆的概念是生态信息系统，有时也用信息生态这个术语，但专指对自然生态进行信息辅助研究或仿真研究的信息系统。

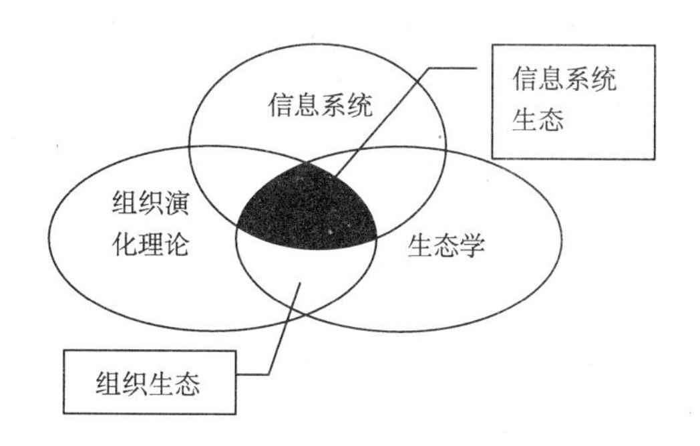

图 6-1 信息系统生态研究与其他学科间的关系

(community evolution)[104]。具体地包括组织类型对环境的适应性、和环境的依附关系模式及变迁过程、组织生命周期及发展阶段、技术发展和组织环境的关系，等等。同样地，信息系统生态研究也可分为系统内演化、系统演化、系统种群演化和系统群落演化四类，研究信息系统类型对环境的适应性、和环境的依附关系模式及变迁过程、信息系统类型与技术发展间的关系等。

组织生态研究的新组织范式理论还有助于理解新的复杂适应信息系统范式。

1990 年，美国通用电器公司总裁杰克·韦尔奇提出“无界限企业”；1998 年，罗思认为：将来企业的边界要互相渗透，就像不断进化的有机体中可移动的灵活隔膜一样。这种企业要突破四个界限：垂直界限——各管理层次及其各管理人员之间的界限；水平的界限——各职能部门和有关规章制度的界限；企业与外部的供应商、顾客及监控者之间的界限以及地理界限[104]。对于 CAIS 来说，也是从孤立的信息系统向开放的信息系统转换的过程；信息系统需要不断地突破四个界限：系统间的界限、系统开发者和终端用户之间的界限、系统内功能和数据间的界限、不同系统的用户间的界限。让 CAIS 整体上把万维网乃至整个信息系统世界构成一个大的、全局的复杂适应系统，在这个系统中所有的系统一起协同进化、优化组合、分工合作[105]。

美国著名管理大师彼得· 德鲁克认为企业之间的生存发展如同自然界中各种生物物种之间的生存和发展，它们均是一种生态关系。Moore 提出商业生态系统（business ecosystem)，用它“来替代那些由相互支持的结构组成的扩大了的体系”。借喻于自然生态系统，以企业生态位理论、协同进化理论和自组织理论等为基础，Moore 认为企业应当“与生物有机体参与生物生态系统一样”，“把自己看成是商业生态系统有机体的一部分”，看成是“一个更广泛的经济生态系统(economic ecosystem）和不断进化的环境中的一部分”，这意味着战略制定不再是一个企业内部的事情，应当与其相关的企业网络成员共同制定未来的战略[106]。对于 CAIS 来说，也同样如此。CAIS 不仅要具有内部适应性。在系统内设计出方便数据、功能和用户在应用中优化组合的环境和机制，还需要具有外部适应性。一个CAIS系统能否适应外部不断变化的外部系统环境，是否自觉地把自己看成是一个全局信息系统生态演进中的一个有机环节和有机部分，是整个项目成功并能可持续发展的关键。

此外，组织生态学从生态学中继承了大量研究方法，如生态位、竞争生态位、种群分析、群落聚集、生物的演变与共演理论（Kauffman 1993）等。并且，由于无论是组织内还是组织外，都存在大量的关系网络，这个网络随着组织的演变而演变，社会网络分析（SNA）、系统动力学和计算及建模方法在组织生态学研究中的应用也越来越多。这些研究方法和思路对我们研究信息系统生态来说也是很好的启发，其中一些理论和研究方法可以直接应用于信息系统的生态研究中去。

6.1.2 信息系统生态的基本概念

信息系统生态研究中经常会用到一些基本概念，如信息系统生态位、生态位空缺、信息系统生态群落、信息系统基因型或特征型等。此外，一些表示生态关系的定义，如共生、寄生、收割者等，以及组织理论中经常用到的代理和委托-代理等概念在信息系统生态研究中也有与原来意义类似的含义。下面我们对这些基本概念进行定义，以方便后续的讨论。

生态位在现代生态学中的研究已经渗透到了许多研究领域，很多重要的生态学理论问题，如群落的物种聚集原理、物种的特化和泛化，特别是生物之间的竞争和其他各种相互关系的研究，都以生态位概念为基础。生态学家Hutchinson认为生态位是每种生物对资源（食物种类、食物大小等）以及环境变量（温度、湿度等）的选择范围所构成的集合，因为资源及环境变量是多维的，所以将这一生态位模型称为超体积模型[104]。信息系统生态位是指信息系统生存和发展所必需依赖的资源和环境，包括系统运行所依赖的平台和其他系统，必需的信息资源，系统间协作和依赖关系、功能或业务服务的空间（表现为可发展的用户空间，包括系统直接服务的终端用户或通过系统间交互、混合间接服务的用户，后者表现为其他系统对本系统的依赖程度，有依赖关系的系统双方互为环境）等。

生态位空缺是指一个独特的生态位各方面条件都已具备，但却还没有对应的物种产生出来的状态。对于复杂适应系统来说，系统内总是会不断地产生新的小生境①，这些新的小生境相当于暂时空缺的生态位。所有的CAIS在整体上构成一个全局的CAS，因此，在信息系统从简单到复杂的发展过程中，也是一个不断创造出新的生态位空缺的过程，这些新的生态位空缺意味着新信息系统形态创

---

① 参见第3章CAS的基本概念介绍。

生的机遇。这一点在社会性软件和 Web 2.0 的爆发式兴起中表现得十分显著：RSS 的大规模应用产生不同的系统形态，大量 Blog 的应用创造出许多围绕 Blog 系统服务的新信息系统形态等。生态位空缺可对应为社会网络分析理论的结构洞理论，在一个全局社会关系网络中，不同网络子群间可能存在联系的缺失，表现为社会关系网络存在结构洞（structural hole theory），结构洞一般意味着新交易代理产生的空间[107]。

信息系统生态群落是指基于某一共同技术标准体系，相互间有着密切分工与协作的信息系统群体。如基于 RSS 标准之上的各种社会性软件：Blog、Wiki、各种社会性标签系统、支持 RSS 的新闻发布系统、RSS 搜索引擎、RSS 订阅系统等，这些构成了一个特定的信息系统生态群落。

信息系统的基因型或特征型指某种基本的信息系统特征，该特征可被广泛地模仿或移植，让大量不同的信息系统具有某种共通的相似表现。在生态学领域，通常认为演变是在基因层次上的操作；基因控制组织器官的特性，比如，骨骼是生长在内部还是外部，是生有毛发还是皮肤，是爪子还是鳍等；不同的种有不同的特性集。在组织生态学中，每个群体的独立成员都有独有的类别特征，被称为遗传型（Kauffman　1993）[57]。对组织生态来说，遗传型库，就是该种组织内任何个体可能拥有的全部遗传型或特性的集合。在信息系统生态中，我们暂时不区分基因型和外在的特征型。信息系统生态的基因型研究主要研究和发现这些可以组合表现到许多系统中的基本设计模式、基本构件技术等。在第 2 章介绍社会性标签系统时指出，社会性标签是一种广泛存在于各种应用系统的基因型。不同的基因型可以组成不同的基因序列，构成不同的信息系统“种”。信息系统“种”是指在功能和生态位上都相似的系统组成的系统集合。基因型之间存在相互依存或冲突的关系，有些基因型间组合比较常见，有些则无法组合。对于基因型间组合与系统演化的研究可以应用 Kauffman 的演变与共演理论[57,62]。

信息系统在运行过程中与其他的信息系统发展出多种关系，如系统和平台所构成的依赖关系以及密切交互的系统的协作关系等。信息系统的关系考察的主要不是系统及其运行的平台之间的关系，而是特定存在于两种或少数几种系统间的协作关系。系统运行的平台一般可视做系统运行的环境进行考虑，平台无关的系统相比特定平台的系统无疑具有更大的环境空间。平台被视做环境的另外一个原因在于其广泛的依赖包容性，可被大量的、异质的信息系统所依赖，因而可以在平台上形成多种系统生态群。

如果一种系统的实例安装完全依赖于另外一种系统的存在，这种关系被称为寄生。这种寄生可以是互惠的，比如，Plaxo 寄生于 OutLook 系统之上，Plaxo 帮助加固了 Outlook 用户间的联系（当用户在 Outlook 中改变个人设置时，自动通知到通信录中别的用户的地址簿中)，从而增加了用户对 Outlook 的依赖；delicious director[1] 是专门针对 del. icio. us 的增强服务系统，帮助用户更好地使用 del. icio. us 系统；Wikipedia-animate[2] 是辅助用户跟踪观察 Wikipedia 中内容的动态增长情况，可以从中发现新闻热点和知识创新的焦点。也可以是对一方有害的，如寄生在 Bloglines 上的 chameleon（变色龙）系统[3]，就剥夺了 Bloglines 对自己用户的控制权，虽然方便了这些用户，却损害了 Bloglines 的权益。如果一种系统依赖于另外一种或几种系统的信息输出，如 Bloglines 等 RSS 订阅系统的存在，就依赖于以 RSS 格式输出的信息系统的大量存在，一般称 RSS 格式的信息为 Feed（食物），RSS 格式的解析系统（包括订阅器等）称为 Feeder（进料器）等；RSS 加工形成的链条关系[4]，让加工各环节的信息系统构成了类食物链关系。此外，当系统间协同不限于两方，而是多方协同时，会产生许多类似于社会组织中的委托-代理关系。比如，在 RSS 订阅端（RSS 需求方）与发布端（RSS 信息供给方）进行协同的中介系统，既有代理 RSS 需求方，方便订阅的中介，又有代理供给方，方便 RSS 提交发布的中介。中介在协调双方系统更好地交互协同中确立和赢得自己的发展与生长空间；在生态学中，中介的地位类似于花媒的角色（蜜蜂、蝴蝶等），但在信息系统生态中，应用中介系统这一概念更简明。当这种委托-代理关系构成多种级联关系时，会形成树状层次结构的协作关系网络，这种级联结构可广泛地应用于分布式信息系统的协同模式中去。

6.2 信息系统的衍生模式及其应用

6.2.1 “收割者”模式及“$N:1 \to N:M \to N:1:M$”中介产生模式

在自然界，物种的产生经历过寒武纪爆发时期，现在绝大多数物种都在寒武纪这个相对于生物进化历史很短的期间内产生[5]。生物学界对寒武纪爆发有多种解释，其中之一是“收割者”理论：在寒武纪之前主宰地球的是非常丰富的藻类，但在寒武纪，开始产生了以藻类植物为食物的收割者，“收割者”是指以低端生物链为食物的生物，当“收割者”本身也繁衍出大量个体时，以“收割者”

---

① http://johnvey.com/features/deliciousdirector/

② http://phiffer.org/projects/wikipedia-animate/

③ http://www.niallkennedy.com/blog/archives/2005/03/chameleon_blogl.html

④ 参见第 2 章对 RSS 技术的系统分析。

⑤ 寒武纪爆发时期出现了 100 多门动物，远多于现存的 27 门，最初的许多多细胞动物适应性很差，在 2 亿年前二叠纪大灭绝中消灭了 96%的物种，在此之后没有新的门出现，但物种和更低层次的亚种等分类学单位迅速增加（欧阳莹之：《复杂系统理论基础》，上海科技出版社，2002）。这一点对认识复杂适应信息系统当前的爆发发展的现状具有启发意义。

为食物的更高层次的“收割者”也开始创生出来[108]。

在复杂适应信息系统领域，也同样存在类似的新系统衍生模式。初期，只有少量系统应用 Ping、TrackBack、RSS、Social tags 技术时，这些系统间交互只发生在有限的几个系统内。比如，Ping 被用来方便实时监控小组内几个成员的 Blog 更新，RSS 被用来在几个相关网站间进行内容同步，等等。随着 Blog 数量的大量增长，以及相关技术被许多其他的系统纷纷采用后，开始出现一些新的开放式服务，这些开放式服务以“收割者”的面目出现，对早期一些封闭的、固定的、限于少数系统间的协同模式进行了冲击。

以 Ping 功能为例，如图 6-2 所示，最开始一些组织内少数几个 Blog 借助于一个封闭的、定向服务的 Ping 监控器，对小组成员的 Blog 进行监控。被监控的 Blog 系统向 Ping 监控器发送 Ping 消息，称为 Ping 源（现在包括所有设计了发送 Ping 功能的系统）；这种系统间协作是局部的、封闭的、排外的，Ping 监控器的监控接口只定向开放，一个 Ping 源并不能自主方便地加入其中任何一个协作团体，需要 Ping 监控器端修改系统设置才可以加入。

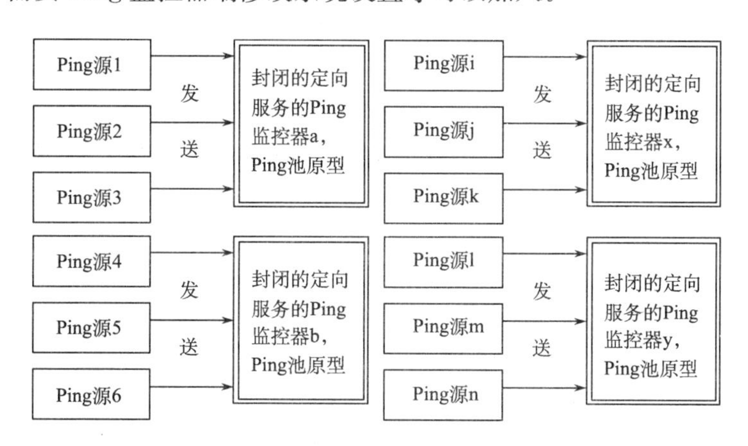

图 6-2　早期基于 Ping 的系统间协作

随着 Blog 系统的大量应用，某个 Ping 监控器开始好奇地监控更多的 Blog，从而成为一个 Blog 世界的实时监控中心；为了监控分布在世界各地的、数目不断增长的、更多的 Blog 系统，该 Ping 监控器开始开放接口，允许 Blog 自行添加与系统间的 Ping 关联，于是诞生了第一个开放的 Ping 监控系统。我们把这种开放的 Ping 监控系统命名为 Ping 池（如图 6-3 左图所示，Ping 池开放地接收各 Ping 源的 Ping 通告），Ping 池产生的条件在于有大量 Ping 源系统的出现，这种依赖于另外一种系统生存，并在所依赖系统的数量达到一定规模后才产生的新系统衍生模式，我们命名为“收割者模式”。最早的 Ping 池是 Weblogs. com。由于该系统可以方便及时地汇聚大量变化的信息，很快引起其他

Ping 监控器的模仿，于是先后诞生了许多 Ping 池系统。目前世界上各类 Ping 池如表 6-1 所示①。

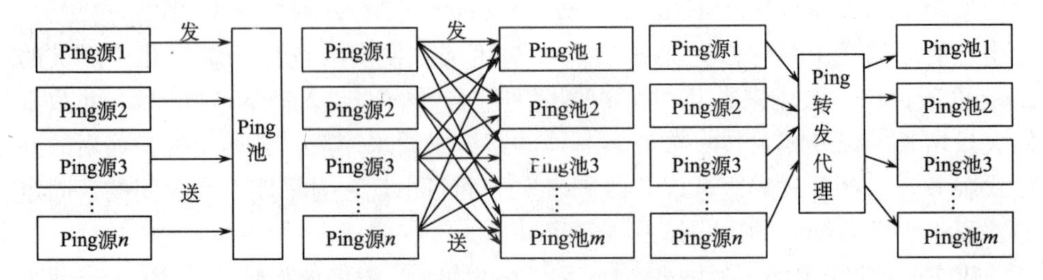

图 6-3 从开放式 Ping 池到 Ping 转发代理

表 6-1 世界各类 Ping 池系统一览

英语 Ping 池		非英语 Ping 池		专业 Ping 池
Technorati. com	icerocket. com	weblogues. com	eneblogs. com	longrank. com
weblogs. com	newsgator. com	bitacoles. net	bitacoras. net	weblogalot. com
blo. gs	feedburner. com	bitacoras. com		geourl. org
blogstreet. com	my. yahoo. com	Technorati. jp		a2b. cc
moreover. com	newsisfree. com	bakeinu. jp	blogdb. jp	rubhub. com
syndic8. com	feedster. com	blog-search. net	blogmura. jp	memigo. com
weblogs. se	topicexchange. com	cocolog-nifty. com	bloggers. jp	blogshares. com
blogdigger. com	effbot. org	dontpushme. com	blogoon. net	31engine. com
blogmatcher. com	pubsub. com	blogstyle. jp	amagle. com	Weblogs. com
coreblog. org	blogpeople. net	gpost. info		AudioRPC
bulkfeeds. net	focuslook. com			freshpodcasts. com
blogrolling. com	catapings. com			ipodder. org

当 Ping 池系统开始增多时，相互之间便发生了同生态位的竞争。按照著名生态学家 RPianka（1983）所提出的生态位定义，即“一个生物单位的生态位（包括个体、种群或物种生态位）就是该生物单位对资源的利用和对环境适应性的总和”[104]。这一概念既包括生物与环境相互作用的各种方式，也包括生物开拓和利用其环境的能力。在 Ping 池生态位中，资源相当于 Ping 源，环境相当于各 Ping 源的语言、编码格式、网络等。同时，大量 Ping 源系统有了可选择的余地，一些 Ping 源开始同时向多个 Ping 池发送通告，以最大化地扩大信息的广播面，获得更多的外部链接。这时系统间的协同就由原来的 $N:1$ 模式（多对一）发展为 $N:M$ 模式（多对多）。随着 Ping 池模仿系统的增多，需要同时发送多

① 本表依据的是 Pingoat 上的列出的所有 Ping 池服务，最后统计日期为 2006 年 2 月 10 日。

个 Ping 池的 Ping 源也大量增多（这是一个系统间协同进化的情形），$N:M$ 模式中的 N 和 M 数字都有了长足发展，这对 N 端和 M 端都非常不方便。尤其是 N 端，Ping 源系统向大量系统发送 Ping 通告浪费了系统的带宽，降低了系统效率。于是某个 Ping 池开始转变策略，声称可以向其他的 Ping 池系统转发 Ping 通告，以此来吸引更多的 Ping 源的直接联系，我们把采取新策略的 Ping 池称为 Ping 转发代理（Ping Transmitter，如 PingOMatic. com、PinGoat. com 等）。这种策略的转变，把 N 端 Ping 源系统从必须同时向许多系统发送 Ping 通告带来的系统低效率中解放出来，只需要向一个 Ping 转发代理发送 Ping 通告，就可以达到向许多 Ping 池发送通告的效果；在 Ping 池不断增加时，由转发代理专门负责向这些新增的 Ping 池发送通告，而无须在 Ping 源系统中修改设计和设置。中介的产生，改变了原来 $N:M$ 系统协同模式，发展成为 $N:1$（中介）$:M$ 的协同模式。这种在原来 $N:M$ 系统协同模式基础上产生新中介的系统衍生过程在复杂适应信息系统中广泛存在，我们把它抽象为系统衍生的一种模式，即"$N:1$—>$N:M$—>$N:1:M$"中介产生模式。

在 RSS 相关系统中，"收割者"的信息系统衍生模式也以多种方式出现。早期 RSS 只局限于少数网站之间的内容同步，应用面并不广泛。随着 Blog 的增多，开始出现大量的 RSS 信息源；RSS 信息源的丰富催生了许多种"收割者"，如 RSS 专用订阅端、RSS 搜索引擎、RSS 格式转化系统、RSS 门户等。随着各类"收割者"数量的增多，又催生了许多中介系统的产生。如在 RSS 信息提供端和信息订阅端之间开始也是 $N:M$ 的关系，不同的信息提供端为了方便不同的订阅端，必须提供与各种订阅端的接口，而订阅端也不得不到各个信息提供端去寻求 RSS 来源。在这种情形下，产生的 RSS 订阅代理（如 al. trusism. net、solosub. com、multirss. com 等），如图 6-4 所示。除 RSS 订阅系统外，还有许多 RSS 搜索引擎以及 RSS 汇聚中心等可供 RSS 源拥有者提交自己的 RSS 的收录系统（RSS 收录端），这种提交关系也是一个 $N:M$ 关系，为了方便提交到各收录系统，衍生出 RSS 提交代理（如 feedshark. com 等），如图 6-5 所示。

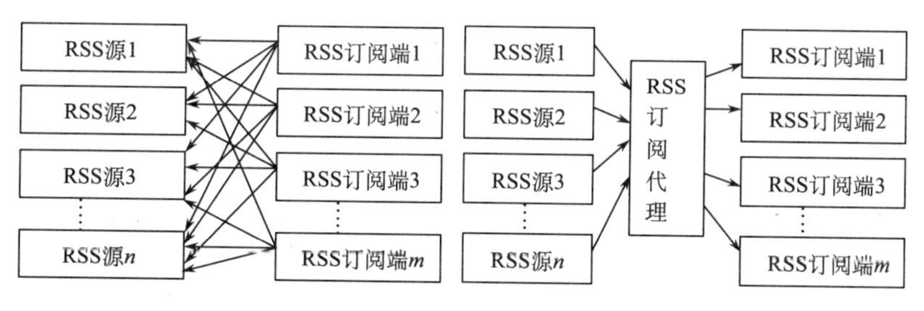

图 6-4　RSS 订阅代理产生前后的系统间订阅关系

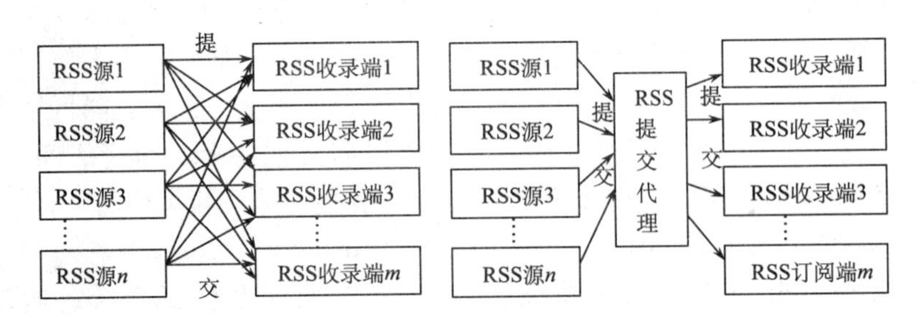

图 6-5 RSS 提交代理产生前后的系统间提交关系

此外，还有方便 RSS 源所有者发布 RSS 的发布代理（如 feedburner. com、feedsky. com 等），等等，因为在 RSS 这条信息系统产业链条中有各种不同的生态位，因服务的对象不同而产生出多种代理形态。这里并没有作全面、详尽的分析。

6.2.2 “收割者”模式及中介产生模式的应用

6.2.1 节中介绍的几种技术在系统交互中非对等，交互关系的两端是两个不同的系统类型；TrackBack 的情形有所不同，TrackBack 中的系统交互是对等的，形成的关系也是双向的，如图 6-6 中左图所示，各个支持 TrackBack 的系统都以自我为中心发展与其他同类系统之间的交互，这种交互已经构成了多对多的关系。依据“$N:1 \rightarrow N:M \rightarrow N:1:M$”中介产生模式，在 TrackBack 形成的关系中，也可以形成类似的衍生模式，产生 TrackBack 中介。目前还没有这类系统的产生，这个生态位的空缺对电子商务而言是一个填补空缺的机遇。由于 TrackBack 是系统间双向对等的关系，产生新的中介系统也必须与各支持 Track-Back 的系统之间形成双向关系，代理管理原来两系统间的 TrackBack 交互。在没有 TrackBack 中介时，各系统彼此直接交互建立 TrackBack 的双向联系；有 TrackBack 中介后，中介系统代理各个系统的 TrackBack 交互，其他系统发布评论时被引导到代理系统中对应的分理接口处，代理系统再负责与目标系统间建立双向的联系。TrackBack 中介存在的作用在于可对 TrackBack 网址进行集中校验、协同防御 Spam。目前，防御 Spam 的功能分散在各个系统中，所收集的黑名单没能彼此分享，所以对 Spam 的防御效果有限，而针对 TrackBack 的 Spam 的猖狂限制了该技术的应用推广，在许多具有 TrackBack 功能的 Blog 系统中，也因为 Spam 的冲击而不得不关闭。所以 TrackBack 代理在原来直接的 Track-Back 交互过程中增加了集中控制和校验的可能，从而可以收集来自各个分散系统的 Spam 举报，建立统一的 Spam 防御阵线。TrackBack 中介还可以方便使用代理的系统在域名或 URL 地址改变时更改和保留原来所有的 TrackBack 联系；

在不经过代理的普通使用模式下，一旦一个系统的地址发生改变，该系统原来的联系就无法保留，双向联系在另外一端中所留下的信息和链接就不能跟随这一端的变化作及时调整。

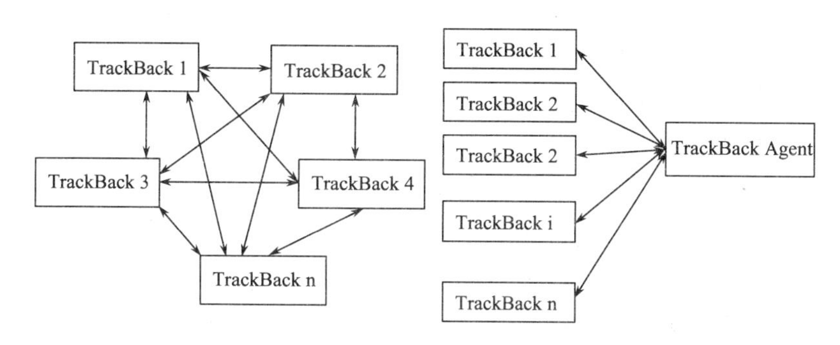

图 6-6　在 TrackBack 基础上可能会衍生的新系统——TrackBack 代理

对于社会性标签来说，也同样存在这样一个生态位的空缺。随着各类社会性标签系统的增加，系统间基于同一标签的信息的关联聚合越来越为人所重视，但目前只有 Technorati① 一个系统支持这种跨系统社会性标签汇聚的服务。当前社会性标签系统和跨系统汇聚中心系统的协作模式如图 6-7 左图所示。根据“收割者”模式，当社会性标签系统数量继续增长时，跨系统的社会性标签汇聚中心系统所处的生态位会产生更多的空缺，从而为模仿者的创生提供了可能；这些后来的模仿者可能会专门针对某些行业的、专业的社会性标签系统进行标签聚合服务（如 Technorati.jp，专门针对日本语系统的服务）；当大量专业汇聚中心涌现后，还会继续产生更高级的“收割者”，汇聚专业汇聚中心的标签的系统，如图 6-7 右图所示。或者会产生负责代理提交到各汇聚中心的代理系统，当普通社会性标签系统希望同时在多个汇聚中心聚合时，便会产生这个需求。这个过程会如同 RSS 加工链条一样，不断衍生出更复杂的系统形态，构成更复杂的协作网络，同时也会推动社会性标签系统自身的改进。

然而，社会性标签存在的一些问题制约了上面描述的生态链的演化。下面简单讨论一下社会性标签中存在的问题。

（1）非层次化分类问题。与传统的层次分类相比，社会性标签中设计的各个标签之间是对等的，因此没有能够以层次化的方式对事物进行分类，这与人们认识事物、区分事物一般从粗略到细致的认知心理过程不相匹配。

（2）分类关系不严谨的问题。分类之间存在大量重叠，分类词之间存在大量的同义关系、反义关系、包含关系；这些分类词之间的关系如果没能进行语义分

---

① 参见 http：//www.technorati.com .

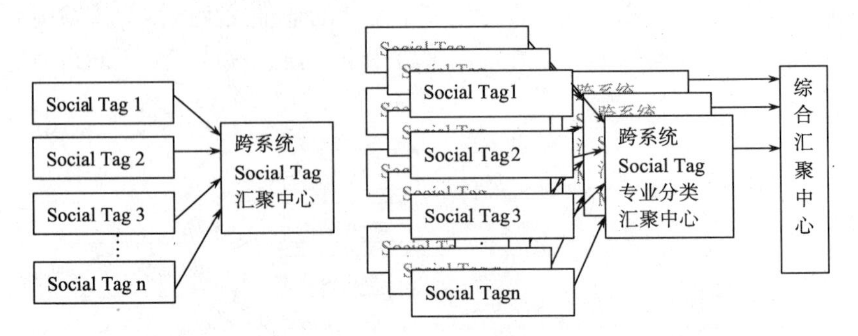

图 6-7 在 Social Tags 基础上可能会衍生的新系统层次

类和处理就会让分类不够严谨。比如，“物理”和“物理学”两个标签所代表的分类涵指的内容和意义几乎相同，但由于大众使用习惯造成不该区分的分类。

这些问题也是由于标签分类过于自主和自由带来的，人们随心所欲地添加标签，其中很多用户添加的标签带有强烈的用户主观色彩，有很大的随意性，有时还会有拼写错误。对于这些问题，许多社会性标签系统也都在各自的系统内进行改进。如 del. icio. us 设计标签的分类，部分支持了标签的分层问题。一些标签系统应用系统推荐以及系统对标签的规范化等手段，对原本自由随意的标签加上各种不严格的限制，尽量让其也符合一定程度的规范性，以最大化地制约标签的随意性带来的混乱。

对社会性标签的上述这两个问题也有不同的看法。从用户使用的角度看分类层次并非越多越好，过于细致的多层次分类同样有问题。与科学分类法面向用户整体和信息等分类对象的整体集合不同，自由标签分类是针对个人的，分类处理目标也只是针对个人所需要处理的信息，是一个很小的对象子集。每个用户只需要按照自己的记忆方便区分开自己所需要处理的这个不完全信息对象子集中各类信息之间的关系，因此可以不需要层次或只需要非常简单的层次（如两层）。而分类不严谨和模糊本来就符合现实生活中人们分类用语的实际习惯，正是这种不严谨和模糊让不同的分类词都得以在系统中应用和博弈，从而让那些最优的分类法能更快地获得更大范围的公众认可。而严谨的分类不仅不存在，还面临着和用户习惯认知之间存在的鸿沟问题。所以，这实际上是两种技术路向的分歧，对应语义关系建立严格规范分类的是本体论（Ontology：明晰定义的概念分类）的设计，而后者属于自由标签的设计。折中解决的方法一种是增加 Ontology 制定的用户参与性，让其更适应修改，集成群体分类智慧产生的 Ontology 方法，有人已经仿造 Folksonomy 的造词方式，命名为 Folksologies（分众本体：Folks＋Ontology）[109]。在第 4 章中，介绍应用网络拆分算法从社会性标签系统中可以抽取各类标签词之间的关联，对有关联的标签词的应用范围基于集合关系进行分析，可以挖掘出标签词之间的语义关联；如果标签词 1 应用的范围完全（几乎）包括标签词 2 所应用的范围，则可以认为二者存在语义上下位关系。与本体论的方法相结合可以解决自由标签中存在的问题，但这已超出本书研究的主题范围，所以不再深入展开讨论。

6.2.3　基因混合模式

在第 2 章中，对社会性软件和 Web 2.0 进行系统分析时，对构成系统适应性的一些基本构件或典型技术进行了罗列和介绍，如 RSS、Ping、TrackBack、XML-RPC、Free Tags、Wiks、blogs、Social Network Services 等，这些技术和别的一些在广泛系统内都得到应用的 Javascripts 技术等，都可以看做是信息系统的基因型（参见 6.1.2 节定义），这些基因型可以有多种组合方式，从而不断地创造出新的信息系统来。这种新系统的衍生模式，我们称之为基因混合模式。

表 6-2 列出了系统基因型组合方式及其表现的应用信息系统。其中 Blogs 和 Wikis 在作为基因型时主要指其独特的性质（而不是其中应用的其他的基因型），Blog 指用户自我管理，包括内容布局、自主控制子系统界面、友情链接，以及内容按日期排序等；Wikis 则指协同编辑和共同就某一对象编辑协同，并不限于标准 Wiki 系统中的文本编辑。

表 6-2　CAIS 系统基因型组合及表现

CAIS 基因型组合	名称	应用
XML-RPC+ Javascripts	AJAX	广泛应用，典型的如 Google Map
RSS+Javascripts	JSS	应用会越来越广泛，典型的如 newsvine. com
RSS+Free Tags	RSS Tags*	feedtagger. com feedmarker. com
Free Tags+SNS	Social Tags Folksonomy	非常多，典型的如 del. icio. us、flickr. com 越来越多
Blog+Wiki	Blokies	Drupal 等
Javascripts+Wiki	JWiki*	TeddyWiki 等
Ping+Javascripts	JPing*	Bosoo 等
Ping+Ping	Ping Transmitter*	PingOMatic PinGoat
RSS+Mail	R | Mail	R-Mail. org
Social Tags + Ping	—	Technorati
RSS+SNS	—	BlogLines FeedSky
……	……	……

* 尚未形成统一的名称，这里使用的名称也尚未获得共识。

该基因组合表的意义在于可以在此基础上推演出更多可能的组合，把系统形态的创新过程由依赖于灵感转化为有章可循的理性分析研究。比如，TrackBack 和 RSS 的组合，可以为订阅挖掘 TrackBack 线索提供方便。目前只有一个 MemeOrandom[①] 系统对 Blog 系统间广泛存在的讨论进行采集，收集 Blog 世界的讨论热点。MemeOrandom 是基于 TrackBack 进行搜索的，这种搜索技术对普通用户来说是一种障碍，一旦使用 TrackBack 的系统都为自己系统内的所有 TrackBack 链接（也许可分链入、链出）提供一个专门的 RSS 输出，就可以方便普通用户来追踪自己感兴趣的人群的讨论热点。

再如 RSS 和 Blog 的组合，也可以有一种订阅 RSS 到指定的 Blog 的相应分类，或 Blog 的后台队列（不公开显示的、缓存发表的帖子，留待以后编辑或指定在某个时间自动提交），把 Blogger 的 RSS 阅读和撰写 Blog 评论的环节连为一体，从而产生一类专门为各种 RSS 撰写评论的 RSS-Blogger 来。

还有 Blog 和 Social Tags 的组合，与 RSS 和 Social Tags 组合不同，对 Blogger 进行分类评价，有助于 Blog 圈中权威、诚信、分类聚类等的形成。

还可以有很多别的组合，组合也还可以参与更高层次的组合（如在 JSS 获得大量应用后也很可能会产生 JSS 和 Social Tags 的组合），这些组合都可以产生新的信息系统形态，而这些新形态一般都意味着新的电子商务机遇。这里不再一一具体分析。

最后值得一提的是，这里参与组合的都是在许多系统中广泛应用的技术形态，它们之所以广泛应用，并非因为它们是基因型，而是在它们获得广泛应用之后才被称为基因型。信息系统的基因型的传递机制与文化基因（MEME）一样，是基于人类的模仿行为，而一项技术能够被广泛模仿的条件，除该技术本身有很好的应用价值外，简单、容易使用和容易实现也是其能够被广泛模仿、大量应用，从而成为基因型的关键。以上这些技术形态都具有这个特征。对于技术原创者来说，被大量模仿并非总是一件糟糕的事情。以 RSS 为例，RSS 最初是由 Netscape 作为浏览器的推技术设计出的，但在推出后好几年内都没能获得用户的认可，因而也很少被系统所使用，也没能产生现在因为广泛应用而产生出的许多新应用模式。只有当一项技术被广泛模仿应用后，才能够在应用中借助于群体的智慧获得更好的改善，涌现出更多的应用模式。这一点对于 CAIS 设计来说十分重要，如果希望自己的某项技术或某项服务能够成为系统基因，成为一种标准，应该尽可能地让它简单、公开、透明、容易模仿、容易混合或集成；当它发展成为基因，成为标准时，系统就能够在 CAIS 中占领一个重要的生态位，从而具有更大的应用价值，并能获得更长久的生命力。在群体使用中凸现社会性力

---

① 参见 http：//www.memeOrandom.com.

量，在群体参与中借助于群体的智慧改进和演化是信息系统基因型的生长演变的一般模式。

6.2.4　系统功能综合集成模式及系统协作生态网络

开放式架构是 CAIS 具有系统间适应性的关键，在存在已获得广泛应用，且可方便集成的网络部件的前提下，尽可能基于网络部件的功能集成，而不是另起炉灶、重新设计，是适应性信息系统设计的一个原则（参见第 3 章）。这一原则促进了系统间分工协作，让不同的系统能最大程度地专注于具有核心竞争力的特色功能的设计，同时也导致了大量基于系统功能集成的新系统的产生。这种新系统产生模式称为系统功能综合集成模式。

一些专门设计出的、可集成的 Web 部件，如 Google API、Yahoo API、Amzon API、Google Map API 等，在许多系统中都获得了综合应用，这种应用与前一节介绍的基因混合模式不同，基因混合模式中的基因以在各个系统中大量副本的形式存在，系统功能综合集成则以系统间远程调用，把系统部分功能延伸到系统之外，以系统间分工协同的方式体现，使用同一功能部件的系统也因此具有一些功能上相似性。

在第 2 章介绍 Web 2.0 时，介绍过一个专门收集可编程的 Web 部件的系统：Programmable Web，其中动态收集了主流 Web 部件及基于这些部件的各种混合应用系统①。

Programmable Web 收集 Web 部件及其应用产生的各种信息系统的方式是开放式的，与社会性软件系统一样，允许新部件或新系统开发者自主地添加新系统，因此成为比较全面的综合类新系统形态库。每个新系统都基于一种或多种 Web 部件之上开发，如果存在一个系统集成了某两个部件，可以拟人化描述为这两个部件有协作关系，协作产生了这个新系统。把部件之间的协同关系绘制成关系网络，可以分析出部件和部件之间的亲和度，发现部件间的聚类关系还有助于找出最佳的组合、最好的系统生态位的空缺等。由于这些部件之间也存在同类竞争，对这个协作网络的分析还可以挖掘出系统演化中各个系统的位势变化，方便混合产生的各新系统在选择部件时抉择。

以所有的部件为结点，如果存在综合集成两部件的新系统，则添加联系，这样构成一个 1 模式的关系网络。我们分三次采样和网页数据挖掘，得到三个时期的协作关系网络数据，应用 UCINET 网络分析工具软件对这些部件协同关系网络进行子网聚类分析和各种中心度测量[85]，并对不同时期的分析结果进行了比较。

---

① 参见 http：//www. ProgrammableWeb. com/mashup .

(1) 子网聚类分析。采用 *K*-core 子网聚类分析（参见 4.1.1 节对复杂网络基本概念的介绍），可以发现所有组件中处于网络核心的一些结点及其关联，可直观地认识与发现最常见的组件组合关系及组合关系的演化。图 6-8 是部件协作网的 6-core 子网和 9-core 子网。*N*-core 子网中的 *N* 越大，子网间的联系便越紧密（但并非所有的 *N* 都存在有对应的 *N*-core 子网），9-core 和 6-core 是三次分析中最紧密和次紧密的子网。

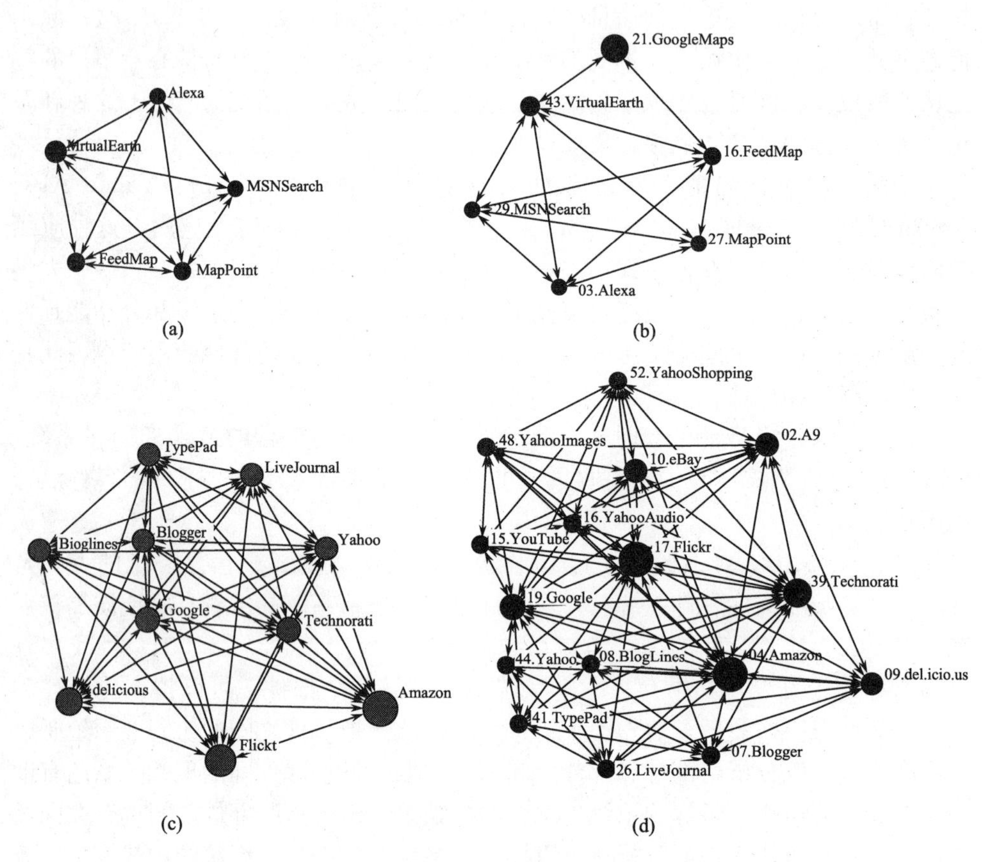

图 6-8 Web组件协同网络中的 6-core 子网和 9-core 子网

注：图(a)和图(b)是 2005 年 12 月 5 日的 6-core 子网和 9-core 子网，图(c)和图(d)是 2006 年 1 月 15 日和 2 月 1 日的 6-core 子网和 9-core 子网，后面两次挖掘出的数据虽然不同，但在这两个子网上并没有变化

子网聚类分析可以得到处在核心的 Web 部件列表，Google（Google API）、Blogger、Yahoo（Yahoo API）、del.icio.us、BlogLines、Flickr、Amazon、TypePad、Technorati、Live Journal 等在 2005 年 12 月 5 日处在网络的核心（9-core 子网），在 2006 年 1 月 15 日后，新增了 YouTube、Yahoo Images、eBay、A9、Yahoo Shopping、Yahoo Audio 等。Alexa、Virtual Earth、MSN

Search、MapPoint、FeedMap 处于网络的次核心，2006 年 1 月 15 日后 Google Map 又进入了该次核心。随着时间的推移，一些原来处于核心的部件可能逐渐边缘化，而一些边缘的部件则进入更核心的位置。这种位置的变化反映了各个部件之间的相对竞争关系，下面用结点中心性（node centrality）对一些最核心的部件进行比较分析。

（2）中心性分析。中心性分析可以发现网络结点在网络中的各种位势。如邻近中心性（closeness centrality）表示和其他结点之间的邻近关系，用和网络上所有其他结点的最短路径长度的倒数平均计算（最短路径称为测地线）；和谐中心性/融洽中心性（harmonic closeness centrality）表示与其他结点间的和谐/融洽程度，用与结点相互间的测地线长度的倒数平均（A、B 之间的和谐邻近度依赖于测地线路径上各对邻接结点的和谐邻近度）计算；介度中心性（betweenness centrality）则表示结点对于其他结点关系的重要性，用处在其他结点间测地线中的频次计算。每个结点的各类中心性指标又称为该结点对应的中心度。其中的算法统一选择 UCINET 中 Freeman 算法[85]。各 Web 部件中心度走势比较统计如图 6-9 所示。

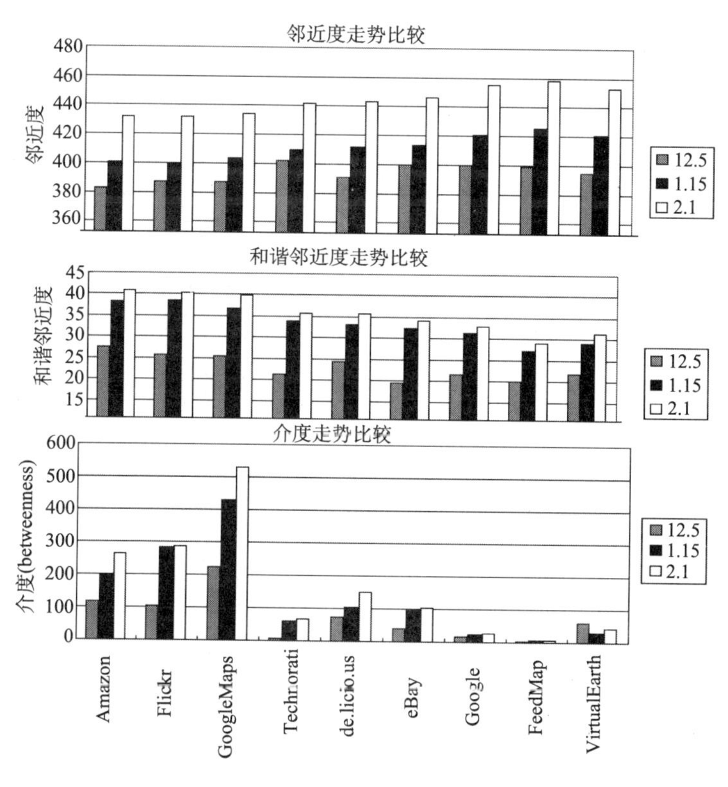

图 6-9 中心度走势比较

从走势上看，这些在网络中处于核心子网部件的各个中心性指标都呈增长的态势，但不同指标反映出的走势并不相同。邻近度的高低表示现在各个结点之间的远近距离关系，所以邻近度可以作为混合系统选择部件的参考依据。和谐邻近度表示网络部件在整个网络中表现出的适应性和融洽程度，所以和谐邻近度的高低可以预计该网络部件在系统生态未来演化中的竞争力。介度中心性反映在部件协同中的重要性，其他部件的组合往往必须通过介度中心性最高的部件达成。从分析中看出 Google Map 的介度中心性上升最快，而大量出现的新应用系统也正是基于 Google Map 之上集成，Google Map 网是这类新信息系统的主体功能依托。在部件组合中，不同部件的地位并不相同，有些部件充当主体，其他部件依附在主体部件之上，介度中心性高的结点一般在部件组合中充当主体部件。

表 6-3 给出一些网络部件和谐邻近度的排名变化表，从变化表中可以看出各个网络部件在系统生态网中竞争力此消彼长的情形。表中突出标出了几个明显的异动（上升或下降），如上升最快的是 A9、Yahoo Maps、eBay 和 Technorati，下降最明显的是 FeedMap 和 VirtualEarth 等。

表 6-3　和谐邻近度排名（Harmonic closeness Rank）

统计分析日期	12.5	1.15	变化	2.1	变化
Amazon	1	2	−1	1	1
Flickr	2	1	1	2	−1
Google Map	3	3		3	
Technorati	7	4	3	4	
del. icio. us	4	5	−1	5	
eBay	14	6	8	6	
GoogleAPI	6	7	−1	7	
A9	27	8	19	8	
Virtual Earth	5	9	−4	9	
Yahoo Maps	23	17	6	10	7
Feed Map	8	15	−7	12	3

对网络部件协同生态网进行分析，不仅可以辅助新系统在选择混合集成时抉择，预测新的信息系统增长的热点和信息系统生态的演化发展趋势，还可以辅助电子商务方面的经济研究（这里借鉴了 Zack 等用社会网络分析对组织系统及计算机支持的社会协作网络的研究思路[110,111]）。

上面是对作为系统综合的网络部件进行分析，如果对混合功能部件综合产生的系统（以下简称混合系统）和使用的部件构成的 2 模式网络进行拆分，以部件为中介结点、以混合系统为拆分的目标结点（这里用到了本书第 4 章提出的 2 模式网络拆分算法），得到混合系统构成的关联网络；对这些混合系统进行聚类，则可以作为划分“系统种”的依据。图 6-10 是对上述部件组成的系统种群聚类分析的结果。这些系统都是在网络部件之上的混合系统，各个框或圆圈表示一个系统种群，每个系统种群内的各系统间都具有一个或多个共同的组件。从图中可以看出，在系统种群之间的联系很少甚至没有联系。随着混合系统的快速增多，系统种群划分的意义在于可以快速地勾画出信息系统生态图谱，准确地把握各类系统之间功能依赖的关系。当系统进行更多层级的混合时（混合系统作为部件再次参与新系统的综合集成），为避免重复包含或依赖冲突①，对这些系统间依赖关系的准确描述将非常必要（混合系统间的依赖关系类似于普通软件开发中各包含文件间的依赖关系）。

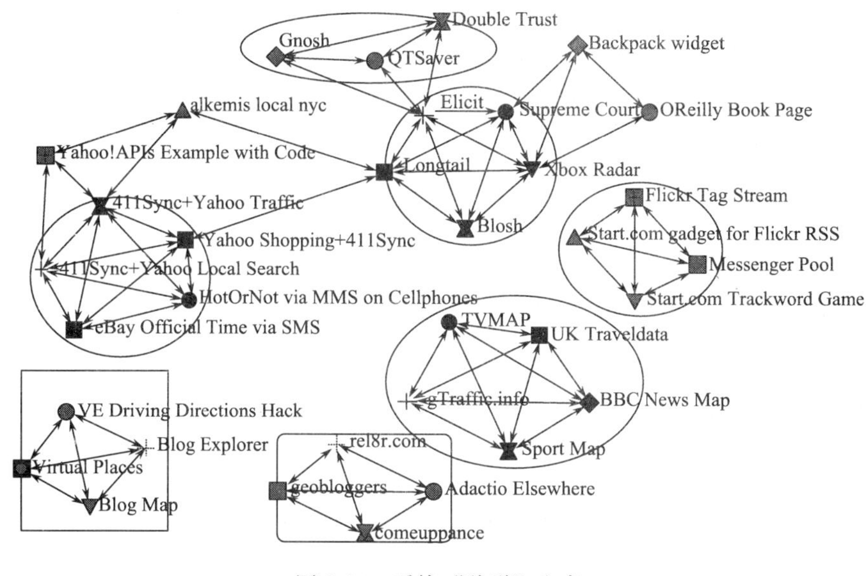

图 6-10 系统“种群”生态

6.2.5 系统功能综合集成模式与 SOA 的区别

系统功能综合集成模式的基础是软件即服务 SaaS（software as a service），SOA 则是服务基础架构（service-oriented architecture）。

---

① 当混合系统来源比较复杂时，可能会引发一系列不期望的后果，如互锁和正反馈等。比如，a 综合了 b，b 综合了 c，c 又综合了 a，在 RSS 相关的系统生态链内，这类协作互锁甚至会产生类似蠕虫的新型病毒，这种新型病毒的产生可能是 Web 作为平台所带来的一个最难以克服的负效应。

在系统功能综合集成模式中，集成系统的 Web 部件（即各种 SaaS）在新系统运行时分享，而不是复制集成它们的拷贝，这一点与面向服务的架构（services-oriented architecture，SOA）类似，都支持基于轻量级编程的集成。但 Web 部件与 SOA 的 Web Services 并不相同，属于两种不同信息系统范式下的技术表现。

与 Web Services 不同，上一节介绍的 Web 部件多是开放的、免费的，而且有更友好的、面向终端用户的功能界面设计，而不是令人生畏的机器语言描述的种种标准，也不用通过专门的 broker，按照标准设计的、易于系统理解的各种规范，如服务调用协议 SOAP、服务描述协议 WSDL 和服务发现/集成协议 UDDI，以及服务工作流描述语言 WSFL，等等。从设计思想上看，二者的区别在于 Web Services 适合于普通信息系统，其中的设计主要方便系统间交互时机器间的理解，而 Web 部件把系统间这个工作简化，把系统间协调和组装的权限交给用户，由人来辅助系统间的协调而不是完全依赖于技术标准之上的机器理解——这大大减少了技术实现的复杂度，从而很快地获得了相对于 SOA 要广泛得多的影响力。

Tim O'relly（Web 2.0 概念提出者）也指出过 Web 部件和 Web Services 之间的区别，在于 Web 部件本身也是基于开放式架构体系的，面向最终用户并因此可以获得群体的智能，而 Web Services 本身的架构是封闭的，虽然同样可以集成，但不能获得群体的智能[58]。此外，从电子商务的业务模式来看，二者也非常不同。Web Services 基于传统的商业模式，走付费购买服务的路线，面向少数的专业用户；后者依据的是 Web 2.0 时代的长尾法则，直接面向大量的终端用户，走免费服务路线，从扩大影响中获取间接收益。

此外，是否综合人的智能与系统计算智能，而不是单纯依赖系统计算智能，是系统思维与传统思维方式在信息系统中的区别。类似的两种思维方式的差异还表现在前文多次提到的分众分类和本体论（ontology）的区别，以及社会性软件和智能 Agent 的区别、遥感代理机器人与智能机器人的区别，等等。在这一系列比较的对偶中，前者综合人的智能的设计，相对于后者单纯依赖于技术的方案，在系统应用交互环境越复杂的情形下，前者总是获得了更多人的认可和接受，从而体现出了更广泛的应用价值。

当然，涉及大量外部 Agent，包括人类用户、人工用户（代理、爬虫、智能代理、Web Services、远程调用等），需要持续地和这些外部 Agent 交互操作的信息系统都可以改造为 CAIS。在社会性软件的定义中，外部 Agent 限制为人类用户，强调的是人通过共同使用信息系统（社会性软件）在改善了社会性交互行为的同时，也改善了信息系统中的信息组织。在 SOA 面向服务架构的 Web

Services 系统中，系统中各子系统之间的联系不能在最终用户的使用和交互中发生改变，需要由系统架构人员或集成工程师进行配置，因此依然具有结构上的刚性，不能算是 CAIS，但其在对功能细分和子系统独立性上的便利可以用来作为 CAIS 系统的子系统设计的技术框架。通过改变 Web Services 之间调用对技术人员的依赖，把原本只针对其他 Web Services 或智能 Agent 的所有功能接口，以简明的方式，具有完整的自我说明和提示的界面，开放给最终用户，从而让用户在使用中自行或自动地完成配置。其中自行是让用户完成以前由系统架构工程师完成的工作，自动是给用户足够多的提示，在用户的一系列简单的选择操作中，把用户经常性先后顺序操作的序列自动配置起来，形成一个较稳定的功能序列，必要时简化综合，隐藏细节，在用户视角中成为一个新的虚拟 Web Services。这样就可以把 SOA 封闭式架构转化为社会性网络服务的开放式架构，在 Web Services 综合集成中引入群体用户参与的社会性因素，简化机器理解复杂度的同时，增加系统的社会复杂度和面向最终用户的适应性，实现两种思维方式下技术路线间的互补。

6.3　本章小结

信息世界越来越复杂，表现为信息系统应用环境的开放与多变上，业已存在的各种信息系统构成了一个复杂多变的外部环境。一个新的信息系统，能否在这个复杂的信息生态环境中立足，不仅取决于用户的认可，还取决于该系统在信息生态中的生态位。过去把系统作为一个机械系统设计，着眼于目标系统的没有什么弹性的固定功能、刚性的结构和被动的界面设计，CAIS 范式把系统作为一个复杂适应系统进行设计，要求设计的目标系统具有适应信息生态的动态演化机制，把系统内在功能结构的可变性、适应性，以及在与外在环境的交互中学习的能力作为重要的实现目标。以前的信息系统范式是静态的，针对一个时期能够预想和总结的用户需求进行设计，立足于当前的信息系统运行环境，无法考虑变化的需求和变化的信息生态环境，因此设计时只能考虑系统从立项到发布之间的设计周期。新的系统范式是动态的，设计时需要考虑系统在设计之后生存与发展的问题。信息系统生态研究正是在 CAIS 具有各种动态适应性特征的情形下，对 CAIS 在设计之前进行生态位分析，论证可行性，增加其对于未来变化环境下的适应性，在设计之后进行整体系统生态网络分析，监督系统生存与发展的状况，在必要时可以作适应性调整。

CAIS 生态研究除扩充了软件工程中可行性论证环节，增加了系统环境适应性的论证外，还可以加深对作为复杂适应系统的信息系统本质的认识，把生态学、组织生态学中一些成熟的理论和研究方法，应用到对信息系统间的协同演化机制的科学研究和对信息系统发展的规律的科学认识中，拓宽信息系统研究的视阈，丰富信息系统研究的方法论。对实践来说，这种对于信息系统全局特征和动态特征的科学研究和科学认识有助于辅助信息化项目或电子商务立项的科学决策，辅助发现新的机遇和经济增长点。事实上，本章提到的一些分析方法已经帮助我们发现多项很值得立项研究的信息系统生态位空缺（前面提到一些，更有价值的一些形态并没有列出，这里介绍的分析方法有助于一般系统架构分析人员发现更多的机遇）；其中一些趋势的预测在研究过程中，随着信息系统的快速衍生已经验证了部分预测。如 FeedTagger 和 FeedMarker（参见表 6-2：CAIS 系统基因型组合及表现），在最初分析时该生态位是空缺的，但很快的，这一空白就被世界范围内追踪捕捉机遇的人所填补。

希尔伯特·西蒙通过对复杂性和等价结构的分析，指出在一般系统论中，稳定的组分数目增加了重现和演化的可能，协同的系统能够以自组织的方式产生宏观的、空间的、时间的和功能的结构[112]。随着更多的 Web 以组件的方式开放服务（组分数目的增加），以及信息系统越来越注重于系统间的分工与协同，信息系统协同构成的信息系统生态整体会产生宏观的、空间的、时间的和功能的结构；随着更多的系统开始采用主体参与式架构、从用户中寻求群体智能，系统的计算智能与人的智能之间的综合集成可能会在整体上产生一个统一的社会-技术综合智能计算系统（hybrid of society and cyberworld），有人已经开始尝试提出一种基于全球大脑的编程接口（collaborative human interpreter）[113~115]，以规范和方便综合全球计算智能和人类智能的新信息系统的开发设计（这一计划可以与传统思维方式下的网格技术相对照，后者只综合集成计算智能，而没考虑人类智能的集成）。对 CAIS 来说，信息系统之间大量重复发生的交互才刚刚开始，系统间的协同进化也才处于初级阶段，社会性软件和 Web 2.0 的大量涌现只是信息系统生态发生突变，整体上涌现出更复杂结构的前夕，随着更多的系统具有系统内适应性和系统外适应性，随着更多的适应性基因型在信息系统之间模仿和优化组合，以及更多的系统是基于集成和混合重构，信息系统的形态种类、信息系统间的协同模式都将会迅速变得复杂起来。

对复杂事物的科学研究一般是先描述规律，在认识规律之后，再想办法利用规律、顺应规律或主动地改变规律；本章对 CAIS 的生态研究，发掘出信息系统的一些衍生模式，完成一种有效地描述信息系统演化发展规律的方法和手段，既可以辅助认识日趋复杂的信息系统的整体发展规律，又可以在瞬息万变的信息领域掌握变动的机遇。因此既有理论意义，又可用来指导实践。

应用系统综合方法设计信息系统，以形式化的生态进化理论和方法（如 Kauffman 于 1993 年提出的演变与共演理论及其 NK 与 NK ©模型等[57,62]）研究信息系统在演进过程中与其他系统间的协同交互，在今后信息系统领域中也将会有越来越多和越来越深入的尝试。在今后几年内，对信息系统的生态进行持续的、全面的研究，将会成为一门独立的学科，成为信息系统研究学习者了解各类信息系统的基础，并成为信息系统设计者架构设计参考的基础。

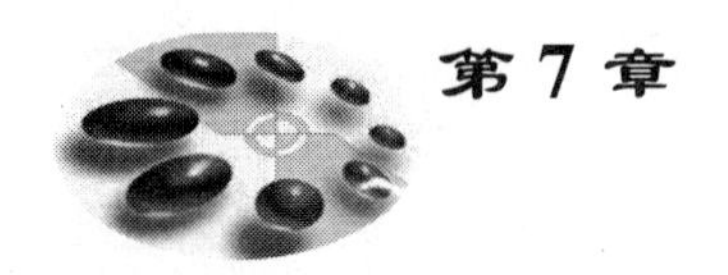

第7章 涌动的变革——包罗万象的 Web 2.0 应用

当科学遇到了 Web 2.0…… 接下来轮到科学的变革了 ……

——M. 米切尔·沃尔德罗普（《科学 2.0 是华丽的工具还是冒险?》）

M. 米切尔·沃尔德罗普是《复杂——诞生于秩序与混沌边缘的科学》一书的作者，该书引人入胜地介绍了发生在科学领域中的非线性复杂革命，并引领我们进入了复杂科学研究的殿堂。因此当沃尔德罗普在《科学美国人》上引发 Science 2.0 的讨论，并得到复杂学界和 Web 2.0 业界的广泛回应时，我们一点也不感觉到奇怪。实际上本书的创作过程也是一个应用 Web 2.0 并不断地公开阶段性研究结论的 Science 2.0 的过程。

在本书撰写期间，新的 Web 2.0 服务一直在源源不断地推出，这些推陈出新的应用业已改变了互联网的信息系统生态，并将继续推进互联网，乃至整个信息化社会朝向一个巨大复杂的适应系统演进。为了在繁芜的噱头与信息噪声当中，挖掘这一场信息系统变革的内在规律，作者持续跟踪了大量 Web 2.0 实例，并用复杂系统的思维方式对每种创新设计产生的思路、应用演化的前景进行了分析。这些分析不仅有助于读者加强对这一信息变革规律的直观认识，也有助于支持本书的主要观点：信息系统正在朝向复杂适应信息系统变革。这有助于学习和应用本书的基本理论框架来进行信息系统的架构与分析。

下面按社会计算群体智能类、综合衍生类、手机与即时通信类、信息系统生态群落类、在线办公处理类、企业级应用类等对 Web 2.0 实例系统进行分类梳理，对各类别的一些典型应用实例进行介绍分析。

7.1 社会计算与群体智能类

7.1.1 社会化个性新闻服务：SpotBack

SpotBack 是一个借助于社会计算与协同过滤的原理提供个性化新闻的服务。SpotBack 用户可以对新闻进行编辑、分类，选择关注的新闻主题在个性化主页中列出，可以收藏新闻，也可以推荐新闻给好友分享。在收藏新闻时可添加自由标签，系统会根据社会计算推荐一些热门标签以及加注这些标签的新闻列表，用户也可用 Email 订阅这些不同标签类别的新闻。此外，SpotBack 还支持用户定制 RSS 阅读，类似个人新闻主页定制，用户添加 RSS 源后，系统列出标题列表，用户可以自由地改变标题的顺序或删除已添加的 RSS 源。系统根据用户订阅的统计、添加的自由标签，以及对 RSS 源的打分评价，学习用户的阅读习惯与兴趣，从而能够进行基于社会计算的协同过滤与个性化的新闻推荐。

7.1.2　社会化音乐分享服务：Last. fm 和 Pandora

Last. fm 是一个社会化音乐分享的服务，它通过一个 Wiki 式的支持公众开放的协同编辑的数据库，搜集了大量的艺人和音乐的资料，这些资料可以让用户以 Wiki 的方式协同丰富。通过 Last. fm 的客户端，在遵循“Audio Scrobbler”协议的基础上，可以搜集用户正在听的音乐信息。客户端在安装时，自动检测用户的计算机上已安装的常见播放器，并为这些播放器安装插件，这样，当用户开始用这些播放器播放音乐时，所听的歌曲名就会自动上传到 Last. fm 的服务器，而不需要用户额外干预。用户最近听的歌曲与音乐会显示在用户的个人页面，用户可以把这些信息用 RSS 或者图片输出，放在自己的 Blog 或其他支持 RSS 同步的网站系统上，以向别的用户分享或展示。此外，系统在全局统计的基础上，在系统首页上列出播放次数最多的歌手与音乐，并基于用户的标签进行社会化的推荐，通过用户播放过的歌曲掌握用户的兴趣与喜好，并基于兴趣推荐有相似音乐欣赏偏好的用户，推荐他们成为友邻，并进行协同推荐。Last. fm 的推荐还可以用网络电台的形式，直接通过它的客户端软件来播放。

类似的音乐社会分享与推荐服务还有 Pandora。Pandora. com 是基于音乐基因的社会协同音乐推荐系统。该项目诞生于加利福尼亚州奥克兰的一间办公室，在那里有很多音乐家都头戴耳机，正通过计算机分析歌曲。他们正在对音乐作有史以来最全面的分析，这一项目名为“音乐基因工程”。对于每一首歌曲，他们都会分析数百个细节，包括音调、节奏和歌词等。通过 Pandora 网站，用户只需提交自己最喜欢的歌曲或艺人名称，就可以找到最相似的歌曲，并像广播电台一样播放。这项服务完全免费，通过广告获得收益。

与 Last. fm 相比，Pandora 更多依赖于音乐家对音乐本身的分类——基于所谓的“音乐基因分析”的分类，而 Last. fm 则主要基于普通用户（音乐的最终消费者）对音乐添加的社会性标签来对音乐进行分类。Pandora 的音乐基因类似于语意网中的本体论的产生模式，而 Last. fm 类似于基于社会性标签的分众分类。也许在未来，这两种方法可以得到某种程度的混合与折中，类似 Folksology 对 Foloksonomy 与 Ontology 的折中。

7.1.3 社会化软件推荐服务：Wakoopa和Soft1001

Wakoopa是一个专注于软件社会性推荐的网络服务。用户除了通过传统模式在Wakoopa首页上挖掘（digg）、加注标签（tag）、评论（comment）自己常用的软件外，还可以选择设置Wakoopa提供的插件，在后台自动把自己的桌面应用程序数据上传到Wakoopa服务器上，并作为与其他用户分享、评论该软件好坏的依据。此外，通过客户端软件，Wakoopa可跟踪用户正在运行的软件版本。每隔15分钟客户端会自动把用户当前运行的软件版本号发送给Wakoopa服务器端，同时会在用户的个人Wakoopa页面中以列表的方式显示，如网友对正在使用的软件的评论、这些软件最新版本情况及其他软件推荐，等等。通过这样的服务，用户可及时得知所使用的软件是否需要更新，及时得知别人对这些软件的评价，并可参照别人的评论决定是否更新。用户可以访问别人的属性页面，添加别人为联系人并查看其软件使用情况，还可以通过嵌入代码服务，把最常使用的软件放在Blog上展示给读者，从而达到间接推荐与社会性分享的效果。

相关类似服务有Soft1001，一个专注于软件社会性推荐的网络服务。通过专门的客户端（iDeskTop）来分析用户软件的使用情况，从而统计出软件使用的排名，并允许用户对下载的软件创建Tag、Wiki、Tutorial、Comment等。用户不仅可以发布自己常用的软件并加注标签，还可以查看其他网友使用的软件。系统利用收集到的这些信息分析用户的软件使用偏好，在社会计算的基础上实现软件的社会协同过滤与个性化推荐。

7.1.4 网络行为的社会化聚合服务：BlueDot

蓝点（bluedot. us）被称为下一个MySpace，一位投资者曾经这样评价Blue Dot，“从‘蓝点’身上，我看到了电子邮件和即时通信工具的影子，它有可能会成为第三代通信工具”。当用户在网页上发现自己感兴趣的内容时，只需点击屏幕上的一个蓝点，就可以将其保存下来，并与好友共享。蓝点发言人埃林·皮特里（Erin Petrie）表示：“通过‘蓝点’，你可以了解好友看过什么电影，以及去过哪些餐馆。”通过这种方式，可以让分散的用户行为之间相互借鉴影响，从而提高用户基于共同行为目标的自组织交互。这一点在国内知名的Web 2.0服务的豆瓣网的友邻广播服务中有更好的体现，豆瓣的广播服务把用户在豆瓣中的系列行为以公开消息的形式广播给自己的友邻，这样互为友邻的网友之间就可以随时了解彼此的各种活动动态，包括新撰写了Blog，新添加了评论，新加入了小组，新推荐了新闻阅读，新添加了阅读书籍或音乐、电影等。让用户的行为在公共场景（公共的环境）中留下记录，从而促成以公共场景为中间的间接协作，是本书第1章中提到的社会性昆虫形成群体智慧的协同方式——缔结默契的协同。

7.1.5 基于社会群体智能和社会化协作的RSS萃取服务

AideRSS是一款基于社会群体智慧的RSS萃取服务。随着大量互联网传统网站纷纷提供了RSS服务，原来基于RSS方便信息采集的读者们，不得不开始面临如何避免被海量信息所吞噬的难题。AideRSS为解决RSS信息过载的问题，提供了自己的一整套解决方案，即根据RSS源中的信息被订阅、被收藏、被推荐、被评论或转载等指标，制定了一个衡量信息重要性的指数PostRank™。PostRank目前由某篇文章的留言数、Digg推荐数、del.icio.us收藏数以及Technorati反馈数等因素综合得出。用户可以根据AideRSS的排名对自己订阅的RSS进行萃取，重新烧制成新的精华RSS，这种基于其他用户的阅读经验过滤RSS信息的社会性协作服务，可以有效地在RSS订阅用户群体间建立起间接的协作关系。类似于PostRank的社会评价指数功能并非AideRSS首创，离线阅读器FeedDemo在2.1版本以后，也增加了一个名为“Popular Topics”的功能，基本原理与PostRank类似，但在过滤之后能够重新烧制精华RSS是AideRSS的创意。

其他相关的解决RSS信息过载的信息过滤服务还有ZapTXT、BlastFeed等。其中，ZapTXT不仅提供Email接收方式，还提供IM及手机方式接收过滤信息，此外，还提供了方便添加订阅RSS源的浏览器插件。

7.1.6 增加社会化评价、评论或注释的服务

这类服务有Diigo、Zpeech、Fleck、SharedCopy、Taskee、Intense Debate等。

Diigo是“Digest of Internet Information, Groups and Other stuff”的缩写，用户浏览网页时，可对一些信息文本和段落进行高亮标注或添加一个批注。这些批注可以为其他用户所分享，可以通过这些标注发现兴趣相投者并与之交流。Diigo扩大了社会性书签仅仅保存整个页面或URL的不足，用户可以在更精细的部分内容文本上进行内容提炼，并基于这一行为建立社会化协同。

Zpeech专注于提供网页注释与评价的社会性服务，为不具有网页评论和评价的网站提供增值服务。与Fleck相同，通过给其他网页嵌入一段代码，就可以为该网页增加用户对该网页的注释与评价服务。Zpeech通过这种方式可以实时搜集大量用户对海量网页的注释或评价情况，从这些数据中可以做些内容聚类或有价值的内容挖掘工作。在积累一定数量的用户后，可以在Zpeech系统前台展现出评价高的内容，如同Digg所做的工作一样。

Fleck为用户提供了一个为自己喜爱的网站添加AJAX效果的注释、留言或者被称之为脚印的功能。和Fleck相比，SharedCopy的用户并没有一个明确的

入口，用户需要收藏一段Javascript代码到浏览器书签，增加该书签后用户的鼠标右键菜单便多出一个选项，从而可方便地打开由SharedCopy提供的网页注释便条服务，为所阅读的博客添加一些评论。评论支持RSS导出，这样就可以订阅和跟踪查看某一博客后续新增的评论。类似的服务有社会化留言板，如Taskee，可以插件的方式嵌入在用户的Blog或主页上，并能够自动收缩或隐藏，当用户在不使用Taskee留言板的时候，可自动隐藏，缩小成一个小小的Botton浮动于浏览器的右上角。Blogsticker提供社会化贴纸服务，通过这一服务，用户可以在自己的博客首页添加一条社会化贴纸，以方便访客留言或评论。博客申请该功能时需要在自己的文章中添加一段特殊的键值，以确认只有博主才能为自己的博客申请该贴纸服务。这个机制与豆瓣在九点中对Blog拥有者的认定类似。

Intense Debate专门为不具有留言系统的网站提供留言增强功能的社会性网络服务。用户只需要嵌入一款插件代码，便可拥有一套留言系统。目前Intense Debate已支持Wordpress、TypePad等Blog系统，以及Blogger.com提供的Blog服务。博客用户可以通过该系统集中管理和跟踪自己的留言，而博客的阅读者也可通过此平台结识更多和自己阅读趣味相近的网友，可快速访问和订阅他们的博客、社会性网络以及个人资料等。

MyBlogLog是一家增强博客作者与读者交互联系的社会性网络服务，读者可以发现与他同时阅读某个博客的其他用户，并能够与他们进行短信和群组交流。博客作者也可以从中获悉哪些人正在阅读他的文章，并同他们进行交流。MyBlogLog为Blog提供了插件，可方便地显示访问用户的统计分析情况。类似地，基于Blog的社会性网络服务还有Gravatar、coComment（基于评论的社会性协作）等。

7.1.7 增强社会化网络服务功能的插件：Widget

Widget是一种可自由嵌入其他系统，为其他系统提供增强功能的微系统服务，Widget的出现促进了信息系统分工的细化，基于Widget集成的系统具有更松散的系统耦合。这样，一些小的公司或个人可以专注于某一个大众化的功能进行专业的设计，并基于这一专业的设计进行跨系统的社会化协作。下面介绍一些专注于增强公众投票、图片标注、反向链接管理等为传统系统提供常见功能增强的功能插件服务。

Quibblo：专门为需要投票功能的系统提供社会化服务的产品。任何别的网站或Blog如果有投票方面的需求，而自身系统没有投票功能，都可以借助Quibblo的服务来完成投票和调查统计工作。服务模式以嵌入式代码的方式提供，让用户将自己创建设置的投票嵌入自己的页面中。类似的服务还有Blog-flux、Vizu、Quimble等。

Jyte：包含 SNS 功能的社会性投票系统。用户可以发布投票话题让更多的人参与其中并可发表自己的评论等。Jyte 允许用户在内容中放置 Youtube 等视频说明（注册需要 OpenID 支持）。

Wholinked：专注于为 Blog（或其他网站）提供实时显示反向链接的插件。用户可以在主页的合适位置嵌入他们提供的 JS 代码，从而实时显示外部链入情形。虽然目前有很多功能相对 Wholinked 更加强大的反向链接查看服务，但将反向链接查询做成 Widget 的并不多。

BritePic：增强嵌入图片特效的社会化网络服务。BritePic 可让网页中插入的静态图片变得更加生动，只要为嵌入的图片代码多增加一小段简单的 JS，便可以让普通的图片变成 Flash 版、支持放大与缩小功能等。同时，增加了用邮件向好友分享该图片、订阅该图片应用情形的 RSS、评价该图片等社会化功能。

Blogrovr：RSS 订阅的 Firefox 插件，支持内容即时关联推荐。类似 Bloglines 的关联推荐，这款插件订阅器在用户阅读订阅的文章时，会在浮动侧边栏显示相关联的文章。

Talkr：语音对话的插件服务，允许用户将博客中的 RSS 信息转换成语音，并可把博客页面转化为一个小型的语音会议室，让同时访问的用户能够在该页面上进行语音交流。它很适合用于网络语音客服。

Blom：适合挂在博客聊天室的插件（chatroom widget），由 BleebotDev™公司推出。用户只需要填写聊天室 ID，便会自动生成一段嵌入式代码，将它嵌入自己 Blog 中，便拥有一个属于自己的聊天室。与别的一些聊天室插件不同，Blom 并不是一个公众的群组聊天室，而要求使用 Blom 的用户都必须注册一个 ID 才可以实时聊天，而这个 ID 是终身的。可以看出它们希望以提供免费插件服务、吸引足够多的用户后走 Web IM 的企图，因此许多功能操作都类似 IM 客户端，如主动添加好友等。

Chatango：小型聊天室插件。与别的聊天室插件不同，该插件背后有 Chatango 专门开发的 IM 本地客户端的支持，可以用该插件和使用客户端的用户即时通信聊天。提供 ID 命名的二级域名，指向属于用户的 Web 聊天室地址。

Flikzor：专注于增强视频留言功能的第三方服务，以插件的方式提供服务。申请者只需要简单的几个步骤就可以拥有一个属于自己视频留言板，Flikzor 为用户提供一个唯一的二级域名，并可把 Flikzor 提供的嵌入代码嵌入自己的 Blog 或主页中。

Autoroll Widget：用于博客自我推广的插件。由 Criteo 这个基于新一代协同过滤技术的推荐引擎发布。博客提交自己的 RSS 后，Criteo 的 Autoroll Widget 会根据自动分析出的文章关键词和加注的标签，优选列出一些可能与文章相关联的其他 Blogger 们的日志，代替原来用户自己设置的 Blogroll。

BrandMyBlog：促进博客内容跨系统关联聚合的插件。允许博客提交自己的Feed，然后会获得一款由BrandMyBlog提供的插件（类似小型的RSS阅读器）。该插件显示的内容来自和本博客内容相关的另外一些博客，同时自己的博客内容也会显示到别的相关博客中去（这些博客必须同样使用该插件的用户）。这个机制与Google Adsense显示内容相关的广告类似，不同的是这里广告主与广告载体是平等的交换关系，相当于P2P的Adsense。对插件使用者来说，不仅便于他们的读者在阅读中进行更多相关内容的延伸阅读，也有助于他们自己从其他博客中捕捉到更多的读者——这一机制的原理又与Trackback类似。

Fabchannel：基于Flash的视频播放器/列表，用户可以很方便地建立属于自己的播放器/列表。整理好自己的playlist以后，Fabchannel还会提供一段code，方便将视频播放器放置到自己的博客中。

ClickTale：记录访客行为的社会性服务。ClickTale颠覆了传统的流量统计记录工具，可以在线录制访客们的所有动作，用户只需要在网页中添加一段Javascript代码便可以通过录制以后可回放的视频来了解访客们的一切动作，从而能够帮助站长深度了解来访读者的交互操作和行为习惯——这一点对基于用户行为研究以改进交互设计十分有用。在公开版中，ClickTale还提供一个点击数预览的功能，用户可以在Heatmap中收看到每一次鼠标按下链接时的相关数据等。由于录制视频需要大量的带宽以及空间流量，ClickTale并非一股脑儿地将所有来访者的操作流程全部录制下来，而是由用户有选择地录制视频，免费用户每周100页的录制限制。

SponsoredReviews：为博客和广告主提供中介的社会性服务。通过SponsoredReviews提供的平台，Advertisers与Blogger进行初次的了解，然后，在Blog中发表一些与广告主有关的评论性文章，广告主则为该评论性文章付费给博客。

7.1.8 集合群体智力解释词条的社会化在线字典服务：WordSource

WordSource：社会化在线字典。目前只支持对英文单词的解释，只需要在浏览器中输入“http://word.sc/example”，将“example”替换希望查询的单词。WordSource支持Digg词条、Wiki词条（编辑完善已有词条解释）、Tag词条（给词条人工添加标注）等功能，用户还可以上传图片使词条解释变得图文并茂等。

7.2 综合衍生类

7.2.1 在线标签管理服务：Tagsahoy

Tagsahoy是一个在线标签管理的服务。随着社会性标签在各类Web 2.0系统中的大量应用，每个用户可能在许多社会性网站中留有自己的标签，用户在每个网站上的标签统计分别代表用户在某一方面的兴趣，如果能够把这些分散在各个网络服务中的标签统计综合起来，就可以比较全面地表征出用户的兴趣偏好。而得到这个比较全面的用户兴趣偏好后，再进行基于兴趣的网民自动聚合与协同推荐，自然会比原来每个系统在用户局部信息之上进行社会计算要更加精准。

但如何让用户自觉地把自己分散在各个不同网络服务上的标签统一汇总起来呢？Tagsahoy采用的策略仍然是“我为人人、人人为我”的社会性网络服务的思路，提出让用户方便地在一处来管理自己在不同服务上加注的标签，如在Flickr、del.icio.us、LibraryThing、GMail、Squirl、Youtube等，随着具有标签标注功能的社会性网络服务的增长，Tagsahoy支持的这个列表还会持续增长。

7.2.2　社会性书签提交代理

作者在撰写本书第6章提出社会性书签代理时，互联网信息系统领域尚没有真实对应的实例。然而，在本书付梓之际，作者发现了Onlywire，只要一个Onlywire账号，即可享受一次性提交书签到多个社会性网络书签的服务，目前包括Blinklist、Blogmarks、Blogmemes、bluedot、de.lirio.us、del.icio.us、diigo.com、Furl、Jots、Linkroll、Looklater、Markaboo、Rawsugar、Shadows、Simpy、Spurl、Wink等社会性书签服务，且还会不断支持新增的服务。该服务的商用价值在于信息推广。对于普通个人用户来说，并没必要同时用许多社会性书签来管理自己的网络搜藏，一是注册比较烦琐，二是使用和管理起来也很不方便。然而，这种综合服务对那些迫切需要宣扬自己和宣传自己信息的特殊用户却非常有用。在这种使用行为中，用户收藏自己需要宣传的信息页，通过捆绑销售的原理，同时搜藏大量相关的信息，或以同一个分类标签把希望宣传的信息页与其他同类有价值的信息页聚合在一起，从而能够得到搜索引擎的青睐，更容易在相关词条的排名中取得靠前的排名。同时，使用多个社会书签可以得到更多的外部链入（link-in），而且，社会书签系统中的社会推荐和系统自动关联功能，也可以潜在地获得更多的不同社区用户的关注，如同在不同社区中直接发布广告的宣传效果一样，而四处发布广告通常是不被允许的，或至少不被鼓励，或需要付费，而使用社会书签收藏和整理自己的网页却是新的社会书签系统所欢迎的，因为这样会增加系统的知名度，同时增加了收藏页面的外部链接。当然，有些恶意的行为可能会产生信息噪声，从而影响系统推荐的准确性，降低用户体验满意度。社会性书签后台的算法基于系统用户群体的行为，个别不端用户为一己的私利有意扭曲其中的信息关联，如利用系统自动产生出的热点词汇等功能，暗度陈仓、发放自己的与原内容并无关联的广告等，会降低系统自动推荐和关联的可信度。

同类的服务还有Badged、MadKast和Addthis。Badged和MadKast都向用户提供一段Javascript代码，用户只要在博客页面模板中嵌入这段代码，就可以完成各大主流社会性书签的收藏。

另一个可替代的服务是Share this，通过让用户多一次点击的方式，把各社会性书签全部缩略到一个小小的“Share this!”按钮中，被嵌页面只显示该按钮，被点击后才会出现具体的社会性标签集合。

7.2.3 在线RSS发布代理

Feed Submitter是一个专门的在线Feed发布工具，能一次性地将RSS提交到Google Blog Search、Google Ping、Technorati、Blogdigger、BloogZ、BlogStreet等服务中去，操作时只要填上RSS的URL地址和提交者的电子邮件即可。

7.2.4 社会性书签、社会性网络和RSS在线阅读的综合集成服务

Ozmozr在一个系统内集合了社会性书签、社会性网络以及RSS在线阅读器的新型Web 2.0服务。用户可以将自己喜欢的网站或者文章收藏到Ozmozr，它提供了适合firefox以及IE浏览器的两款插件；在Ozmozr中，用户可以随时随地建立自己的小圈子，结交更多有着相同志趣的朋友。Ozmozr同时还是一款在线阅读器，用户可以从43 Places、43 Things、del.icio.us、Digg、Flickr、Last.fm等具有社会性性质的网站中直接导入相关Profile及Data，并支持从本地上传OMPL文件。

这一类试图在一个网站系统中通过综合集成多种常用的社会性服务的尝试有很多，如国内的抽屉网也集成了社会性书签、社会性网络（圈子）、在线即时通信等多种常用的社会化服务。

根据本书在第3章提出的CAIS设计指导原则之功能主体粒度划分的单一任务原则和功能主体的多层次开放原则，这些集合多种服务于一个系统中的模式违背了复杂适应信息系统架构的原则，不利于用户自主地进行系统的功能集成，因此作者不看好这种拉郎配式的集成服务。事实上，这类综合服务在实际运营中发展现状也很不乐观，远没有那些提供单一的、独特的社会性服务有发展前景。

正如工业化促进了社会分工的细化和社会化大生产一样，信息系统也不断地朝专业化、社会化的方向发展，把多种社会化服务集成到一个统一的平台中违背了这一发展趋势，这也是Ozmozr和抽屉网这类综合集成服务鲜有发展成功的原因。

然而，用户并非不需要各类服务的集成，而是不需要强制的、非自由控制的集成，特别是用户已经习惯使用别的专业化服务时，再把这样的服务整合到自己

的系统中只能是一厢情愿，也不利于系统交互设计的“奥卡姆剃刀”原则①。

那么有没有非强制的、用户可自由控制的集成服务呢?

下面介绍另外一种为集成各类服务而服务的系统。与上述两个集成系统不同，这一系统专注于各类已有服务的集成，而不尝试着去取代其中的任何一个服务。

7.2.5　聚合各种社会化软件服务的服务：Mugshot

Mugshot聚合各种社会性软件的服务，在一个页面上同时监听用户在许多社会性网络上的活动，如Facebook、MySpace、Flickr、del.icio.us、Last.fm、Digg等；同时，还提供下载几款适合浏览器、音乐播放器的插件，让其他用户能够实时地了解自己的各种网络活动。

类似7.1.4小节中提到的豆瓣广播功能，不同的是该服务是开放式的，不局限于某一个社会性网络服务上的用户行为的社会化分享。这种设计思路无疑很有启发性，但分散在各个社会学网络服务中的用户更难以凝聚、更难以像豆瓣那样基于同一社区内进行有效的分类聚合。在未来，也许基于类似OpenID的技术获得广泛的应用之后，不同社会性网络服务都开放了相关的API之时，这种服务才有可能发挥最大的社会化分类聚合的效应。

7.2.6　Widgey插件综合服务

在7.1.6小节，我们介绍了一些专用功能插件Widget，但随着插件技术的迅速发展，一些系统通常会集成许多不同来源的插件，因此如何管理这些插件成为一种潜在增长的需求。Widgey插件综合服务便是专门为满足这一需求而产生的，如Widgetbox、SpringWidgets、Clearspring、Snipperoo等，都收集了大量Widget，供用户自由应用于自己的Blog或普通网站上。以Snipperoo为例，Snipperoo提供了插件容器或集中式的Widget管理服务，通过这一容器，用户在添加和删除某一Widget插件时不必每次都修改自己的页面模版。

7.2.7　专注于提供各类基于RSS的操作和接口转换的服务

Xfruits是一个专注于提供各类基于RSS的操作和接口转换的服务，这些服务有效地扩大了RSS的适用范围，丰富了RSS的应用形式。如合烧Feed、将Feed转换成HTML、创建移动版的RSS、用Email订阅Feed、把RSS转换为音频文件，等等。其中，特色服务Mail to RSS可以将任意一款支持POP3或者

① “奥卡姆剃刀”原则：如无实用，勿增实体。在信息系统交互设计中，为了避免给用户带来不必要的选择负担，应尽可能减少绝大多数用户不需要的功能。

IMAP4 协议的邮件烧制成 Feed 订阅，但需要用户提供邮箱账号以及密码。

此外，通过 Email 订阅 RSS 可以统一用户使用邮件和订阅 RSS 的界面。如 Emailrss 可以让用户能够通过 Email 订阅 RSS 的服务，过去只能通过专用的 RSS 客户端或 Web RSS 订阅工具订阅 RSS，现在只要有电子邮箱，也可以订阅不断更新内容的 RSS 信息源了。类似的功能服务还有 Rss2Email、FeedMailer 和国内的 RSS 邮天下（http：//www.emailrss.cn）等。RSS 邮天下没有提供很好的个人账户，对自己订阅的 Feed 进行管理，用户一直处于被迫使用状态，不能对收取 Feed 的频率/周期进行相关设置。FeedMailer 可以让用户管理自己的订阅，并能针对每个订阅的 RSS 设置更新的频率。此外，FeedMailer 还提供了 YouTube、Myspace 上关键词、Tag 以及基于用户 ID 的快捷订阅方式。

7.2.8 其他 RSS 衍生服务

Feedfeeds 提供以 RSS 方式管理 RSS 的服务。Feedfeeds 以 RSS 列表的方式管理自己订阅的多个 RSS。可对 RSS 进行分类管理，并提供了一段功能强大的 Javascript 代码，可以制作一个简易的、属于自己的 RSS 内容聚合服务，嵌入自己的页面中。

Feedblendr 提供 RSS 合烧服务，允许用户将多个 RSS 源（Fees）合烧为一个 RSS，允许用户直接导入 OPML 文件。合烧成功后支持 RSS 2.0 和 Atom 两种格式导出。这便于把许多分散在不同网站上的同类别信息汇总为一个信息频道，或帮助个人用户整合自己散布在多个网络服务上的活动信息。

FeedCycle 提供的服务可以对自己发布的 RSS 进行进度表和周期性的相关设置，这样，在任何时候，新订阅者就可以从第一篇文章开始接收。此外，FeedCycle 烧制的 RSS 还支持音乐和视频文件。

Feedrinse：支持对订阅的 RSS 按照关键词、标签、URL、主题等进行过滤和优化，并生成一个新的 RSS 订阅地址。

Feedity：Feedity 与 Ponyfish、YourRss 等提供的服务很类似，即它可以为那些没有在页面上提供 RSS 输出的网站或者论坛挖掘出潜在的 RSS 订阅地址，还可以借助 pingomatic 的服务将需要查看的网站通过 Ping 命令通告到各个 RSS 搜索引擎中。

Popurls：可在线聚合来自一些知名的 Web 2.0 最新内容，包括 digg、del.icio.us、reddit、newswine、youtube、slashdot 等。

Popruls：与 Popurls 相似，除了聚合 Popurls 聚合的各个网站外，可让用户自行添加自己感兴趣的 RSS 源。

Feedflash：一款可以挂在博客中的小型 RSS 阅读器。类似于 Grazr、Feedostyle 以及 Google Reader Tricks 等服务。Feedflash 支持中文显示，并可自定义

Widget的样式。

7.3　手机和即时通信类

7.3.1　手机定位及分享的社会性服务

在Web 2.0创新中，许多创意都来源于创造者解决自己的问题，然后把对自己的问题的解决推而广之，放到网络上（网络化①），为众人服务（社会化②）。如第一个Blog、第一个社会性书签（del.icio.us）就是这么创造出来的。

手机定位及分享的社会性服务的创新也来自于创造者力图解决的一个生活问题。有一天，21岁的斯坦福大学学生萨姆·阿尔特曼（Sam Altman）在计算机课结束时希望与好友共进午餐。他说："当时我想，如果能通过手机看到每个人的位置就太好了。"他随后就开始编写软件实现这一功能，并获得了500万美元的风险投资，于是产生了Loopt。通过Loopt，手机每15分钟就会向手机基站或卫星发送特定指令，从而确定自己的准确位置。手机所有者可以同好友的手机或计算机共享位置信息。

7.3.2　手机作为未来Web 2.0的应用终端

Mojungle是一个服务于MySpace等社会性网络的手机应用程序，用户可以直接通过手机将文字、照片、视频等基础文件上传并分享到上述这些主流的社会性网站；同时Mojungle还提供了一款Flash的Widget，将它挂在自己的博客中便可以实时更新显示用户上传的文件。目前尚不支持中文和中国手机用户。

Heysan可让用户通过手机发送照片到网络上，并自动以幻灯演示片（slideshow）的方式向社会分享。系统为每个用户提供一个幻灯片存储空间（heysan slideshow），用户可通过手机WAP邮箱发送图片到系统中，图片会自动添加到用户的heysan slideshow中。系统提供一段嵌入式代码，用户把该代码嵌入自己的Blog中，就可以在Blog上以幻灯片的方式分享自己的相册。类似的服务还有Fotodunk、Umundo等。

Mobispine是手机RSS浏览器，通过架设在手机中的JAVA应用小程序，用户可以用手机来订阅自己喜欢的新闻以及好友的博客。Mobispine同时还是一个手机博客的托管服务商，用户可以在他们提供的博客平台上进行移动博客写作（mobile blogging）。

①②　参见2.3.2小节社会性软件的发生过程。

7.3.3 即时通信的插件和社会化扩展

VelvetPuffin 是一个基于手机的即时通信与社会网络服务的综合。VelvetPuffin 综合了本地客户端、Web 浏览器以及移动手机的新型 IM 软件，弥补了作为 WebIM 和客户端 IM 各自存在的缺陷。VelvetPuffin 整合了 AIM、MSN、Yahoo、ICQ、GoogleTalk 以及 MySpace IM 等多款通信协议于一身，用户可在一个客户端中打开多个通信接口，并可以通过它来分享自己喜爱的视频、照片，同时邀请好友参加投票，以及在自己的 VelvetPuffin 中撰写博客，等等。

Iminent 提供用于即时通信软件的插件，用于发送视频信息。用户用它可以方便地录制视频，通过即时通信发送，还可以自建个性化的视频表情。Iminent 在仍然处于封闭内测期间，就获得了来自意大利 360 Partners 的 300 万英镑的投资。

Sabifoo 提供了通过即时通信软件发布信息的服务。支持多种即时通信软件，如 MSN、Yahoo Messenger、AOL、Jabber 等。用户可根据自己使用的软件类型，添加一个对应的机器人（AOL Instant Messenger sabifoo Jabber sabifoo@sabifoo. com MSN Messenger sabifoo@sabifoo. com Yahoo Messenger）。然后与这个机器人对话，就可以发布消息。用户发布的信息有一个 RSS 地址，因而还可以用其他工具订阅或发布分享。

与 Sabifoo 相比，Imified 提供的服务要更多、更全面，也是通过添加 IM 机器人为好友，然后与之交互的方式进行操作。目前支持 AIM、Yahoo Messenger、MSN 及 Gtalk/Jabber 四种类型。类似的服务还有 InstantFeeds①、Twitter、Renkoo、国产的小 i②、饭否③等。

7.4 信息系统生态群落类

7.4.1 Twitter 及其模仿克隆系列

Twitter 是一款根据用户喜好可以随时随地地通过 Google Talk、手机短信（SMS）以及 Web 等多种方式，将用户此刻的生活状态、心境、一时的心情等发布到网络上的服务。Twitter 是 2007 年最火的 Web 2.0 服务之一，特别是开放 Twitter API 接口后，围绕 Twitter 的增强服务大量涌现（第三方插件或者在线应用程序），让 Twitter 成为 Blog 之后最具有开放发展潜力的服务。

---

① http：//cephas. net/projects/instantfeeds/.

② http：//www. xiaoi. com.

③ http：//fanfou. com.

Jaiku是对Twitter的一种模仿。Jaiku与Twitter不同的功能在于用户可以将自己的Blog、Flickr、Bookmarks等社会性网站的账号一起捆绑到Jaiku中，这样Jaiku就能够实时聚合用户分散在各地的信息。国外同类服务还有Tumblr等。

饭否（fanfou.com）是国内出品Twitter的仿生克隆，上线以来已快速争取到大量的国内奇客用户，也大量开放各种API接口，如QQ、MSN、GTalk等，从而成为可能是国内最具有开放互联能力的Web 2.0，其中自动保存用户在各个IM工具上变幻的昵称是其一特色功能。国内同类模仿Twitter的服务还有泡泡屋（popwu.com）等。

7.4.2 Twitter衍生服务

在Twitter开放应用程序接口后，衍生了许多基于Twitter的服务，下面摘要介绍其中使用频次最高的几种。

RSS2Twitter.com：可以把支持RSS输出的信息即时更新发布到Twitter上，最常用的使用情形是博主撰写博客的同时，通过该服务自动把博客即时更新发布到Twitter上。

FanfouFeed.com：将即时更新的RSS信息标题发布到饭否。国内知名的RSS社会性订阅服务抓虾（zhuaxia.com）也支持及时分享用户挑拣过的RSS信息标题到饭否。

TwitterMap：用户可以根据Twitter的Username进行地理位置的搜索，并显示出用户公开的Twitter留言以及地理位置等相关信息。与之类似的服务还有GeoTwitter等。

Twittervision：可以在Google Map上实时显示上用户更新Twitter的内容等。

TwitterBar：TwitterBar是一款基于FireFox插件，可以将用户当前浏览的网站地址收藏到自己的Twitter账号中，用户之间可以互加好友，并可查看好友当前网站访问信息。类似的服务还有me.dium等。

Twitter tools：Twitter tools是由资深博客Alex King制作的一款wordpress插件，用户可以在自己的wp平台上发送以及显示自己的Twitter留言等。

Twitteroo（http：//rareedge.com/twitteroo/）：一款安装在Windows下的桌面软件，允许用户在不登录Twitter的情况下向自己的账号中发送信息。与之类似的服务还有Twadget for Vista和Twitterific for Mac等。

Twitter Badges：Twitter Badges是由Twitter官方提供的插件，用户可以通过这个插件将自己随时更新的Twitter内容嵌入自己的博客。

7.4.3 在线知识问答类的细分衍生

在线知识问答服务是一类以网络作为平台，利用海量网民的群体智慧，来解答用户提问的社会化网络。免费的一般咨询服务有百度知道、新浪爱问、腾讯问问、雅虎知识堂（Yahoo Answer）等。在线问答服务产生后也有许多模仿应用，在模仿中产生了一些细分的“亚种”，这种系统生态的演化现象在 Web 2.0 创新中十分普遍。下面是一些在线问答服务的“亚种”。

Circleup 限制特定圈内群体的提问，注册会员可以管理自己的联系人，分为不同的圈子，然后可以限制在某个/些社交圈子内进行问题征询或咨询。可以通过联系人的 Email 来使用这项服务，还可以通过 IM（雅虎通和 AIM）来完成问答服务。用户可以从邮件联系人中导入联系人信息，并加以分类，如同事、家人、同学等。

Oyogi 基于群组即时通信的问答服务，用户可以建立群组，然后在群组内基于 Web 进行即时通信，这样，群组成员就可以针对某一问题进行实时协作，或就某个问题的互问互答，所有的问题与答案都被保留并可进行搜索。

Qunu 是基于即时通信机器人的专家回答网络，主要用来解答人们在用软件或者技术上的问题。凡支持 Jabber 协议的即时通信工具都可以使用该网络服务，用户可以给自己和所提问的问题加“标签”，这样系统可以根据标签对问题进行分类，推送到合适成员的个人页面中去，鼓励其他用户回答某一领域的问题，并成为该领域的专家。类似的服务还有基于 MSN 机器人的 InsideMessenger 等。

问答服务可以是有偿的或竞价的，如 HelpShare，提问的人必须设定一个价格来支付回答正确答案的人，这样可以激励人们付出自己的专业知识去帮助别人。

另外一类问答服务侧重于采集问题，为提问提供最大方便的服务，如 Wondir，不需要注册，游客匿名就可以提问，系统针对问题推荐合适的专家，同时罗列来自各个搜索引擎的搜索结果。

问答服务还可以向专业化纵向分工发展，如 Quomon 是一个 IT 领域专业化在线问答服务网站，主要提供关于 IT 相关领域内的在线问答服务的网站。

7.4.4 社会性书签的模仿与衍生

Folkd：多功能的社会性书签，用户不仅可以对网页进行收藏，还可以收藏网页中出现的音频文件，甚至可以人工录制一段语音评价到 Folkd 收藏中，系统会根据用户的收藏与加注的标签情况对目标对象进行分类聚合与协同过滤。

Tolib：国内出品的社会性书签，提供 Firefox、IE 两款插件，方便随时随地保存自己喜欢的网站。支持繁体、简体、英文三种语言之间的快速切换，提供页面缩略图，具有强大的抓取程序，保证将网页保存到 Tolib 自身的服务器上。

iLoggo：新型社会性书签。与只提供文字收藏或者网页缩略图显示的社会性书签不同，iLoggo 提供了更加完善的用户自定义编辑功能，用户可用 iLoggo 内置的快照功能，将希望收藏的网站 Logo 截取下来，并形成一段 Logo 链收藏入自己的收藏格（my grid）中。

CrispyBlogPosts：专门服务于博客们的社会性书签，可以把 RSS 订阅按照用户的订阅和加注标签的统计信息，整合分类为不同的信息频道——类似于豆瓣的 9 点（http：//9. douban. com）。

用户可以收藏自己喜爱的博文到 CrispyBlogPosts 中，所有的文字将会以标签云的形式展示给访问用户个人页面的网友。同时，CrispyBlogPosts 还具有 Digg 功能，注册用户可以推荐自己喜爱的文章。

7.4.5　从社会性标签到社会性搜索引擎

通常情况下，人们用普通搜索引擎（Google、Baidu、Yahoo 等）搜索信息，用社会性标签（del. icio. us 等）分享信息收藏。社会性搜索引擎把二者结合起来，让人们在搜索过程中就可以一体化地进行社会化协作与分享。考虑到绝大多数搜索引擎的用户并不习惯使用独立的社会性标签，这种社会性搜索引擎的前景应该比单纯的社会性标签更受非技术群体的欢迎。社会性搜索引擎当然不是简单地等于“社会性标签＋搜索引擎”，这种一体化整合的好处在于可以挖掘用户在搜索过程中的行为，而不仅仅限于具体的信息页面或网址的收藏行为。例如，对用户点击行为的统计和挖掘分析，就更有助于分析用户的信息偏好，更方便促进用户之间的协同协作等。

BBMao：社会性元搜索引擎，基于其他搜索引擎基础之上，添加社会性收藏、加注社会性标签等功能服务的元搜索引擎。由新加坡人朱明谦创办，成为格林斯潘旗下的风险投资公司 BroadWebAsia 第一家公布注资的亚洲公司。同类服务还有 Dcycb. cn、百度的搜索社会性收藏（cang. baidu. com）等。

Google 的个性化搜索（尚在测试使用中），记录个人在登录状态（或 Gmail 登录）时通过 Google 检索的历史，允许添加个性化标签，还设置了类 Blog 的日历、按日期检索等。和 BBMao 等新生社会化搜索引擎相比，Google 的优势是已经拥有庞大的用户群，包括有效的、注册有 Gmail 账号的用户群，在无须用户干预的情形下，已经积累记录下的大量用户检索行为数据（对这些数据的社会性关系网络的挖掘可以让 Google 正式公开个性化检索时立刻具有某种智能性）和 Google 其他各种社会化服务的无缝整合等。从现在的测试版看，Google 个性化检索让社会化协作隐含在其背后的算法中，但在将来也可能会提供显式的让用户在检索过程中自主地发展社会关系网络，就像 BBMao 已经做到的那样，或者利用Gmail或Orkut等友情邀请中用户自主建立的社会关系网络来进行社会化协作的网络计算。同类竞争服务还有微软的Live、Collarity、Sproose、Swicki（eurekster.com）等。

7.4.6 Digg类的模仿与改进

Spotplex：分布式群体信息挖掘服务。与Digg模式是集中式群体信息挖掘相对照，Spotplex中用户挖掘的热点内容来自其他Blog，排名根据文章在所在Blog中的浏览量计算，而Digg中只是由Digg站内的用户来参与排名评价。参与Spotplex排名的Blog需要在自己的系统中嵌入一段Spotplex提供的JavaScript代码，以探测具体帖子的阅读量。对嵌入该代码的Blog，每发布一篇文章，一旦有人阅读，就会自动收录进Spotplex。Spotplex会根据阅读量来决定排名和首页的显示。

Blogarate：分布式群体信息挖掘服务。利用投票的方式进行文章的协同过滤及个性化推荐，与普通的投票方式不同，Blogarate为用户提供Blog插件或代码，可直接把投票功能插入Blog上的文章中，得到投票多的文章就可有机会进入Blogarate的首页。

BetaMarker：Beta软件信息推荐及收藏。BetaMarker不同于其他Digg类网站，它把主题定位于Beta软件信息的推荐及收藏，并针对其特点再作了一些改进。比如，在提交新的Beta软件信息时，首先要选择操作系统平台，接着需要输入详细的软件信息，如版本号、下载地址、发布日期、文件大小等。BetaMarker还提供了个人页面、RSS输出、发布评论及添加好友等功能。

Musikasi：Digg式的音乐分享社区。允许用户通过他们提供的嵌入式代码，将音乐播放器放置到博客中。用户无法上传音乐，只能外部引用互联网上已经存在的歌曲进行Digg。同类服务还有Songrio等。

7.5 在线办公处理类

7.5.1 常见办公处理软件替代服务

根据Tim O'reilly的总结，Web 2.0变革的一个重要特征就是Web正在日益发展成为平台，而软件则发展成为Web平台上的服务（software as a services，SaaS），所以应用范围十分广泛，且使用频次非常高的常用办公处理软件便成为Web 2.0创新服务开拓者们追逐的目标——力图将这些软件转化为网络化的服务，以支持社会化的协同与协作。目前，这类服务比较知名的有ThinkFree、Zoho、Google办公服务套件等。

Thinkfree以在线服务的方式支持类似Word、Excel、Powerpoint等常用办公自动化系统的功能。支持类似Wiki方式的协同编辑，支持社会化分享、社会性标签等。

Zoho也支持类似Word、Excel、PowerPoint等常用办公自动化系统的功能。支持所见所得编辑，并支持API输出和常见文档格式之间的转换。与Thinkfree相似，也支持类似Wiki方式的协同编辑，支持社会化分享、社会性标签等。以Zoho Show为例，该服务提供在线幻灯片编辑与浏览服务，支持导入PPT、SXI等文档格式，并拥有一个所见即所得构建工具，支持右键弹出菜单、支持中文、支持Web发布，并集成Flickr图片插入功能等诸多功能。

Google在线办公自动化系统套件包括Google DOC、Google Spreadsheet、Google Writely等。这些服务都支持通过邮件邀请模式的共享、社会性标签加注与社会化协作，能够在浏览器中进行文档编写和协同办公。以Google Writely为例，这项服务支持多人实时对同一文档进行编辑，每隔10秒就对文档进行保存，并带有模拟桌面客户端文字处理器的易用界面。

除了上述完整提供字处理、电子表格处理和幻灯演示处理的办公套件外，许多小公司也纷纷针对某一具体的功能开发出特色服务，以满足分布在长尾尾部细分的用户需求，如Wufoo、Editgrid、Preezo等。

Wufoo：在线表单设计，可以在线设计各种表单，基于AJAX技术，用户界面设计很值得借鉴。

Editgrid：在线电子表格制作服务。兼容多种表格文档上传、下载、编辑，可以分享、协同编辑。

Preezo：专注于PowerPoint文档演示的网络办公软件。Preezo是基于AJAX的网络应用，可以帮助用户快速制作出一系列优质的演示文档，甚至不需要安装任何浏览器插件即可实现和Microsoft Office PowerPoint同等的功效。同时，Preezo提出了一种快速分享的口号，为每一幅成功保存的演示文档提供了唯一的URL，并生成可嵌入博客中的代码，从而大大地方便了文档在用户间的传播与分享。

同类的支持在线PPT的服务还有Thumbstacks、Preezo、Empressr及Spresent，以及SlideShare、SlideAware等，后两种服务不支持PPT的制作，只提供演示与社会化分享的服务。

7.5.2　在线日程和事务管理类

Renkoo：在线事务日程管理服务。与TimeToMeet等在线应用程序一样，提供了事务的记录、交流、提醒与管理服务，允许用户选择IM（目前只支持AOL跟Yahoo AIM）、Email和电信短信（SMS）等方式进行事务提醒服务。

myMemorizer：基于WEB在线日历创建应用程序。支持事件的手机SMS，跟Email的同步发送提醒。用户还可以创建群组，让更多的朋友加入myMemorizer组中来，共享事件。除此以外，myMemorizer还支持自定义以年、月、日的形式显示日历界面。

Gubb：事件管理与提醒服务。Gubb提供Email、SMS短信提醒（in the feature）、事件群发机制、事件级别划分等功能。

Officezilla：在线办公场所的现实模拟。内置了日历、群组、Wiki、文件共享、POP3邮件存储转发、人事管理等模块。

7.5.3 在线图形、图像处理类

这类服务有PikiFX、Canvaspaint、Picnik、Fauxto、SnipShot等。

PikiFX支持图片的裁剪、曝光、红眼、滤镜、添加边框以及文字等，并允许用户将编辑好的图片以GIF、JPEG、BMP、TIFF四种格式保存到本地计算机，或通过邮件发给好友，或者利用他们提供的嵌入式代码将图片嵌入博客或论坛中，实现作品的社会化分享。

Fauxto初看上去就像是一个简版的Photoshop。Fauxto最强的功能是其渐变工具，同时提供油漆桶、铅笔、选中等七种基本工具，以及多种滤镜效果等，基本上能够实现Photoshop所提供的同等功能。Fauxto的出现对传统出售软件版权换取收入的Photoshop是一大挑战。

Canvaspaint是一个简单的在线画图程序。用户界面与微软的画图工具很相似。Canvaspaint不支持从本地上传图片，所编辑图片必须是已经存在于互联网某处可公开访问的，需要以URL引用的方式传送到Canvaspaint中，然后再进行编辑。

PXN8是在线图片编辑器，可以对图片进行在线修改，并且支持直接将图片上传到Flickr。

Snipshot是在线图片编辑，支持上传图片或在线图片，图片最大可为10MB，支持GIF、PNG、JPG、PDF或TIF格式是基于Ajax技术的图片操作界面，速度比较快。这类服务还有Picture2life等。

7.5.4 在线流程图制作工具：DrawAnywhere等

DrawAnywhere提供了在线制作流程图的功能服务，它采用Flex技术架构，直观的类Windows可视化操作大大简化了操作的过程，用户可以从任意角度修改结点的形状并完善相关数据。当然，除具备传统的流程图制作软件的功能外，在线服务的优势在于提供了分布在不同地理位置的用户之间的协同协作。同类网络服务还有Gliffy、Flowchart等。

7.5.5　在线多媒体混烧服务：Sayjoy、Eyespot、Jumpcut 等

Sayjoy 允许用户上传视频、图片、音频等文件，并可以在线将用户上传的多媒体混合烧制成一段具有视频短片效果的 DEMO；同时，Sayjoy 还提供了若干有趣且实用的功能特效以及模块，可以让混烧的作品更加有趣。

Eyespot 具有易用的上传功能和混编功能，并支持标签、论坛与自由小组等社区功能。可以从头尾剪裁，使用时间线录制短片，并可添加照片与音乐。

Jumpcut 可以把上传上去的视频文件和图片等内容混合在一起，重新剪辑成一段视频。Jumpcut 可以让用户添加字幕、设置场景过渡、增加特殊的视频效果等，并支持用户标注和分享作品，或通过 Javascript 代码嵌入用户个人网站或 Blog 上。同类服务还有 Muveemix、iBloks、PhotoShow、Flektor、Eyespot 等。

7.5.6　其他办公相关处理类

PDFonline 提供在线 PDF 格式转换服务，支持 DOC、PPT、RTF、PPS、XLS、HTML、TXT、PUB 等文档格式转化为 PDF。PDFOnline 还推出了适用于 Blog 的 Widget——Web2PDF，方便访问者把博客页面转换为 PDF 格式并保存到本地。

PDFescape 提供了强大的在线 PDF 文件的阅读以及编辑功能。可本地上传 PDF 文件，也可网络引用打开 PDF，还提供了诸如添加文本文字、表格、直线等标注工具。

Workspace 提供了一个在线的程序集成编辑环境，支持包括 PHP、JavaScript、HTML、Java、Perl、SQL 等语言的编程。

Ringtone Maker 提供在线铃声编辑服务，允许用户上传一个最大 5MB 的声音文件，并在线编辑（目前支持的声音文件的格式有 MP3、MIDI、WAV、M4A、AAC、MP4）。除了本地上传音频文件以外，Ringtone Maker 还允许用户直接从外部调 URL 对音频文件进行在线编辑，并提供多种声效。

7.6　Web 2.0 的企业级应用

7.6.1　Yahoo 的 Pipes

Yahoo 的 Pipes 可将不同网站的 XML 格式的输出内容作为数据源，利用 Pipes 提供的模块（module）对这些数据进行系列加工，最终获得用户想要的结果。这样，网络中各类 XML 数据源都可看做是一个数据库，模块的作用就是对数据库进行检索、查询、过滤、排序，输出最终结果。相对于基于 RSS 的各类 Web 2.0 应用而言，Pipes 拓展了 RSS 的适用范围，因而有可能成为企业应用信

息系统之间的信息加工处理的标准，并引发更多的类似基于 RSS 之上的各类新应用模式。Pipes 服务推出后，Tim O'Reilly 称之为 Internet 的一个里程碑。使用 Pipes 需要 Yahoo 账号，新用户一开始可以通过 Yahoo 提供的一些示例学习怎么用，也可以在别的用户建立的 pipe 基础上进行克隆，然后设置自己的选择条件进行再加工过滤，生成新的 pipe。

7.6.2 Adobe 的 Apollo

Apollo 是一种跨系统开发环境（SDK）和运行环境（runtime），可以让利用 Flash、Flex、HTML、JavaScript、Ajax、WPE/E 等开发的"丰富互联网应用程序（RIA）走向桌面，直接在本地创建、部署和运行"，让原本只能运行在浏览器中的应用程序可以在本地运行。

7.6.3 微软的 Silverlight 与 Popfly

微软为挑战 Adobe 的 Apollo，推出了 Silverlight；基于 Silverlight，微软还开发了一款名为 Popfly 的应用，它允许用户将其他在线应用的数据 Mash-up 进来，创建各种 Widgets 和迷你应用，实现了类似 Yahoo Pipes 的功能。用户通过拖拽操作即可添加 Feed、新闻、图片等元素，并进行过滤、除重、翻译等一系列动作，然后进行输出。虽然与 Yahoo Pipes 的功能类似，但基于 Silverlight 让 Popfly 具有更加吸引人的界面：设计模块是可以进行旋转的 3D 盒子，并且设计窗口可以显示半透明的背景图片。Popfly 完全支持 HTML 代码，包括所有 HTML、CSS 和 JavaScript 等，并能够进行可视化的网页制作、自定义模板、嵌入 Mashups，而且可在创作过程中进行社会化的协同与协作。

7.6.4 BEA 的 WebLogic Portal 10

BEA 在 WebLogic Portal 10 框架中包括了增强的 AJAX，用以简化创建用户体验的交互设计，并提供与许多 Web 2.0 常用的设计模式。BEA WebLogic Portal 10 可以利用门户外的 Web 应用来发布和共享 Portlet[①] 与门户服务，有助于促进开发更多 Web 2.0 风格的 Mash-up，改进门户内容和功能的使用。Mash-up 可以把多个来源的内容聚合起来，提供一种集成化的体验，这是门户的共同特征。在 BEA WebLogic Portal 10 中，BEA 彻底转换了概念，用户不仅可以利用 Mash-up 服务，还可以创建 Mash-up 服务，允许开发人员把 Portlets 和门户

① Portlets 是一种 Web 组件，"就像 Servlets-是专为将合成页面里的内容聚集在一起而设计的。通常请求一个 Portal 页面会引发多个 Portlets 被调用。每个 Portlet 都会生成标记段，并与别的 Portlets 生成的标记段组合在一起嵌入 Portal 页面的标记内"（摘自 Portlet 规范，JSR 168）。

组件与外部应用组合起来，创建 Web 2.0 风格的应用聚合，扩展传统门户应用之外的门户投资价值。

这种简易、轻量级的技术旨在使服务组合更易于使用和更快部署，让业务和 IT 都获得更多的好处。

7.7　本章小结

人们把那种在短时间内获得广泛地传播并影响人们的心智模式，从而促进文艺或技术创造实现跨越式变革的新观念称之为观念的革命。

近几年来，互联网应用创新的集中涌现正是 Web 2.0 观念变革发生的表现。正如本书开篇第 1 章中所提到的，人们的心智正在被一场观念革命所照亮，刹那间，人们从传统的互联网网站模式中苏醒，大量的创造机遇几乎同时被发现，结果涌现出大量相似的甚至是同质的创新产品设计。即便是完全不同的创新设计，也由于集中在这一短暂时期内如此频繁地发生，以至于超越了人们的接受能力，即便是技术奇客与睁大眼睛寻求未来机遇的风险投资者，也因为目不暇接而渐有审美疲劳之感。为了比较全面地勾勒出这一变革发展的现状和影响的范围，本章对当前 Web 2.0 的应用进行了分类梳理，并结合本书提出的复杂适应信息系统范式理论对其中的一些典型案例进行了初步的分析。

然而，这场变革虽然开始于 Web，绝不会仅于此处止步不前。事实上，受 Web 2.0 观念的冲击，人们开始探讨传统的图书馆、银行、甚至科学研究本身组织上变革的可能性，开始提出 Library 2.0、Bank 2.0、Enterprise 2.0、Science 2.0 等理念。这些变革都是建构在具体某一应用领域的信息技术及信息系统架构的变革基础之上，因此，信息系统架构由简单到复杂的变革更适合于描述这场变革的实质，也更能够包含这场变革的全部。

对于 Web 2.0 来说，这场变革已经吸到了过多的关注，其中不乏变了味的炒作，但对于信息系统来说，这场复杂性变革才刚刚拉开序幕。

参考文献

[1] 埃德加·莫兰. 方法：思想观念. 秦海鹰译 . 北京：北京大学出版社，2002：1～3

[2] 埃德加·莫兰. 复杂思想：自觉的科学. 陈少壮译. 北京：北京大学出版社，2001：137～148

[3] Waldrop M. 复杂. 陈玲译. 上海：三联书店出版社，1997

[4] 彼得·圣吉. 第五项修炼——学习型组织的艺术与实务. 上海：上海三联书店，1998

[5] Malhotra Y. Knowledge management for organizational white-waters：an ecological framework. Knowledge Management（UK），March 1999：18～21. http：//www. kmbook. com/ecology. htm . 2006-03-30

[6] Buchanan M，Dum R. Complex systems：challenges and opportunities. An orientation paper for complex systems research in IST. http：//complexsystems. lri. fr/Portal/tiki-download _ wiki _ attachment. php? attId=101. 2005

[7] Seybold Report on Publishing Systems，24（9). http：//www. seyboldreports. com/SRPS/free/0ps24/P2409. htm＃I2

[8] Azuma M，Nagasaki H，Nonaka M. DAISY：distributed and adaptive information systems：a framework and a mechanism for 21's IS and software engineering. http：//www. azuma. mgmt. waseda. ac. jp/japanese/pdf/DAISY-ICSEv12E9 _ nonaka _ final. pdf. 2006-03-31

[9] 金观涛. 系统的哲学 . 北京：新星出版社，2005

[10] Albert R，Jeong H，Barabasi A L. The diameter of world wide web. Nature（London)，1999：401

[11] Barabasi A L，Albert R. Emergence of scaling in random networks. Science，1999，286：509

[12] Kumar R，Novak J，Raghavan P，et al. Structure and evolution of blog space. Comunications of the Ace，2004，47（12)：35

[13] Morone P，Taylor R. Small world dynamics and the process of knowledge diffusion：the case of the metropolitan area of Greater Santiago De Chile. Journal of Artificial Societies and Social Simulation. 2004，7（2)

[14] 约翰·霍兰. 涌现——从混沌到有序. 陈禹等译. 上海：上海科技出版社，2001

[15] Sherry Yu-Hua Chen，Ford N J. Towards adaptive information systems：individual differences and hypermedia. Information Research，1997，3（2). http：//informationr. net/ir/3-2/paper37. html

[16] 徐福缘，王恒山，车宏安等. 复杂网络研究文集（第二辑). 上海理工大学管理学院系统工程研究所，2004：7

[17] 约翰·霍兰. 隐秩序——适应性造就复杂性. 周晓牧，韩晖译. 上海：上海科技教育出版社，2000

[18] Munnecke T. The world-wide web and the demise of the clockwork universe. Proc. of the 2nd International Conference on Mosaic and the World Wide Web. Chicago，October，1994

[19] Kovács A I，Ueno H. Towards complex adaptive information systems. Proceedings of the 2nd International Conference on Information Technology and Applications（ICITA Harbin. China. January 2004). http：//www. alexander-kovacs. de/kovacs04icita. pdf

[20] Kovács A I，Ampornaramveth V，Zhang Tao，et al. Knowledge management in the gourmet advisor. Technical Report of IEICE，103（709)：37～42. KBSE2003-52（2004-03)，March，2004. http：//www. alexander-kovacs. de/kovacs04kbse. pdf

[21] Kovács A I，Ueno H. Gourmet advisor based on the concept of complex adaptive information system（in Japanese). Presented at the 18th Annual Conference of the Japanese Society for Artificial Intelli-

gence (JSAI 2004), Kanazawa, Japan. 5 April to 4 June, 2004. http://www.alexander-kovacs.de/kovacs04jsai.pdf

[22] Kovács A I, Ueno H. From information systems to complex adaptive information systems. Technical Report of IPSJ. ICS-136-31, 6 August 2004. http://www.alexander-kovacs.de/kovacs04ics.pdf

[23] Church K, Keane M T, Smyth B. The first click is the deepest: assessing information scent predictions for a personalized search engine. Proe. AH2004 Workshop, 2004

[24] 钱学森，于景元，戴汝为. 一个科学的新领域——开放的复杂巨系统及其方法论. 自然杂志，1990，13 (1)：3～10

[25] 钱学森. 再谈开放的复杂巨系统. 模式识别与人工智能，1991，4 (1)：5～8

[26] 于景元，钱学森. 关于开放的复杂巨系统的研究. 系统工程理论与实践，1992，12 (5)：8～12

[27] 于景元，周晓纪. 从定性到定量综合集成方法的实现和应用. 系统工程理论与实践，2002，22 (10)：26～32

[28] Alexander K, Daniel P, Chrystopher N. Tracking information flow through the environment: simple cases of stigmergy artificial life {IX}: proceedings of the ninth. The MIT Press, 2004: 563～568

[29] Beckers R, Holland O E, Deneubourg J L. Presenter: lewis girod. From local actions to global tasks: stigmergy and collective robotics. http://www.lecs.cs.ucla.edu/～girod/official/talks/584-stigmergy.ppt, 2008-07

[30] Ramos V, Muge F, Pina P. Self-organized data and image retrieval as a consequence of inter-dynamic synergistic relationships in artificial ant colonies. http://alfa.ist.utl.pt/～cvrm/staff/vramos/Vramos-HIS02.pdf. 2008-07

[31] Small P. Stigmergic systems. http://www.stigmergicsystems.com. 2008-07

[32] Microsoft. Social computing group. http://research.microsoft.com/scg/. 2008-07

[33] IBM. The collaborative user experience (CUE) research group. http://domino.watson.ibm.com/cambridge/research.nsf/pages/cue.html? Open. 2008-07

[34] Kleinberg J, Raghavan P. Query incentive network. Web Congress. LA-WEB 2005. Third Latin American: 2

[35] Purao S, Truex D, Cao L. Now the Twain shall meet: combining social sciences and software engineering to support development of emergent systems. In Proceedings of the American Conference on Information Systems (AMCIS 2003), Tampa, FL, August 4～6

[36] Bao Jie, Honavar V. Collaborative Ontology Building with Wiki@nt -A Multi-agent Based Ontology Building Environment, 2004

[37] 钱学森等. 论系统工程 (增订本). 长沙：湖南科学技术出版社，1988：2

[38] 许国志. 系统科学. 上海：上海科技教育出版社，2000：252

[39] Network, working group. The atom syndication format. http://ietfreport.isoc.org/idref/draft-ietf-atompub-format/; RSS 2.0 Specification. http://blogs.law.harvard.edu/tech/rss; RSS 2.0 and Atom 1.0. compared. http://www.tbray.org/atom/RSS-and-Atom

[40] Del D. Microsoft SSE and its implications for Web 2.0. http://www.gabbr.com/thread.php? id=103. 2005-11-22

[41] Benjamin, Trott M. Track back and REST. http://movabletype.org. 2006-07

[42] Claypool M, Le M W P, Brown D C. Implicit interest indicators. In Proc. of IUI'01, 2001: 31～36

[43] Kleinberg J M, Kumar R, Raghavan P, et al. Proceedings of the 5th Annual International Confer-

ence. COCOON'99. Tokyo，Springger Verlag. Berlib July 1999：1

[44] Hemphill M. Embracing emergence：following the model presented by the internet in deploying internet-based learning communities. http：//www. upei. ca/～ mhemphil/docs/EmbracingEmergence _ Hemphill _ and _ Paquet _ SSAW. pdf. 2006-07

[45] Cunningham W. Wiki design principles. http：//c2. com/cgi/wiki? WikiDesignPrinciples

[46] Wal V T. Folkonomy. http：//www. vanderwal. net/essays/051130/folksonomy. pdf. 6-07

[47] 雷育生. 垂直网站信息组织结构模式研究. 北京理工大学博士学位论文，2005

[48] 林南. 社会资本：关于社会结构与行动的理论. 张磊译. 上海：上海人民出版社，2005

[49] Wasserman S，Faust K. Social network analysis：methods and applications. Cambridge：Cambridge University Press，1994

[50] 瓦茨. 小小世界：有序与无序之间的网络动力学. 陈禹等译. 北京：中国人民大学出版社，2006

[51] Gronovetter . The strength of weak ties. American Journal of Sociology，1973，3

[52] Boyd S. Are you ready for social software? Darwin Magazine，May 1，2003 . http：//www. darwinmag. com/read/050103/social. html. 2005-11- 04

[53] Coates T. Working definition of social software. http：//www. plasticbag. org/archives/2003/05/my _ working _ definition _ of _ social _ software. shtml. 2005

[54] Norheim D. Social software：towards'a semantic federated model. http：//www. asemantics. com/n/papers/Semantic Social Software. pdf . 2004

[55] Granneman R S. Social software：building community in a virtual environment. http：//www. granneman. com. 2006-04-01

[56] 张树人，陈禹. 从发生与演化的角度研究社会性软件. 信息系统协会中国分会第一届学术年会（CNAIS2005）会议论文集. 北京：清华大学出版社，2005：61

[57] Peter R. Monge and noshir contractor theories of communication network. USA：Oxford University Press，2003

[58] O'Reilly T. What's Web 2. 0. http：//www. oreillynet. com/pub/a/oreilly/tim/news/2005/09/30/what-is-web-20. html. 2006-03-19

Other referers available at：

http：//adaptivepath. com/events/workshops/we05/veen-web2. pdf

http：//blog. bulknews. net/mt/archives/hacking-web2. 0. pdf

http：//www. elixirsystems. com/articles/pdf/a060322. pdf

http：//cfp. mit. edu/events/slides/jan06/Dirk-Trossen. pdf

http：//www. educause. edu/ir/library/pdf/MWR0638. pdf

[59] 苗东升. 系统科学精要. 北京：中国人民大学出版社，2002

[60] Waldrop M. 复杂. 陈玲译. 上海：三联书店出版社，1997

[61] 埃德加・莫兰. 迷失的范式：人性研究 . 陈一壮译 . 北京：北京大学出版社，1991：173

[62] 欧阳莹之. 复杂系统理论基础. 田保国，周亚，樊瑛等译. 上海：上海科技出版社，2002

[63] Stephen J. Organizing relations and emergence. Proceedings of the eighth international conference on artificial life. The MIT Press，2002：418～422

[64] Fromm J. Types and forms of emergence. http：//arxiv. org/ftp/nlin/papers/0506/0506028. pdf

[65] 曾春，邢春晓，周立柱. 基于内容过滤的个性化搜索算法. 软件学报，2003，14（5）：997

[66] van Aardt A. Open source software development as a complex adaptive system：survival of the fittest?

Information Systems, Northland Polytechnic, Whangarei avanaardt@northland. ac. nz

[67] The MAIS Project Team. The multichannel adaptive information systems project. In Proc. of 4th International Conf. On Web Information Systems Engineering, Rome, Italy, December 2004

[68] 托马斯·库恩. 科学革命的结构. 北京：北京大学出版社，2003，1：157

[69] Holzl M. Software intensive systems. Martin Wirsing Thematic Group Coordinator and Editor. http://www. eltech. ru/intern/docs/Software _ Intensive _ Systems. pdf

[70] 张树人，方美琪. 社会性软件与复杂适应信息系统范式. 信息系统协会中国分会第一届学术年会(CNAIS2005)会议论文集. 北京：清华大学出版社，2005：163

[71] Gharajedaghi J. Systems methodology: a holistic language of interaction and design, seeing through chaos and understanding complexities. http://www. acasa. upenn. edu/JGsystems. pdf

[72] 迪特里希·德尔纳. 失败的逻辑. 王志刚译. 上海：上海科技出版社，1999

[73] *Wang Jun, de Vries A P, Reinders M J T.* A user-item relevance model for log-based collaborative filtering. *European Conference on Information Retrieval*, 2006

[74] Wellman B. An electronic group is virtually a social network. *In*: Kiesler S. Culture of the Internet. L. Erlbaum Hillsdale NJ: 1997

[75] Nadel S F. The theory of social structure. New York: Free Press, 1957

[76] Wasserman S, Faust K, Iacobucci D. Social network analysis: methods and applications. Cambridge: Cambridge University Press, 1994

[77] Freeman L. Visualizing social networks. Journal of Social Structure, CMU. 2000, 1 (1)

[78] Cross R, Parker A, Borgatti S P. A birds-eye view: using social network analysis to improve knowledge creation and sharing. Knowledge Directions, 2000, 2 (1): 48～61

[79] Cross R, Prusak L. The people who make organizations go or stop. Harvard Business Review, 2002 (6): 104～112

[80] McArthur R, Bruza P D. Dimensional representations of knowledge in online community. *In*: Ohsawa Y. Chance Discovery, Springer-Verlag, 2003

[81] McArthur R, Bruza P D. Discovery of tacit knowledge and topical ebbs and flows within utterances of online community. *In*: Ohsawa Y. Chance Discovery, Springer-Verlag, 2003

[82] Hutchinson Associates. Leveraging context knowledge and networks. http://www. byeday. net/sna. htm. 2006-07

[83] Batagelj V, Mrvar A. Pajek - program for large network nalysis. http://vlado. fmf. uni-lj. si/pub/networks/pajek/. 2006-02-19

[84] Software available online at: http://www. spcomm. uiuc. edu/Projects/TECLAT/BLANCHE/

[85] Borgatti S P, Everett M G, Freeman L C. Ucinet for windows: software for social network nalysis. Harvard, MA: Analytic Technologies. A Ucinet tutorial by Bob Hanneman is available at http://faculty. ucr. edu/～hanneman/nettext/. 2008-08-21

[86] 罗家德. 社会网分析讲义. 北京：社会科学文献出版社，2005

[87] Zaversnik M, Batagelj V, Mrvar A. Analysis and visualization of 2-mode networks. http://www-stat. uni-klu. ac. at/Tagungen/Ossiach/Zaversnik. pdf

[88] Milo R, Shen-Orr S, Itzkovitz S, et al. Network motifs: simple building blocks of complex networks. http://www. weizmann. ac. il/mcb/UriAlon/Papers/networkMotifs/networkMotifs. pdf

[89] 许国志. 系统科学. 上海：上海科技教育出版社，2000：156

[90] 约翰·霍兰. 涌现——从混沌到有序. 陈禹等译. 上海：上海科技出版社，2001：204，261

[91] Mason Z. Programming with stigmergy：using swarms for construction. http：//www. alife. org/alife8/proceedings/sub2157. pdf

[92] 方美琪，张树人. 复杂系统建模与仿真. 北京：中国人民大学出版社，2005

[93] Brenner T. Simulating the evolution of localised industrial clusters—an identification of the basic mechanisms. Journal of Artificial Societies and Social Simulation，2001，4 (3). http：//www. soc. surrey. ac. uk/JASSS/4/3/4. html

[94] Tesfatsion L. Agent-based computational economics. http：//www. econ. iastate. edu/tesfatsi/. 2008-08

[95] Lundstrom M. A wink from the cosmos. Intuition Magazine，May 1996. http：//www. flowpower. com/synchro. htm. 2006-01-08

[96] Bryson J J. The behavior-oriented design of modular agent intelligence. http：//www. cs. bath. ac. uk/~jjb/ftp/AgeS02. pdf

[97] Winikoff M. Interaction diagram/AUML-2 Tool . http：//www. cs. rmit. edu. au/~winikoff/auml. 2006-01-02

[98] Wilensky U. NetLogo preferential attachment model [Software]. http：//ccl. northwestern. edu/netlogo/models/PreferentialAttachment. Center for Connected Learning and Computer-Based Modeling，Northwestern University，Evanston，IL

[99] Gyongyi Z，Garcia-Molina H，Pedersen J. Combating Web spam with trustrank. http：//www. vldb. org/conf/2004/RS15P3. PDF

[100] Kauffman S A. The origins of order：self-organization and selection in evolution. New York：Oxford University Press，1993

[101] Kauffman S A. At home in the universe：the search for laws of self-organization and complexity. Oxford：Oxford University Press，1995

[102] George PÓR，Molloy J. Nurturing systemic wisdom through knowledge ecology. The Systems Thinker™，2000，11 (8)

[103] McLaughlin P. Toward an ecology of social action：merging the ecological and constructivist traditions. Human Ecology Review，2001，8 (2)

[104] 赵红. 生态智慧型企业成长及其仿生研究. 华中科技大学博士学位论文，2004

[105] 吴建材. 商业生态系统本质和进化机制的研究. 西安电子科技大学博士学位论文，2004

[106] 周绪田. 商业生态系统构建的研究. 同济大学博士学位论文，2000

[107] Burt R. Structural holes ; the social structure of competition. Harvard University Press (Reprint edition)，1995

[108] 崔明昆，鲁玲 . 2000. 寒武纪生命大爆发研究 . 生物学通报，(7)

[109] Mazzocchi S. Folksologies：de-idealizing ontologies. http：//www. betaversion. org/~stefano/linotype/news/85/. 2008-08-21

[110] Zack M H. Researching organizational systems using social network analysis. Proceedings of the 33rd Hawaii International Conference on System Sciences，Maui，Hawaii，January，2000 (IEEE 2000)

[111] Zack M H，McKenney J L. Social context and interaction in ongoing computer-supported management groups. Organization Science，1995，6 (4)：394~422

[112] Simon H. The sciences of the artificial. Cambridge：MIT Press，1996

[113] CHI -harnessing networks of humans. http：//blog. outer-court. com/archive/2005-03-25-n43. html

[114] The global consciousness project . http：//noosphere. princeton. edu/

[115] Principia cybernetica：the global mind group. http：//pespmc1. vub. ac. be/DEFAULT. html